> "十二五"国家重点出版物出版规划项目

市政工程创新建设系列丛书

城市给水排水工程

陈春光 等 编著

西南交通大学出版社
·成都·

图书在版编目（CIP）数据

城市给水排水工程 / 陈春光等编著. —成都：西南交通大学出版社，2017.10（2021.7 重印）
（市政工程创新建设系列丛书）
"十二五"国家重点出版物出版规划项目
ISBN 978-7-5643-4476-4

Ⅰ.①城… Ⅱ.①陈… Ⅲ.①给排水系统 – 城市规划 Ⅳ.①TU991

中国版本图书馆 CIP 数据核字（2015）第 318270 号

"十二五"国家重点出版物出版规划项目
市政工程创新建设系列丛书

城市给水排水工程

陈春光　等　编著

责 任 编 辑	杨　勇
封 面 设 计	何东琳设计工作室
出 版 发 行	西南交通大学出版社 （四川省成都市二环路北一段 111 号 西南交通大学创新大厦 21 楼）
发行部电话	028-87600564　028-87600533
邮 政 编 码	610031
网　　　址	http://www.xnjdcbs.com
印　　　刷	四川煤田地质制图印刷厂
成 品 尺 寸	170 mm×230 mm
印　　　张	20
字　　　数	358 千
版　　　次	2017 年 10 月第 1 版
印　　　次	2021 年 7 月第 2 次
书　　　号	ISBN 978-7-5643-4476-4
定　　　价	96.80 元

课件咨询电话：028-87600533
图书如有印装质量问题　本社负责退换
版权所有　盗版必究　举报电话：028-87600562

前言

在城镇基础设施中,给水工程和排水工程与城市交通工程相同,是非常重要的公共设施。给水工程和排水工程可以喻为城市的动脉和静脉,只要某一方面失去功能,城市生产和生活将会遇到困难甚至瘫痪。

随着我国城镇化建设的飞速发展,一些大型中心城市和数量众多的小型城镇相继形成。然而,作为城市最基础的公共设施——给水工程和排水工程仍有许多伴随发展的新问题,特别是城市排水系统还不够完善,技术相对落后,建设标准仍很低,旧的设施还面临大规模技术改造,城市水环境严重恶化,水涝灾害不断,优质的给水水源得不到保证,供水管网安全设施仍很脆弱。这些问题已得到了社会的普遍共识,国家和地方政府每年投入巨资建设和完善城市给水和排水工程等基础设施。近年来,随着给水排水工程领域技术的快速发展,一些新工艺、新设备和新材料,乃至一些建设新理念都已经深入到了规划设计和运营管理中,为此,我们尝试编写这本参考书,使其更系统全面地反映这些新变化。

本书是在编者多年的本科与研究生教学、科研和工程咨询工作中逐渐积累形成的,主要特点是全面系统反映城市给水排水工程基本内容,同时尽可能涉及目前在该领域的最新应用技术,如城市给水处理新技术新设备,城镇污水处理新工艺和设备,城市排水工程规划与设计新理念,海绵城市建设与低影响开发工程技术。

全书分上、下两篇。上篇的城市给水工程概论介绍给水工程的任务、基本组成、用户对给水系统的要求,包括给水工程的规划理论等。水源及取水工程、给水处理工程和输配水工程部分，除了阐述传统的工程原理和系统形式外，重点介绍这些领域最新的工艺、工程结构形式、新设备和新材料等。

下篇中的城市排水工程概论主要阐述城市排水工程的任务与系统组成、排水系统的体制及其选择、排水系统的规划设计原则和任务。第 6 章排水管渠及其设计，主要介绍排水管道的设计原理与方法、排水管渠的材料、接口及基础形式，介绍城市雨水排除与利用的最新技术与设计理念。第 7 章排水管渠附属构筑物及排水泵站，重点介绍排水管渠附属构筑物形式及雨污水泵站的构成、设计原理与方法。第 8 章的城市污水处理，系统介绍城市污水一级处理和二级处理基本原理、一般工艺构成与设计方法。在此基础上重点介绍城镇污水生物处理的新工艺、新设备或构筑物等。最后阐述污泥处理处置的基本方法和新技术。

本书第 1、5、6、7、8 章由陈春光编写，第 2、4 章由杨庆华编写，第 3 章由郑爽英编写，赵国翰、刘凡参与了 6.6 和 6.7 节的编写工作，史爽、赵茚州等参与了插图绘制工作。本书的出版得到了西南交通大学出版社张雪总编的大力支持，也得到了西南交通大学教务处立项资助。参考引用的文献对本书的形成也有较大帮助，除了在参考文献中注明外，在此一并表示衷心感谢。

本书适用于市政工程、城市规划、土木工程、环境工程等专业教学，也可供其他从事市政建设和市政管理的人员参考。

由于作者水平有限，加之时间仓促，书中难免有不足和遗漏，我们对读者给予的宝贵意见，表示诚挚的感谢。

编 者
2017 年 8 月于成都

目录

上篇　城市给水工程

第1章　城市给水工程概论 ·· 2
　1.1　给水工程的任务及给水工程的组成 ··· 2
　1.2　给水系统的分类和城镇给水系统的形式 ·· 4
　1.3　用户对给水系统的要求 ··· 6
　1.4　城市给水工程规划简介 ··· 8

第2章　水源及取水工程 ·· 19
　2.1　水源种类及特征 ··· 19
　2.2　给水水源保护 ··· 22
　2.3　地表水取水构筑物 ·· 25
　2.4　地下水取水构筑物 ·· 34

第3章　城市给水处理 ·· 38
　3.1　原水水质 ·· 38
　3.2　给水处理工艺 ·· 43
　3.3　预沉池 ·· 45
　3.4　混合与絮凝 ··· 46
　3.5　澄清池及沉淀池 ··· 55
　3.6　过滤及过滤池 ·· 67
　3.7　消毒 ··· 73
　3.8　给水预处理技术 ··· 76
　3.9　给水深度处理 ·· 80

第4章 输配水工程 ... 88
4.1 输水管渠 ... 88
4.2 配水管网 ... 89
4.3 给水管材及管道附属构筑物 ... 92
4.4 给水泵站 ... 106
4.5 输水管道水锤防护及原理 ... 114
4.6 给水管网抗震设计与评价技术简介 ... 122

下篇 城市排水工程

第5章 城市排水工程概论 ... 136
5.1 概 述 ... 136
5.2 排水系统的体制及其选择 ... 140
5.3 排水系统的主要组成 ... 143
5.4 城市排水系统的规划设计 ... 147
5.5 排水工程建设和设计的基本程序 ... 148

第6章 排水管渠及其设计 ... 150
6.1 排水管渠系统及其设计 ... 150
6.2 污水设计流量的确定 ... 156
6.3 污水管道的水力计算 ... 159
6.4 雨水管渠系统及其设计 ... 166
6.5 排水管渠的材料、接口及基础 ... 173
6.6 城市雨水控制及综合利用——低影响开发技术 ... 181
6.7 城市雨洪系统模拟方法简介 ... 193

第7章 排水管渠附属构筑物及排水泵站 ... 207
7.1 排水管渠附属构筑物 ... 207
7.2 倒虹管 ... 216
7.3 出水口 ... 216
7.4 排水泵站 ... 217

第8章 城市污水处理 ... 226
8.1 污水污染指标与水质标准 ... 226
8.2 城市污水处理方法 ... 229

  8.3 污水一级处理 ·· 230
  8.4 污水生物处理基础 ·· 236
  8.5 活性污泥法 ·· 245
  8.6 活性污泥法工艺的改型与发展 ························ 264
  8.7 生物膜法 ·· 274
  8.8 污水生物脱氮除磷工艺 ································· 281
  8.9 膜生物反应器处理污水工艺 ··························· 291
  8.10 污泥处理与处置 ·· 294
参考文献 ·· 305
附 录 ·· 306
  附录1 我国生活饮用水卫生标准 ························ 306
  附录2 城镇污水处理厂污染物排放标准（部分） ······ 311

上篇 城市给水工程

第 1 章 城市给水工程概论

1.1 给水工程的任务及给水工程的组成

给水工程也称供水工程，从组成和所处位置上讲可分为室外给水工程和建筑给水工程，前者主要包括水源、水质处理和城市供水管道等，故亦称城市给水工程，后者主要是建筑内的给水系统，包括室内给水管道、供水设备及构筑物等，俗称为上水系统。

城市给水工程的任务可以概括为三个方面：一是根据不同的水源设计建造取水设施，并保障远远不断地取得满足一定质量的原水；二是根据原水水量和水质设计建造给水处理系统，并按照用户对水质的要求进行净化处理；三是按照城镇用水布局通过管道将净化后的水输送到用水区，并向用户配水，供应各类建筑所需的生活、生产和消防等用水。

不同规模的城镇和不同水源种类，实现给水工程任务的侧重点有所不同，但给水工程的基本组成一般由取水工程、净水工程和输配水工程等构成，如图 1-1 所示。

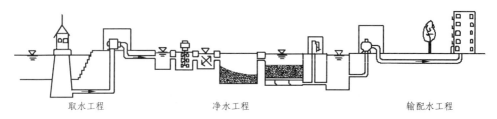

图 1-1 城市给水系统示意图

1.1.1　取水工程

取水工程主要设施包括取水构筑物和一级泵站,其作用是从选定的水源(包括地表水和地下水)抽取原水,加压后送入水处理构筑物。目前,随着城镇化进程的加快以及水资源紧张情势的出现,城市饮用水取水工程内容除了取水构筑物和一级泵站外,还包括水源选择、水源规划及保护等。所以取水工程涉及城市规划、水利水资源、环境保护和土木工程等多领域多学科技术。

1.1.2　给水处理

给水处理设施包括水处理构筑物和清水池。水处理构筑物的作用是根据原水水质和用户对水质的要求,将原水适当加以处理,以满足用户对水质的要求。不同水源及不同用水水质要求,给水处理的方法有多种选择,对于一般以地表水为水源的城镇用水处理方法主要有混凝沉淀、过滤、消毒等。清水池的作用是储存和调节一、二级泵站抽水量之间的差额水量,同时还具有保证消毒所需的停留时间。水处理构筑物和清水池常集中布置在净水处理厂(也称自来水厂)内。

1.1.3　输配水工程

输配水工程包括二级泵站、输水管道、配水管网、储存和调节水池(或水塔)等。二级泵站的作用是将清水池贮存水按照城镇供水所需水量,并提升到要求的高度,以便进行输送和配水。输水管道包括将原水送至水厂的原水输水管和将净化后的水送到配水管网的清水输水管。许多山区城镇供水系统的原水取水来自城镇上游水源,为减小工程费和运营费用,原水输水常采用重力输水管渠。配水管网是指将清水输水管送来的水送到各个用水区的全部管道。水塔和高地水池等调节构筑物设在输配水管网中,用以储存和调节二级泵站输水量与用户用水量之间的差值。

随着科学技术不断进步,以及现代控制理论及计算机技术等迅速发展,有力促进了大型复杂系统的控制和管理水平,也使城市给水系统利用计算机系统进行科学调度管理成为可能。所以采用水池、水塔等调节设施不再是城镇给水系统的主要调控手段，近年来，我国许多大型城市都构建了满足水质、水量、水压等多种要求的自来水优化调度系统，既提高了供水系统的安全性和供水公共产品的质量，同时节约了能耗，获得满意的经济效益和社会效益。

1.2 给水系统的分类和城镇给水系统的形式

1.2.1 给水系统的分类

在给水工程学科中，给水系统可按下列方式分类：

（1）按使用目的不同，可分为生活给水、生产给水和消防给水系统。这种分类主要是在建筑给排水系统上惯用的分类法，一般城镇的给水系统均包含了生活用水、生产用水和消防用水的使用要求。

（2）按服务对象不同，可分为城镇给水系统和工业给水系统。当工业用水量在城镇总用水量的比重较大时，或者工业用水水质与生活用水水质差别较大时，无论是在规划阶段或是建设阶段都需要将城镇综合用水系统与工业用水系统独立设置，以满足供水系统的安全和经济。

（3）按水源种类不同，可分为地下水和地表水给水系统。

根据不同的水源，城市给水系统可以有多种形式，图 1-2 表示了以地表水为水源的城镇给水系统。当以未受污染的地下水为水源时，则可采用图 1-3 所示的系统，即取水设施采用管井群、集水井和取水泵站，处理工艺只设过滤和消毒。

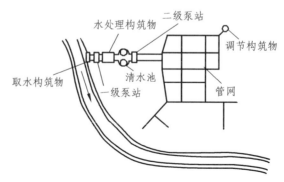

图 1-2 地表水源的给水系统示意图

第1章 城市给水工程概论

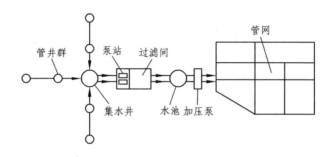

图 1-3 地下水源的给水系统示意图

（4）按给水方式不同，可分为重力给水、压力给水和混合给水系统。重力给水系统一般存在于山区城镇的给水工程中，这需要水源地与供水区有足够的高差可利用。有的城镇水源高程较低，但可以将处理后的自来水输送至高地水池，配水管网可采用重力供水。大多数城市供水采用压力给水系统。

1.2.2 城镇给水系统的形式

城镇给水系统因城镇地形、城镇大小、水源状况、用户对水质的要求以及发展规划等因素，可采用不同的给水系统形式，常用形式如下。

1. 统一给水系统

即用同一给水系统供应生活、生产和消防等各种用水，水质应符合国家生活饮用水卫生标准，绝大多数城镇采用这种系统。

2. 分质给水系统

在城镇给水中，工业用水所占比例较大，各种工业用水对水质的要求往往不同，此时可采用分质给水系统，例如生活用水采用水质较好的地下水，工业用水采用地表水。分质给水系统也可采用同一水源，经过不同的水处理过程后，送入不同的给水管网。对水质要求较高的工业用水，可在城市生活给水的基础上，再自行采取一些深度处理措施。

3. 分压给水系统

当城市地形高差较大或用户对水压要求有很大差异时，可采用分压给水系统。由同一泵站内的不同水泵分别供水到低压管网和高压管网，或按照不同片区设置加压泵站以满足高压片区或高程较大片区的供水要求。对于城市中的高层建筑，则由建筑内设置的加压水泵等增压装置提供给水需要。

4. 分区给水系统

为适应城市的发展，当城市规划区域比较大，需要分期进行建设时，可根据城市规划状况，将给水管网分成若干个区，分批建成通水，各分区之间设置连通管道。也可根据多个水源选择，分区建成独立给水系统，若存在各区域供水的连通条件，可将其互相连通，实施统一优化调度。这种方式符合城市近远期相结合的建设原则。

5. 区域性给水系统

将若干城镇或工业企业的给水系统联合起来，形成一个大的给水系统，统一取水，分别供水，将这样的给水系统称为区域性给水系统。该系统对于城镇相对集中，水源缺乏的地区较适用。

1.3 用户对给水系统的要求

用户对给水系统的要求决定了城市给水工程设计标准，也是城市给水系统运营服务的目标。概括来说，城市给水工程必须保证以足够的水量、合格的水质、充裕的水压供应用户，同时系统应尽可能既要满足近期的需要，还要兼顾到今后的发展。

城市给水系统的用户一般有：城市居住区、公共建筑、工矿企业等。各用户对水量、水质和水压有不同的要求，概括起来可分为如下四种用水类型。

1.3.1 生活用水

生活用水包括住宅、学校、部队、旅馆、餐饮等建筑内的饮用、洗涤、清洁卫生等用水，以及工业企业内部工作人员的生活用水和淋浴用水等。

生活用水量的多少随着当地的气温、生活习惯、房屋卫生设备条件、供水压力等而有不同，影响因素很多。我国幅员辽阔，各地具体条件不同，影响用水量的因素不尽相同，设计时，可参照我国《室外给水设计规范》(GB50013—2006)所订的生活用水量定额。

生活用水中，饮用水的水质关系到人体健康，必须做到外观无色透明、无臭无味、不含致病微生物，以及其他有害健康的物质。我国《生活饮用水卫生标准》（GB5749—2006）中，从感官性状、化学指标、毒理学指标、细菌学指标和放射性指标等方面，对生活饮用水水质标准作出明确的规定，详见附录1。由于大多数城镇采用统一给水系统，所以城镇给水系统的水质要求应满足该标准所规定的各项指标。

城市中的建筑高度千差万别，对水压的要求也不同，作为服务整个城镇用水的供水系统来说，管网的水压必须达到最小服务水头的要求。所谓最小服务水头是指配水管网在用户接管点处应维持的最小水头（从地面算起）。当按建筑层数确定生活饮用水管网的最小服务水头时：一层为 10 m，二层为 12 m，二层以上每加一层增加 4 m。应当指出，在城市管网计算时，对局部高层建筑物或高地处的建筑物所需的水压可不作为控制条件，一般需在建筑内设置加压装置来满足上述建筑物的供水。

工业企业内工作人员的生活用水量和淋浴用水量，应根据车间性质和卫生特征确定。

1.3.2　生产用水

生产用水是指工业企业生产过程中使用的水，例如火力发电厂的汽轮机、钢铁厂的炼钢炉、机械设备等冷却用水，锅炉生产蒸汽用水，纺织厂和造纸厂的洗涤、空调、印染等用水，食品工业用水，铁路和港口码头用水等。根据过去的统计，在城市给水中工业用水占比很大，为了适应节能减排的发展趋势，生产工艺需要不断改进以减少生产用水量。

工业企业生产工艺多种多样，而且工艺的改革、生产技术的不断发展等都会使生产用水的水量、水质和水压发生变化。因此，在设计工业企业的给水系统时，参照以往的设计和同类型企业的运转经验，通过对当前工业用水调查获得可靠的第一手资料，以确定需要的水量、水质和水压是非常重要的。

随着城市工业布局的调整，很多大型企业从城市中心外迁，形成独立的产业园区，这给分区、分质供水提供了可能的条件。

1.3.3　消防用水

消防用水只在发生火警时才从给水管网的消火栓上取用。消防用水对水质没有特殊要求。城市消防用水，通常由城市给水管网提供，并按一定间距设置室外消火栓。高层建筑给水系统除由室外提供水源外，还应设置加压设备和水池，以保证足够的消防水量和水压。消防用水量、水压及火灾延续时间等应按现行《建筑设计防火规范》（GB50016—2014）和《高层民用建筑设计防火规范》（GB50045—95）最新修订版执行。

1.3.4 市政用水

市政用水包括道路清扫用水、绿化用水等。市政用水量应根据路面种类、绿化、气候、土壤以及当地条件等实际情况和有关部门的规定确定。市政用水量将随着城市建设的发展而不断增加。市政用水对水质、水压无特殊要求，随着城市雨水利用技术及废水综合应用技术的进步，市政用水一部分也可由收集净化的雨水和中水系统提供。

1.4 城市给水工程规划简介

水是人类生命之源，是城市生活与生产必不可少的物质，作为供应城市生命之水的给水工程是城市重要的基础设施之一。城市给水工程包括水源、取水、水厂及输配水管网，城市给水系统的建设必然与整个城市的发展和布局有关，给水工程的规划应成为城镇总体规划的一部分。

1.4.1 城市给水工程规划的任务

水资源是十分重要的自然资源，是城市可持续发展的制约因素；在水的自然循环和社会循环中，水质水量因受多种因素的影响常常发生变化。为了促进城市发展，提高人民生活水平，保障人民生命财产安全，需要建设合理的城市供水系统。给水工程规划的基本任务，是按照城市总体规划目标，通过分析本地区水资源条件、用水要求以及给排水专业科技发展水平，根据城市规划原理和给水工程原理，编制出经济合理、安全可靠的城市供水方案。这个方案应能反映经济合理地开发、利用、保护水资源，达到最低的基建投资和最少的运营管理费用，满足各用户用水要求，避免重复建设。具体说来，一般包括以下几方面的内容：

（1）搜集并分析本地区地理、地质、气象、水文和水资源等条件。

（2）根据城市总体规划要求，估算城市总用水量和给水系统中各单项工程设计流量。

（3）根据城市的特点确定给水系统的组成。

（4）合理地选择水源，并确定城市取水位置和取水方式。

（5）制定城市水源保护及开发对策。

（6）选择水厂位置，并考虑水质处理工艺。

（7）布置城市输水管道及给水管网，估算管径及泵站提升能力。

（8）给水系统方案比较，论证各方案的优缺点和估算工程造价与年经营费，选定规划方案。

1.4.2 城市给水工程规划的一般原则

根据城市总体规划，考虑到城市发展、人口变化、工业布局、交通运输、供电等因素，城市给水工程设施规划应遵循以下原则：

1. 城市给水工程规划应根据国家法规文件编制

现行专业规划应执行《城市给水工程规划规范》（GB50282—2016）和《室外给水设计规范》（GB50013—2006）。

2. 城市给水工程规划应保证社会、经济、环境效益的统一

（1）编制城市供水水源开发利用规划，应优先保证城市生活用水，统筹兼顾，综合利用，讲究效益，发挥水资源的多种功能。

（2）开发水资源必须进行综合科学考察和调查研究。

（3）给水工程的建设必须建立在水源可靠的基础上，尽量利用就近水源。根据当地具体情况，因地制宜地确定净水工艺和水厂平面布置，尽量不占或少占农田、少拆民房。

（4）城市供水工程规划应依靠科学进步，推广先进的处理工艺，提高供水水质，提高供水的安全可靠性，尽量降低能耗，降低药耗，减少水量漏失。

（5）采取有效措施保护水资源，严格控制污染，保护水资源的植被，防止水土流失，改善生态环境。

3. 城市给水工程规划应与城市总体规划相一致

（1）应根据城市总体规划所确定的城市性质、人口规模、居民生活水平、

经济发展目标等，确定城市供水规模。

（2）根据国土规划、区域规划、江河流域规划、土地利用总体规划及城市用水要求、功能分区，确定水源数目及取水规模。

（3）根据总体规划中有关水利、航运、防洪排涝、污水排放等规划以及河流河床演变情况，选择取水位置及取水构筑物形式。

（4）根据城市道路规划确定输水管走向，同时协调供电、通信、排水管线之间关系。

4．城市给水工程方案选择应考虑城市的特殊条件

（1）根据用户对水量、水压要求和城市功能分区，建筑分区以及城市地形条件等，通过技术经济比较，选择水厂位置，确定集中、分区供水方式，确定增压泵站、高位水池（水塔）位置。

（2）根据水源水质和用户类型，确定自来水厂的预处理、常规处理及深度处理方案。

（3）给水工程的自动化程度，应从科学管理水平和增加经济效益出发，根据需要和可能，妥善确定。

5．给水工程应统一规划、分期实施，合理超前建设

（1）根据城市总体规划方案，城市给水工程规划一般按照近期5~10年、远期20年编制，按近期规划实施，或按总体规划分期实施。

（2）城市给水工程规划应保证城市供水能力与生产建设的发展和人民生活的需要相适应，并且要合理超前建设。避免出现因水量年年增加，自来水厂年年扩建的情况。

（3）城市给水工程近期规划时，应首先考虑设备挖潜改造、技术革新、更换设备、扩大供水能力、提高水质，然后再考虑新建工程。

（4）对于一时难以确定规划规模和年限的城镇及工业企业，城市给水工程设施规划时，应对于取水、处理构筑物、管网、泵房留有发展余地。

（5）城市给水工程规划的实施要考虑城市给水投资体制与价格体制等经济因素的影响。注意投资的经济效益分析。

1.4.3　城市给水工程规划的步骤和方法

城市给水工程的规划是城市总体规划的重要组成部分，因此规划的主体

第 1 章　城市给水工程概论

通常由城市规划部门担任,将规划设计任务委托给水专业设计单位进行,规划设计一般按下列步骤和方法进行。

1. 明确规划设计任务

进行给水工程规划时,首先要明确规划设计的目的与任务。其中包括:规划设计项目的性质,规划任务的内容、范围,相关部门对给水工程规划的指示、文件,以及与其他部门分工协议事项等。

2. 搜集必要的基础资料和现场踏勘

城市基础资料是规划的依据,基础资料的充实程度又决定着给水工程规划方案编制质量,因此,基础资料的搜集与现场踏勘是规划设计工作重要的一个环节,主要内容如下:

(1)城市和工业区规划和地形资料。

资料应包括城市近远期规划、城市人口分布、工业布局、第三产业规模与分布,建筑类别和卫生设备完善程度及标准,区域总地形图资料等。

(2)现有给水系统概况资料。

资料主要涵盖给水系统服务人数、总用水量和单项用水量、现有设备及构筑物规模和技术水平、供水成本以及药剂和能源的来源等。

(3)自然资料。

包括气象、水文及水文地质,工程地质,自然水体状况等资料。

(4)城市和工业企业对水量、水质、水压要求资料等。

在规划设计时,为了收集上述有关资料和了解实地情况,以便提出合理的方案,一般都必须进行现场踏勘。通过现场踏勘了解和核对实地地形,增加地区概念和感性认识,核对用水要求,掌握备选水源地现况,核实已有给水系统规模,了解备选厂址条件和管线布置条件等。

3. 制订给水工程规划设计方案

在搜集资料和现场踏勘基础上,着手考虑给水工程规划设计方案。在给水工程规划设计时,首先确定给水工程规划大纲,包含制定规划标准、规划控制目标、主要标准参数、方案论证要求等。在具体规划设计时,通常要拟订几个可选方案,对各方案分别进行设计计算,绘制给水工程方案图。进行工程造价估算,对方案进行技术经济比较,从而选择出最佳方案。

4. 绘制城市给水工程系统图

按照优化选择方案,绘制城市给水工程系统图,图中应包括给水水源和取水位置、水厂厂址、泵站位置，以及输水管（渠）和管网的布置等。规划总图比例采用 1∶5 000~1∶10 000。

5. 编制城市给水工程规划说明文本

规划说明文本是规划设计成果的重要内容，应包括规划项目的性质、城市概况、给水工程现况、规划建设规模、方案的组成及优缺点，方案优化方法及结果、工程造价，所需主要设备材料、节能减排评价与措施等。此外还应附有规划设计的基础资料、主管部门指导意见等。

1.4.4 给水工程规划内容简介

城市给水系统包括水源、取水工程、给水处理和输配水管网，工程规模决定了规划的主线，而决定工程规模的依据是用水量的计算。所以规划内容首先应根据规划原理预测城市用水量。

1. 城市用水量预测与计算

用水量计算一般采用用水量标准，如前 1.3 节所述，城市用水有生活用水、生产用水、市政用水、消防用水。用水标准不仅与用水类别有关，还与地区差异有关。

城市用水量预测是指采用一定的理论和方法，有条件地预计城市将来某一阶段的可能用水量。用水量预测一般以过去的资料为依据，以今后用水趋向、经济条件、人口变化、资源情况、政策导向等为条件。各种预测方法是对各种影响用水的条件作出合理的假定，从而通过一定的方法求出预期水量。城市用水量预测涉及未来发展的诸多因素，在规划期难以准确确定，所以预测结果常常欠准，一般采用多种方法相互校核。由于不同规划阶段条件不同，所以城市总体规划和详细规划的预测与计算是不同的。本节先介绍城市总体规划阶段用水量的预测计算方法。

总体规划用水量预测一般分为城市综合生活用水量预测、工业企业用水量预测和城市总体用水量预测三种类型。

1）用水量标准

用水量标准有居民生活用水量标准、公共建筑用水量标准、工业企业用水量标准、市政用水量标准和消防用水量标准。

城市每个居民日常生活所用的水量称为居民生活用水量标准，常用 L/（人·d）计。由于生活习惯不同、气候差异、建筑设备差异等，用水量标准也不同，居民生活用水量标准参见《室外给水设计规范》(GB50013—2006)。居民生活用水标准与当地自然气候条件、城市性质、社会经济发展水平、给水工程基础条件、居民生活习惯、水资源充沛程度、居住条件等都有较大关系。各地规划时所采用指标应根据当地生活用水量统计资料和水资源情况，合理确定。

公共建筑的用水标准可参见《建筑给水排水设计规范》(GB50015—2003)中公共建筑生活用水定额表。工业企业职工生活用水标准，根据车间性质决定；淋浴用水标准，根据车间卫生特征确定。工业企业职工生活用水标准参见《建筑给水排水设计规范》(GB50015—2003)中工业企业职工生活用水量和淋浴用水量表。

工业企业生产用水量，根据生产工艺过程的要求确定，可采用单位产品用水量、单位设备日用水量、万元产值用水量、单位建筑面积工业用水量等作为工业用水标准。由于生产性质、工艺过程、生产设备、政策导向等不同，工业生产用水的变化很大。有时即使生产同一类产品，不同工厂、不同阶段的生产用水量相差也很大。一般情况下，生产用水量标准由企业工艺部门来提供。当缺乏具体资料时，可参考有关同类型工业企业的用水量指标。

市政用水指标与路面种类、绿化面积、气候和土壤条件、汽车类型、路面卫生情况等有关。其各项标准近似按以下取值：街道洒水用水量标准为 $1.0 \sim 2.0$ L/(m^2·次)，平均次数 $2 \sim 3$ 次/d；绿化浇水用水量标准为 $1.5 \sim 4.0$ L/(m^2·次)，每天浇洒 $1 \sim 2$ 次；汽车冲洗用水量标准为小轿车 $250 \sim 400$ L/(辆·d)，公共汽车、载重汽车 $400 \sim 600$ L/(辆·d)，汽车库地面冲洗用水定额为 $2 \sim 3$ L/m^2。

消防用水量按同时发生的火灾次数和一次灭火的用水量确定，其用水量与城市规模、人口数量、建筑物耐火等级、火灾危险性类别、建筑物体积等有关。消防用水量可根据《建筑设计防火规范》(GB50016—2014)来确定。

2) 城市综合生活用水量预测

城市综合生活用水指城市居民生活用水和公共设施用水两部分的总量。城市综合生活用水量预测主要采用定额法，有居民用水定额、公共设施用水量定额。采用定额法预测就是在确定了当地居民用水定额和规划人口后，可由下式计算得到。

$$Q = \frac{kNq}{1000} \tag{1-1}$$

式中：Q——居民生活用水量，m^3/d；

N——规划期末人口数；

q——规划期限内的生活日用水量标准，L/（人·d）；

k——规划期用水普及率。

由于公共设施的种类和数量是按城市人口规模配置的，居民生活用水与公共设施用水之间存在一定比例关系，因此在总体规划阶段可由居民生活用水量来推求公共设施用水量。所以有时也可以直接由城市综合生活用水定额计算得到，此时公式中的 q 应为城市综合生活用水量标准。

以上介绍的定额法以过去统计的若干资料为基础，进行经验分析，确定用水量标准。它只以人口作变量，忽略了影响用水的其他相关因素，预测结果可靠性较差。数学模型方法弥补了定额法的缺陷，它是依据过去若干年的统计资料，通过建立一定的数学模型，找出影响用水量变化的因素与用水量之间的关系，来预测城市未来的用水量。在城市综合生活用水量预测中常采用递增率、线性回归、生长曲线等方法。从大量的城市生活用水的统计资料来看，其增长过程一般符合生长曲线模型，可以用下式表示：

$$Q = L \cdot \exp(-be^{-kt}) \qquad (1-2)$$

式中：Q——预测年限的用水量，m³/d；

b，k——待定系数，需要根据过去用水量统计资料，通过最小二乘法或线性规划法求出；

L——预测用水量的上限值，m³/d；

t——预测年限。

确定城市生活用水量的上限值 L 是生长曲线法的关键，可采用两种方法计算：一种是以城市水资源的限量为约束条件，按现有生活用水与工业用水的比值及城市经济结构发展等来确定两类用水间的比例，再考虑其他用水情况，对水源总量进行分配，得到城市综合生活用水的上限值；另一种是参考其他发达国家相类似工业结构的城市，判别城市生活用水量是否进入饱和阶段，从而以此作为类比，确定上限值 L。

3）城市工业用水量预测

城市工业用水量在城市总用水量中占有较大比例，其预测的准确与否对城市用水量规划具有重要影响。因为影响城市工业用水量的因素较多，预测方法也比较多，常见有单位面积指标法、万元产值指标法、重复利用率提高法、比例相关法、线性回归法等。

比例相关法是在准确算出生活用水量之后，根据生活用水和工业用水的相关比例可以算出工业用水量。不同城市的比例也不相同，可以参照部分城市的相关比例取值。

回归技术是根据过去相互影响、相互关联的两个或多个因素的资料，利用数学方法建立相互关系，拟合成一条确定曲线或一个多维平面，然后将其外延到适当时间，得到预测值。回归曲线有线性和非线性，回归自变量有一元和多元之分。应用到工业用水量预测中，是建立用水量与供水年份、工业产值、人口数及工业用水重复利用率等之间的相互关系。

4）城市用水总量预测

城市用水总量是整个城市在一定的时间内所耗用水的总量，除由城市给水工程统一供水的居民生活用水、公共建筑用水、工业用水、市政用水及消防用水的总和外，还包括企业独立水源供水的用水量。城市用水量的预测有分类用水预测法、单位用地面积法、人均综合指标法、年递增率法、线性回归法、生长曲线法、灰色系统理论法。

分类预测城市综合生活用水、工业企业用水、消防用水、市政用水、未预见及管网漏失用水量，然后进行叠加。单位用地面积法就是制定城市单位建设用地的用水量指标，根据规划的城市用地规模，推求出城市用水总量。人均综合指标法是根据城市历年人均综合用水量的情况，参照同类城市人均用水指标，合理确定本市规划期内人均用水标准，再乘以规划人口数，则得到城市用水总量。年递增率法就是根据历年来供水能力的年递增率，并考虑经济发展的速度，选定供水的递增函数，再由现状供水量，推求出规划期的供水量，假定每年的供水量都以一个相同的速率递增，可用公式（1-3）来计算。

$$Q = Q_0(1+\gamma)^n \qquad (1\text{-}3)$$

式中：Q——预测年份所规划的城市用水总量，m^3/d；

Q_0——起始年份实际的城市用水总量，m^3/d；

γ——城市用水总量的年平均增长率，%；

n——预测年限。

生长曲线法是把城市用水总量按 S 形曲线变化，这符合城市在数量上、人口上的变化规律，从初始发展到加速阶段，最后发展速度减缓的规律。生长曲线有龚珀自的数学描述和雷蒙德·皮尔（Raymond Pearl）提出的模型，即：

$$Q = \frac{L}{1+ae^{-bt}} \qquad (1\text{-}4)$$

式中：Q——预测年限的用水量，m^3/d；

a, b——待定系数；

L——预测用水量的上限值，m^3/d；

t——预测年限。

5）城市详细规划用水量计算

在详细规划阶段，用地性质与面积、建筑密度、人口等指标都已确定，所以用水量预测可以细化计算，并为下一步管网计算作准备。

在计算时，先根据人口数、用水标准等，分别计算居民生活用水量、公共建筑用水量、工业企业用水量、市政绿化用水量、消防用水量以及未预见和漏失水量，然后叠加得到最高日用水量，再乘以时变化系数，可得给水管网设计用的最高日最大小时用水量，即：

$$Q_{\max} = K_h Q/24 \tag{1-5}$$

式中：$Q_{\max}$——规划年最高日最大小时用水量，m^3/h；

Q——规划年最高日用水量，m^3/d；

K_h——时变化系数；

2. 城市水源规划

城市水源规划是城市给水工程规划的一项重要内容，它影响到给水工程系统的布置，城市的总体布局、城市重大工程项目选址、城市的可持续发展等战略问题。城市水源规划作为城市给水排水工程规划的重要组成部分，不仅要与城市总体规划相适应，还要与流域或区域水资源保护规划、水污染控制规划、城市节水规划等相配合。

水源规划中，需要研究城市水资源量、城市水资源开发利用规模和可能性，水源保护措施等。水源选择关键在于对所规划水资源的认识程度，应进行认真深入的调查、勘探，结合有关自然条件、水质监测、水资源规划、水污染控制规划、城市远近期规划等进行分析、研究。通常情况下，要根据水资源的性质、分布和供水特征，从供水水源的角度对地表水和地下水资源从技术经济方面进行深入全面比较，力求经济、合理、安全可靠。水源选择必须在对各种水源进行全面的分析研究、掌握其基本特征的基础上进行。

城市给水水源有广义和狭义的概念之分。狭义的水源一般指清洁淡水，即传统意义的地表水和地下水，是城市给水水源的主要选择；广义的水源除了上面提到的清洁淡水外，还包括海水和低质水（微咸水、再生污水和暴雨洪水）等。在水资源短缺日益严重的情况下，对海水和低质水的开发利用，是解决城市用水矛盾的发展方向。各种水源的特征详见第2章2.1节的阐述。

3. 取水工程规划

取水工程是给水工程系统的重要组成部分，通常包括给水水源选择和取水构筑物的规划设计等。在城市给水工程规划中，要根据水源条件确定取水构筑物的基本位置、取水量、取水构筑物的形式等。取水构筑物位置的选择，关系到整个给水系统的组成、布局、投资、运行管理、安全可靠性及使用寿命等。

地表取水构筑物位置的选择应根据地表水源的水文、地质、地形、卫生、水力等条件综合考虑，进行技术经济比较。选择地表水取水构筑物位置时，应考虑以下基本要求：

（1）设在水量充沛、水质较好的地点，宜位于城镇和工业的上游清洁河段。取水构筑物应避开河流中回流区和死水区，潮汐河道取水口应避免海水倒灌的影响；水库的取水口应在水库淤积范围以外，靠近大坝；湖泊取水口应选在近湖泊出口处。

（2）具有稳定的河床和河岸，靠近主流。取水口不宜放在入海的河口地段和支流向主流的汇入口处。

（3）尽可能避开有泥砂、漂浮物、冰凌、冰絮、水草、支流和咸潮影响的河段。

（4）具有良好的地质、地形及施工条件。

（5）取水构筑物位置应尽可能靠近主要用水地区，以减少投资。

（6）应考虑天然障碍物和桥梁、码头、丁坝、拦河坝等人工障碍物对河流条件引起变化的影响。

（7）应与河流的综合利用相适应。取水构筑物不应妨碍航运和排洪，并且符合灌溉、水力发电航运、排洪、河湖整治等部门的要求。

地下水取水构筑物的位置选择与水文地质条件、用水需求、规划期限、城市布局等都有关系。在选择时应考虑以下情况：

（1）取水点与城市或工业区总体规划，以及水资源开发利用规划相适应。

（2）取水点要求水量充沛、水质良好，应设于补给条件好、渗透性强、卫生环境良好的地段。

（3）取水点的布置与给水系统的总体布局相统一，力求降低取水、输水电耗和取水井及输水管的造价。

（4）取水点有良好的水文、工程地质、卫生防护条件，以便于开发、施工和管理。

（5）取水点应设在城镇和工矿企业的地下径流上游。

合理的取水构筑物形式，对提高取水量、改善水质、保障供水安全、降低工程造价及运营成本有直接影响。多年来根据不同的水源类型，工程界也总结了出了各种取水构筑物形式可供规划设计选用，同时随着施工技术的进步、城市基础设施建设投资的加大、先进的工程控制管理技术的运用，为取水工程的设计提供了更广阔的创新条件。常见取水构筑物形式详见第 2 章 2.3 和 2.4 节内容。

4. **城市给水处理设施规划**

城市给水处理的目的就是通过合理的处理方法去除水中杂质，使之符合生活饮用和工业生产使用所要求的水质。不同的原水水质决定了选用的处理方法，目前主要的处理方法有：常规处理（包括澄清、过滤和消毒）、特殊处理（包括除味、除铁、除锰和除氟、软化、淡化）、预处理和深度处理等。主要的处理工艺详见第 3 章相关内容。

5. **城市给水管网规划**

城市给水管网规划包含输水管渠规划、配水管网布置及管网水力计算，现代城市给水管网规划还应包括给水系统优化调度方案等。有关输水管道定线原则、管网布置形式、管材种类，给水管道附属构筑物等详见第 4 章内容。管网水力计算和给水系统优化调度涉及内容较多，需要参见专门文献，这里不再赘述。

第 2 章 水源及取水工程

2.1 水源种类及特征

城市给水水源大致可分为地表水水源和地下水水源。地表水水源包括江河水、湖泊水、水库水以及海水等。地下水水源包括上层滞水、潜水、承压水、裂隙水、溶岩水和泉水等。下面分别阐述各种水源的特征。

2.1.1 地表水水源

1. 江河水源

江河水淡水资源丰富，流量较大，是城市主要的水源之一。但因各地气候、地质、地貌等条件差异较大，江河水源状况也各不相同。大部分江河受季节性影响，洪水、枯水流量及水位变化较大，水中含泥沙等杂质较多，并且发生河床冲刷、淤积和河床演变等，这些因素成为取水设施及水处理工艺选择的重要依据。

平原冲积河流的河床常由土质组成，河床较易变形，呈顺直微曲、弯曲及游荡等河段。顺直微曲河段，一般河岸不易被冲刷，河面较宽，易在岸边形成泥沙淤积的边滩，但边滩下移可能会造成对取水口堵塞，采取近岸取水时应考虑必要的防范措施。对弯曲河段，应注意凹岸不断被冲刷，凸岸不断淤积，使河流弯曲度逐渐加大，甚至发展成为河套，并可能裁弯取直，以弯曲—裁直—弯曲作周期性演变。游荡性河段，河身宽浅，浅滩叉道密布，河床变化迅速，主流摇摆不定，对设置取水口极为不利，必要时应有整治河道的措施。

山区河流形态复杂，河床陡峻，流量变幅很大，洪水来势猛烈，历时很短；枯水期流量较小，甚至出现多股细流和表面断流情况。河水水质随流量变化而变化，在平、枯水期，河水较清，洪水期水质浑浊且挟有大量推移质和漂浮物。在山区河流中取水，为保证取水设施免遭损毁并保证一定取水量和水质，多采用低坝加闸渠引水方式，既适应山区河流水量、水质大幅度变化，同时可将泵站建在较为安全地带。

2. 湖泊及水库水

在平原地区和江河众多地区有很多湖泊相联，成为江河的自然调节池，因其水量、水质相对稳定，可作为城镇的良好给水水源。湖泊水的主要特点是水量充沛，水质较清，含悬浮物较少。但水中易繁殖藻类及浮游生物，底部积有淤泥，应注意水质对给水水源的影响。

在一般中小河流上，由于流量季节性变化大，尤其在北方，枯水季节往往水量不足，甚至断流。此时，可根据水文、气象、水文地质及地形、地质等条件修建调节性水库作为给水水源。水库水源特点与湖泊水源较为相似，因水库多为人工建造，为取得足够水量和水质，一般取水设施与坝体合建情况较多。

3. 海　水

随着近代工业的迅速发展，世界上淡水水源日益不足。为满足大量工业用水需要，特别是冷却用水，世界上许多国家，包括我国在内，已经使用海水作为给水水源。海水作为给水水源，其最大的特点是含盐浓度高，需要进行脱盐处理(也称淡化处理)，由于目前淡化处理成本很高，较少作为城市给水水源，主要用于某些特点工业用水水源或作为城镇备用水源。

2.1.2 地下水源

地下水的来源主要是大气降水和地表水的入渗，渗入水量的多少与降雨量、降雨强度、持续时间、地表径流和地层构造及其透水性有关。一般年降雨量的 30%~80%渗入地下补给地下水。地下水源除了地表的补充水之外，还有埋藏于地下较深的岩层中的储水，至于地下岩层的含水情况，则与岩石的地质时代有关。第四纪以来所形成的沉积层多未硬结成岩，是一种松散沉积物，它在地面分布较广，特别是河流冲积层和洪积层，对储藏浅层地下水具有重要意义。

根据地下水潜藏的条件，通常将地下水源分为上层滞水、潜水、承压水、裂隙水、岩溶水和泉水等。

1. 上层滞水

上层滞水是存在于包气带中局部隔水层之上的地下水。它的特征是分布范围有限，补给区与分布区一致，水量随季节变化，旱季甚至干枯。因此，只宜做少数居民或临时给水水源，例如我国西北黄土高原某些地区，埋藏有上层滞水，成为该区宝贵水源。

2. 潜　水

潜藏在地下不透水层上，具有自由表面的重力水称为潜水，它多存在于第四纪沉积层的孔隙及裸露于地表基岩裂缝和空洞之中。潜水主要特征是有隔水底板而无隔水顶板，具有自由表面的无压水。它的分布区和补给区往往一致，水位及水量变化较大。我国潜水分布较广，储量丰富，常用作给水水源。但由于潜水层主要来自地表径流补充，极易被人为污染，应成为水资源重点保护对象。

3. 承压水

将潜藏在两个不透水层之间的地下水称为承压水。由于承压含水层有不透水顶板的限制，当用钻孔凿穿地层时，承压水就会上升到含水层顶板以上，如有足够压力，则水能喷出地表，称为自流井。承压含水层的主要特征是含水层上下都有隔水层，承受压力，有明显的补给区、储水区，补给区和储水区往往相隔很远，一般埋藏较深，不易被污染。

在我国，地下承压水分布较广泛，如华北寒武、奥陶纪基岩中的自流盆地，广东雷州半岛、陕西关中平原、山西汾河平原、内蒙古河套平原以及新疆等很多山间盆地属自流盆地，北京附近、甘肃河西走廊祁连山等山前洪积平原属山前自流斜地，均含丰富承压水，是我国城市和工业的重要水源之一。

4. 裂隙水

裂隙水是埋藏在基岩裂隙中的地下水，大部分基岩出露在山区，因此裂隙水主要在山区出现，是山区居民饮用水源的常见选择。

5. 岩溶水

通常在石灰岩、泥灰岩、白云岩、石膏等可溶岩石分布地区，由于水流作用形成溶洞、落水洞、地下暗河等岩溶现象，储存和运动于岩溶层中的地下水称为岩溶水或喀斯特水。其特征是低矿化度的重碳酸盐水，涌水量在一年内变化较大。

我国石灰岩分布甚广，特别是广西、云南、贵州等地，水量丰富，可作为给水水源。

6. 泉　水

将自然涌出地表的地下水称为泉水。根据水源的补给方式及潜藏条件，泉水分为包气带泉水、潜水泉水和自流泉水等。包气带泉水涌水量变化很大，旱季可干枯，水的化学成分及水温均不稳定。潜水泉水由潜水补给，受降水影响，季节性变化显著，其特点是水流通常渗出地表。自流泉水由承压水补给，其特点是向上涌出地表，动态稳定，涌出量变化甚小，是良好的给水水源。

2.2　给水水源保护

给水水源直接为城镇提供生活、生产之用水，选择城镇或工业企业给水水源时，通常都经过详细勘察和技术经济论证，保证水源在水量和水质方面都能满足用户的要求。然而，由于人类生产活动及各种自然因素的影响，例如，未经处理或处理不完全污水的大量排放，农药、化肥大量长期的使用，水土严重流失，对水体的长期超量开采等，常使水源出现水量降低和水质恶化的现象。水源一旦出现水量衰减和水质恶化现象后，就很难在短期内恢复。因此，给水水源的保护应成为整个地区乃至全国性的基本任务，需要科学规划，具体落实保护水源的一系列措施。

水源保护是环境保护的一部分，涉及范围甚广，它包括了整个水体并涉及人类生产活动的各个领域和各种自然因素的影响。

2.2.1　保护给水水源的一般措施

保护给水水源是一个全局性的工作，涉及各部门各领域，单就从技术方面可归纳以下几方面的措施：

（1）给水工程规划应配合城市经济计划部门制定水资源开发利用专项规划，这是保护给水水源的重要措施。

（2）以政府部门牵头组织专门机构，加强水源管理措施。如实时开展对于地表水源的水文观测和预报。对于地下水源要进行区域地下水动态观测，尤应注意开采漏斗区的观测，以便对超量开采及时采取有效的措施，如开展人工补给地下水、限制开采量等。

（3）协调水利、农林行业，长期做好流域面积内的水土保持工作。因为水土流失不仅使农业遭受直接损失，而且还加速河流淤积，减少地下径流，导致洪水流量增加和常水流量降低，不利于水量的常年利用。为此，要加强流域面积上的造林和林业管理，在河流上游和河源区要防止滥伐森林。

（4）合理规划城镇居住区和工业区，减轻对水源的污染。对于容易造成污染的工厂，如化工、石油加工、电镀、冶炼、造纸厂等应尽量布置在城镇及水源地的下游。

（5）加强水源水质监督管理，严格执行污水排放标准。

（6）在勘察设计水源时，应从防止污染角度，提出水源合理规划布局的意见，提出卫生防护条件与防护措施。

（7）对于滨海及其他水质较差的地区，要注意由于开采地下水引起的水质恶化问题，如咸水入侵，与水质不良含水层发生水力联系等问题。

（8）以政府支持，协会组织，进行水体污染调查研究，建立水体污染监测网。水体污染调查要查明污染来源、污染途径、有害物质成分、污染范围、污染程度、危害情况与发展趋势。地下水源要结合地下水动态观测网点进行水质变化观测。地表水源要在影响其水质范围内建立一定数量的监测网点。建立水体监测网点的目的是及时掌握水体污染状况和各种有害物质的分布动态，便于及时采取措施，防止对水源的污染。

2.2.2　给水水源卫生防护

上节是从宏观上阐述了城市给水水源保护的技术措施，对选定好的水源及取水场址，还应建立具体的卫生防护要求及防护措施。生活饮用水水源保护区由环保、卫生、公安、城建、水利、地矿等部门共同划定，报当地人民政府批准公布，供水单位应在防护地带设置固定的告示牌，落实相应的水源保护工作。给水水源卫生防护地带的范围和防护措施，应按《生活饮用水卫生标准》（GB5749—2006）的规定，符合下列要求。

1. 地表水水源卫生防护要求

（1）取水口周围半径 100 m 的水域内，严禁捕捞、水产养殖、停靠船只、游泳和从事其他可能污染水源的任何活动。

（2）取水口上游1 000 m至下游100 m的水域不得排入工业废水和生活污水；其沿岸防护范围内不得堆放废渣，不得设立有毒、有害化学物品的仓库，不得设置堆栈或装卸垃圾、粪便和有毒物品的码头；不得使用工业废水或生活污水灌溉及施用有持久性毒性或剧毒的农药，并不得从事放牧等有可能污染该段水域水质的活动。

（3）受潮汐影响的河流，其生活饮用水取水点上游及其沿岸的水源保护区范围应相应扩大，其范围由供水单位及其主管部门会同卫生、环保、水利等部门研究确定。

（4）作为生活饮用水水源的水库和湖泊，应根据不同情况，将取水点周围部分水域或整个水域及其沿岸划为防护范围，并按（1）、（2）项的规定执行。

（5）对生活饮用水水源的输水明渠、暗渠，应重点保护，严防污染和水量流失。

（6）给水水厂生产区范围应明确划定并设立明显标志，在生产区外围不小于10 m的范围内，不得设置生活居住区和修建禽畜饲养场，渗水厕所、渗水坑；不得堆放垃圾、粪便、废渣或铺设污水渠道；应保持良好的卫生状况和绿化。

2. 地下水源卫生防护

（1）生活饮用水地下水水源保护区、取水构筑物的防护范围及影响半径的范围，应根据生活饮用水水源地所处的地理位置、水文地质条件、供水的数量、开采方式和污染源的分布，由供水单位及其主管部门会同卫生、环保及规划设计、水文地质部门研究确定，其防护措施应按地表水给水水厂生产区要求执行。

（2）在单井或井群影响半径范围内，不得使用工业废水或生活污水灌溉和施用有持久性毒性或剧毒的农药，不得修建渗水厕所、渗水坑、堆放废渣或铺设污水渠道，不得从事破坏深层土层的活动。

（3）在地下水水厂生产区范围内，应按地表水水厂生产区要求执行。

（4）人工回灌的水质应符合生活饮用水水质要求。

3. 卫生防护的建立与监督

水源和水厂卫生防护地带具体范围、要求、措施应由水厂提出具体意见，然后取得当地卫生部门和水厂的主管部门同意后报请当地人民政府批准公布。水厂要积极组织实施，在实施中要主动取得当地卫生、公安、水上交通、环保、农业与规划、建设部门的确认与支持。卫生防护地带建立以后要作经常性检查，发现问题要及时解决。

为确保饮用水水质安全，除必须满足上述水源卫生防护各项要求外，还必须遵照《中华人民共和国水污染防治法》（1984年5月公布，2008年2月28日修订）的规定，才能有效防止水源污染。

2.3 地表水取水构筑物

给水工程中从江河、湖泊、水库及海洋等地表水源中取水的设施，分为固定式和移动式两大类。

2.3.1 固定式取水构筑物

固定式取水构筑物位置固定不变，取水安全可靠，维护管理方便，适应性较强，因此，无论从河流、湖泊或水库取水，均广泛应用。但水下工程量大，施工期长以及投资较大，特别是在水位变幅很大的河流上，投资甚大。

根据地表水水源的水位变化幅度、岸边的地形地质和冰冻、航运等因素，固定式取水构筑物可有多种型式选择，但常见的基本型式可分为岸边式、河床式、斗槽式和潜水式等。

1. 岸边式取水构筑物

直接从岸边进水口取水的构筑物，称为岸边式取水构筑物。它由进水井和泵站两部分组成。当河岸较陡、主流近岸、岸边水深足够、水质及地质条件较好、水位变幅不太大时，适宜采用这种形式。

按照进水井与泵站的合建和分建，岸边式取水构筑物可分为合建式和分建式两类。

1）合建式岸边取水构筑物

合建式岸边取水构筑物，进水井与泵站合建在一起，设在岸边，如图2-1所示。河水经过进水孔进入进水井的进水间，再经过格网进入吸水间，然后由水泵抽送到水厂或用户。在进水孔上设有格栅，用以拦截水中粗大的漂浮物。设在进水井中的格网，用以拦截水中细小的漂浮物。

合建式的优点是设备布置紧凑，占地面积较小，吸水管路短，运行管理方便，因此采用较广泛，适宜在岸边地质条件较好时采用。但合建式土建结构较复杂，施工较困难。

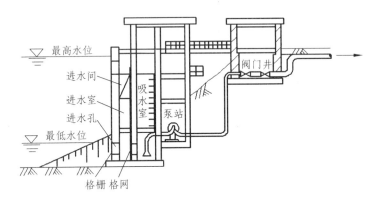

图 2-1 合建式岸边取水构筑物

2）分建式岸边取水构筑物

当岸边地质条件较差，进水井不宜与泵站合建时，或者分建对结构和施工有利时，则宜采用分建式，如图 2-2。分建式土建设结构较简单，施工较容易，但操作管理不太方便，吸水管路较长，增加了水头损失，运行安全性不如合建式。

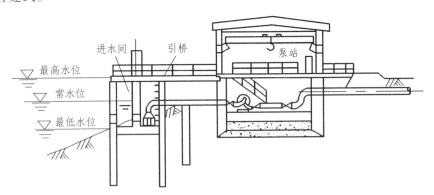

图 2-2 分建式岸边取水构筑物

2. 河床式取水构筑物

河床式取水构筑物是指利用进水管将取水头部伸入江河、湖泊中取水的构筑物，一般由取水头部、进水管(自流管或虹吸管)、进水间(或集水井)和泵房组成。当河岸较平坦，枯水期主流离岸较远、岸边水深不足或水质不好，而河心有足够水深或较好水质时，适宜采用这种取水形式。

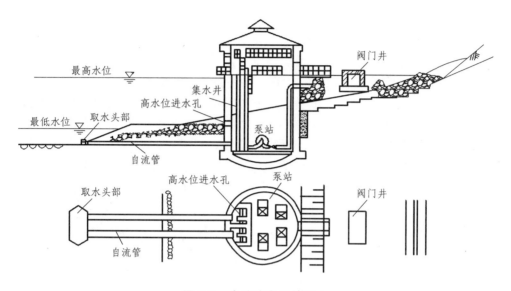

图 2-3 合建式自流管取水

河床式取水构筑物的集水井与泵站可以合建,也可以分建。根据进水管型式的不同,河床式取水构筑物有自流管取水、虹吸管取水和直接吸水式取水等型式。

1)自流管取水

图 2-3 和图 2-4 分别表示合建式和分建式自流管取水构筑物,河水通过自流管进入集水井中。由于自流管淹没在水中,河水靠重力自流,故工作较可靠。但敷设自流管的土石方量较大,故适宜在自流管埋深不大时采用,或者在河岸可以开挖隧道以敷设自流管时采用。

在河流水位变幅较大,洪水期历时较长,水中含沙量较高时,为了避免在洪水期引入底层含沙量较多的水,可在集水井井壁上开设高水位进水孔(见图 2-3),或者设置高水位自流管,以便在洪水期取上层含沙量较少的水。

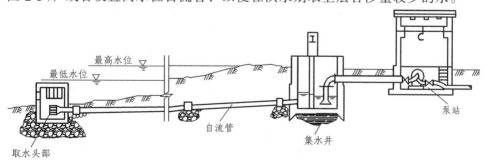

图 2-4 分建式自流管取水构筑物

2）虹吸管取水

图 2-5 为虹吸管取水构筑物，河水通过虹吸管进入集水井中。适宜在河漫滩较宽、河岸为坚硬岩石、埋设自流管需开挖大量土石方而不经济时，或者管道需要穿越防洪堤时采用。由于虹吸高度最大可达 7 m，故可大大减少管道埋深，减少土石方量，缩短工期，节约投资。但是虹吸管在低水位启动时先要抽真空，所以需要安装抽真空设备，但当虹吸管管径较大、管道较长时，抽真空时间较长，启动较慢，运行管理不便。同时，虹吸管必须保证严密不漏气，故对管材及施工质量要求较高，其工作的可靠性不如自流管。

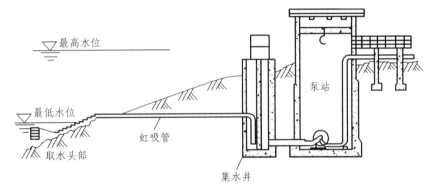

图 2-5 虹吸管取水构筑物

3）水泵直吸式取水

如图 2-6 所示，将水泵吸水管直接伸入河中取水，取水头部和吸水管架设在支墩或支架上，不设集水井。这种取水方式可以利用水泵吸水高度以减小泵站深度，又省去集水井，故结构简单，施工方便，造价较低。因此在中小型取水工程中采用非常广泛。在不影响航运时，水泵吸水管可以架空敷设

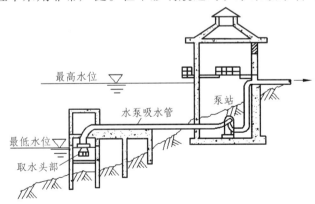

图 2-6 水泵直吸式取水构筑物

在桩架或支墩上,没有或很少有水下工程。但是由于没有集水井和格网,因此漂浮物易于堵塞取水头部和设备。所以这种形式只适宜在河中漂浮物不多、吸水管不太长时采用。

河床式取水构筑物的适用范围较广,当集水井建在岸内时,可免受洪水冲刷和流水冲击。但是,由于取水头部和进水管经常淹没在水下,故检修不方便,遇有泥沙、水草和冰凌堵塞时,清洗较困难。

3. 江心桥墩式取水构筑物

整个取水构筑物建在江心,在进水井壁上设有进水孔,从江心取水,如图 2-7 所示。由于建在江心,该取水构筑物缩小了水流过水断面,容易造成附近河床冲刷,基础需埋设较深,施工较困难。此外,需要较长的引桥,故造价甚高,对航运影响也较大。江心桥墩式也常用于水库或湖泊取水。由于构筑物高耸于水体中,取水设施齐全,可以在不同深度处取水,以得到水质较好的原水。

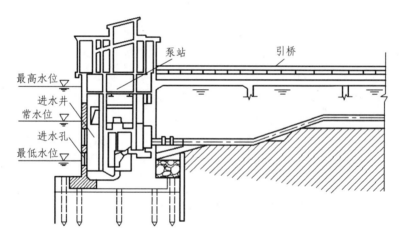

图 2-7 江心桥墩式取水构筑物

4. 浅坝钢笼式取水型式

对于城镇小规模取水,特别是在山区浅河道上取水,可以采用修筑溢流式浅坝,提高河道水位,并在适当位置设置钢笼取水头部或箱式取水头部。这种取水方式适用于水深较浅,地质条件较差,含沙量少的河流。配合水泵直接吸水的泵站或靠重力流式取水工程,则总建造费用较低,施工容易。缺点是清理底部沉积泥沙困难,抗堵塞能力较差,砂石容易被吸入至取水管内,需设置反冲洗装置及沉砂井或吸水井等沉砂措施。

底栏栅式取水也类似于潜坝式取水,主要是以山区溪流作为水源时,为避免急流中的砂砾,用低坝抬高水位,坝内有引水渠道,渠顶盖栏栅,水流溢过坝顶时从栏栅进入渠道,流至沉砂池除去泥沙后,再用取水泵抽送至水厂。

2.3.2 移动式取水构筑物

当水源水位涨落幅度大,或取水河段的河岸陡峻,工程地质条件差,不适宜建固定式取水头部和深井泵房时,若采用移动式取水构筑物,可大大降低造价。以获得更好的经济效益和确保安全供水。移动式取水构筑物有浮船式和缆车式两种。

1. 浮船式取水构筑物

浮船式取水构筑物实质上是漂浮在水面上的一级泵站。所谓浮船式,就是把水泵安装漂浮在水面的船上取水。浮船适用于河流水位变幅较大(10~35 m 或以上),水位变化速度不大于 2 m/h,枯水期有足够水深,水流平稳,河床稳定,岸边具有 20°~30°坡角、无冰凌,漂浮物少,不受浮筏、船只和漂木撞击的河流。浮船式取水构筑物也广泛用于水库取水,其优越性十分显著。

浮船取水具有投资少、施工期短、便于施工、调动灵活等特点。它的缺点是操作管理比较麻烦,供水安全性较差等。

浮船有木船、钢板船以及钢丝网水泥船等,一般做成平底囤船形式,平面为矩形,断面为梯形或矩形,浮船布置需保证船体平衡与稳定,并需布置紧凑和便于操作管理。

浮船与输水管的连接应是活动的,以适应浮船上下左右摆动的变化,目前有两种形式:

1)阶梯式连接

阶梯式连接又分为刚性联络管和柔性联络管两种连接方式。刚性联络管阶梯式连接如图 2-8 所示,它使用焊接钢管,两端各设一球形万向接头,最大允许转角 22°,以适应浮船的摆动。由于受联络管长度和球形万向接头转角的限制,在水位涨落超过一定高度时,则需移船和换接头。

2)摇臂式连接

在岸边设置支墩或框架,用以支承连接输水管与摇臂管的活动接头,如图 2-9,浮船以该点为轴心随水位、风浪而上下左右移动。

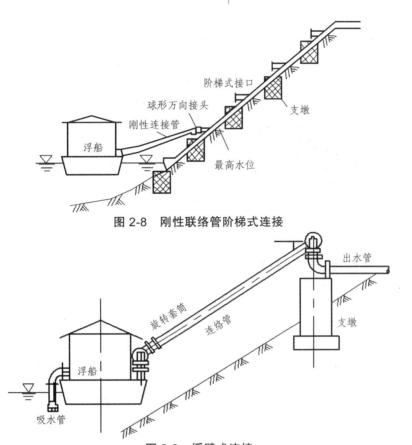

图 2-8 刚性联络管阶梯式连接

图 2-9 摇臂式连接

2. 缆车式取水构筑物

缆车式取水构筑物由泵车、坡道、输水斜管、牵引设备等四个主要部分组成,如图 2-10 所示。当河流水位涨落时,泵车可由牵引设备带动,沿坡道上的轨道上升或下降。它具有投资省、水下工程量少、施工周期短等优点;但在水位涨落时需移车或换接头,维护管理较麻烦,供水安全性不如固定式。

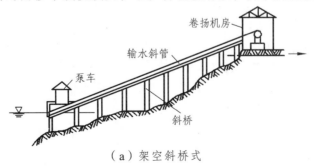

(a) 架空斜桥式

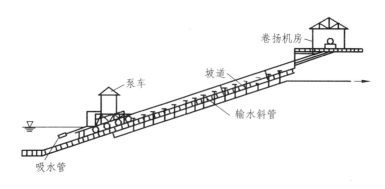

（b）斜坡式

图 2-10 缆车式取水构筑物

2.3.3 湖泊、水库取水构筑物

上一小节阐述的地表水取水构筑物型式，很多也适合湖泊、水库取水，如岸边式取水型式、江心桥墩式取水、移动式取水型式等。由于湖泊、水库水体与江河水文特征不同，岸边地形、地貌特殊，有些取水方式比较适合于湖泊、水库的取水工程，如与坝体合建分层取水、与泄水口合建分层取水、自流管式取水、隧洞式取水和引水明渠取水等。

1. 分层取水构筑物

由于深水湖或水库的水质随水深及季节等因素变化，因此大都采用分层取水方式，即从最优水质的水层取水。分层取水构筑物可常与水库坝、泄水口合建。如图 2-11 和图 2-12 所示，分别为与坝身合建的取水塔和与底部泄水口合建的取水塔。一般取水塔可做成矩形、圆形或半圆形。塔身上一般设置 3~4 层喇叭管进水口，每层进水口高差一般 4~8 m，以便分层取水。最底层进水口应设在死水位以下约 0.2 m。进水口上设有格栅和控制闸门。进水竖管下面接引水管，将水引至泵站吸水井。引水管敷设于坝身廊道内，或直接埋设在坝身内。泵站吸水井一般做成承压密闭式，以便充分利用水库的水头。

在取水量不大时，为节约投资，亦可不建取水塔，而在混凝土坝身内直接埋设 3~4 层引水管取水。

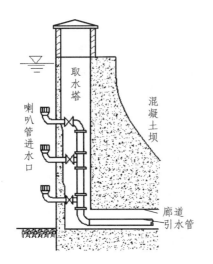
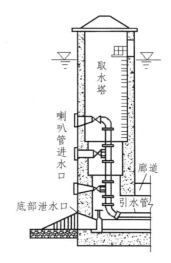

图 2-11　与坝身合建的取水塔　　　　图 2-12　与底部泄水口合建的取水塔

2. 自流管式取水构筑物

在浅水湖泊和水库取水，一般采用自流管或虹吸管把水引入岸边深挖的吸水井内，然后水泵的吸水管直接从吸水井内抽水，泵房与吸水井既可合建，也可分建。图 2-13 为自流管合建式取水构筑物。

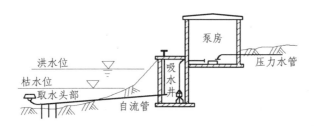

图 2-13　自流管式取水构筑物

3. 隧洞式取水和引水明渠取水

对于某些湖泊和水库水源，当周边地形比较复杂，无法直接修建岸边式取水构筑物，或水源水位标高高，可以采用重力式取水时，往往采用隧洞式取水和引水明渠取水。即在稳定的湖底（或库底）下通过开凿隧洞或明渠进行引水，并通过重力流方式取水。隧洞式取水构筑物可采用水下岩塞爆破法施工。在选定的取水隧洞的下游一端，先行挖掘修建引水隧洞，在接近湖底或库底的地方预留一定厚度的岩石—岩塞，最后采用水下爆破的办法，一次炸掉预留的岩塞,从而形成取水口。这一方法,在国内外均获得采用。图 2-14 为隧洞式取水岩塞爆破法示意图。

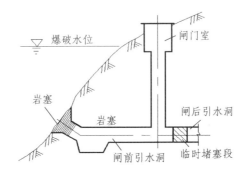

图 2-14 岩塞爆破法示意

引水明渠是湖泊或水库等水源常见的取水方式,其构筑物施工简单,取水安全可靠,适应性强。湖泊和水库水源取水采用何种方式,应根据水源水文特征、地形、地貌、地质、施工等条件进行技术经济比较来选择。

2.4 地下水取水构筑物

2.4.1 地下水取水构筑物的基本型式

地下水取水构筑物的型式主要是根据地下水源潜藏特点来设计,按其构造可分为:管井、大口井、辐射井、渗渠和引泉构筑物等。

1. 管 井

管井的一般构造如图 2-15 所示。它由井室、井壁管、过滤器、人工填砾及沉淀管等组成。管井直径一般在 500～1 000 mm,深度一般在 200 m 之内。其中:井室是用以安装各种设备的空间;井壁管的作用是用以加固井壁,隔离水质不良或水头较低的含水层;过滤器的作用是集水、保持填砾与含水层的稳定、防止流砂及堵塞;沉淀管是用来沉淀进入管井的砂粒。图 2-15(a)是应用最广泛的单过滤器管井型式,凡是只开采一个含水层时,均可采用此种型式。当地层存在两个以上含水层,且各含水层水头相差不大时,则可采用图 2-15（b）所示的多过滤器管井，同时从各含水层取水。

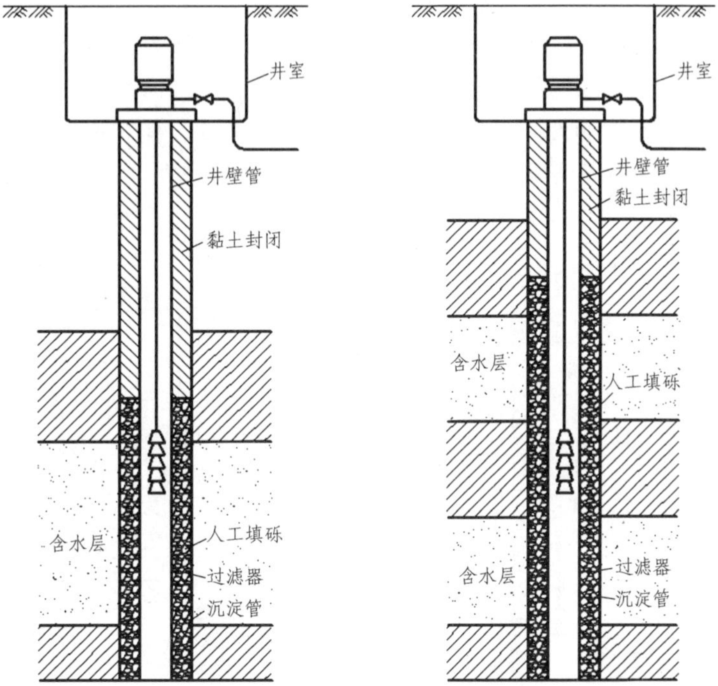

（a）单过滤器管井　　　　（b）多过滤器管井

图 2-15　管井的一般构造

2. 大口井

大口井是用于开采浅层地下水的取水构筑物，一般构造如图 2-16 所示，它主要由井筒、井口及进水部分组成。井的口径通常为 3～10 m，井身用钢筋混凝土、砖、石等材料砌筑。

3. 辐射井

图 2-17 所示为辐射井，它是在大口井内沿径向敷设若干水平渗水管，用以增大集水面积，从而增加井的出水量。辐射管管径一般为 100～250 mm，管长一般为 10～30 m。大口井深一般为 20～30 m。

4. 渗　渠

渗渠取水是地下水取水工程的一种类型，是利用埋设在地下含水层中带孔或带缝隙的水平管道，借用水的渗透和重力流，来集取地下水和河床潜流水作为给水的水源。如图 2-18 所示，渗渠取水构筑物由水平集水管、反滤层、集水井和泵站等组成。集水管一般采用钢筋混凝土管，每节长 1~2 m。水量较小时可用铸铁管，亦可采用浆砌块石或装配式混凝土渠道。渗渠进水孔孔径一般为 20~30 mm，布置在 1/3~1/2 管径以上，呈梅花状排列。孔净距一般为 2~2.5 倍孔眼直径。在集水管外设置人工滤层，其作用主要是防止含水层中的细小砂粒堵塞进水孔或进入集水管内，产生淤积。人工滤层的厚度与级配是否合理将影响出水效果和使用年限。

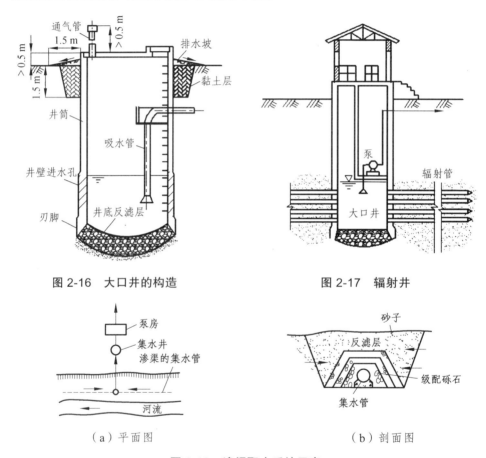

图 2-16　大口井的构造　　　　图 2-17　辐射井

（a）平面图　　　　　　　　（b）剖面图

图 2-18　渗渠取水系统示意

2.4.2　地下水取水构筑物的选择

选择地下水取水构筑物的型式，应考虑地下含水层埋藏型式、埋藏深度、含水层厚度、水文地质特征以及施工条件等因素。

管井是应用最广地下水取水形式，适用于埋藏较深、厚度较大的含水层，井深几十米至百余米，甚至几百米，管井口径通常在 500 mm 以下，作为城镇取水设施大多采用井群。单口管井一般用钢管做井壁，在含水层部位设滤水管进水，防止砂砾进入井内。单井出水量一般为每日数百至数千立方米。管井的提水设备一般为深井泵或深井潜水泵。

管井主要适用条件有：(1) 含水层厚度大于 4 m，其底板埋藏深度大于 8 m；(2) 适应于开采深层地下水，在深井泵性能允许的情况下，不受地下水埋深限制；(3) 适应性强，能用于各种岩性、埋深、含水层厚度和多层次含水层，应用范围最为广泛。

大口井适用于埋藏较浅的含水层。取水泵房可以和井身合建也可分建，也有几个大口井用虹吸管相连通后合建一个泵房的。大口井由井壁进水或与井底共同进水，井壁上的进水孔和井底均应填铺一定级配的砂砾滤层，以防取水时进砂。单井出水量一般较管井为大。

大口井主要适用条件有：(1) 用于集取浅层地下水，底板埋藏深度小于 15 m，含水层厚度在 5 m 左右；(2) 适用于任何砂石、卵石、砾石层，但渗透系数最好大于 20 m/d；(3) 含水层厚度大于 10 m 时应做成非完整井；(4) 比较适合中小城镇、铁路及农村的地下水取水构筑物。

辐射井适用于厚度较薄、埋深较大、砂粒较粗而不含漂卵石的含水层。辐射井单井出水量一般在 2 万～4 万 m^3/d，高者可达 10 万 m^3/d。适用于含水层厚度在 10 m 以内；适应性较强，适用于不能用大口井开采的、厚度较薄的含水层及不能用渗渠开采的厚度薄、埋深大的含水层。

渗渠适用于集取浅层地下水、河床渗透水和潜流水。当间歇河谷河水在枯水期流量小，水浅甚至断流，而含水层为砾石或卵石，厚度小于 6 m 时，采用渗渠取水常比较有效。埋设的集水管口径一般为 0.5～1.0 m，长度为数十米至数百米，管外设置由砂子和级配砾石组成的反滤层，出水量一般为 20～30 $m^3/(m \cdot d)$。渗渠位置应设在含水层较厚，且无不透水夹层地段，宜在靠近河流主流的河床稳定、水流较急、水位变幅较小的直线或凹岸河段，以便获得充足水量和避免淤积。有时也可修建拦河坝，以增加河流水位，提高集水量。适用于底板埋藏深度小于 6 m，含水层厚度小于 5 m 的浅层地下水；适用于中砂、粗砂、砾石或卵石层。

第3章 城市给水处理

3.1 原水水质

3.1.1 原水中的杂质

取自任何水源的水中,都不同程度地含有各种各样的杂质。这些杂质不外乎两种来源:一是自然过程中带来的,例如,地层矿物质在水中的溶解,水中微生物的繁殖及其死亡残骸,水流对地表及河床冲刷所带入的泥沙和腐殖质等。二是人为因素造成的,即工业废水及生活污水排入水体所带入的。无论哪种来源的杂质都包括无机物、有机物以及微生物等,从给水处理角度考虑,通常将这些杂质按颗粒尺寸大小分成悬浮物、胶体和溶解物三类,见表3-1。

表3-1 水中杂质分类

杂质	溶解物(低分子、离子)	胶体	悬浮物	
颗粒尺寸	0.1nm 1nm	10nm 100nm 1μm	10μm 100μm	1mm
分辨工具	电子显微镜可见	超显微镜可见	显微镜可见	肉眼可见
水的外观	透明	浑浊	浑浊	

1. 悬浮物和胶体杂质

悬浮物尺寸较大,易于在水中下沉或上浮。易于下沉的一般是比重大于水的大颗粒泥沙及矿物质废渣等;能够上浮的一般是体积较大而比重小于水的某些有机物。

胶体颗粒尺寸很小,在水中具有稳定性,经长期静置也不会下沉或上浮。

水中所存在的胶体通常有黏土、某些细菌及病毒、腐殖质及蛋白质等。天然水中的胶体一般带负电荷，有时也含有少量带正电荷的金属氢氧化物胶体。

悬浮物和胶体会引起原水浑浊，悬浮物和胶体中的腐殖质及藻类等，还会造成水的色、臭、味，所以悬浮物和胶体一般是城市给水处理的主要去除对象。粒径大于 0.1 mm 的泥沙去除较易，通常在水中可自行下沉，采用诸如沉砂池、沉淀池沉淀方式去除。而粒径较小的悬浮物和胶体杂质，须投加凝聚剂方可去除。

2. 溶解杂质

溶解杂质是指水中的低分子和离子，它们与水构成均相体系，外观透明。但有的溶解杂质可使水产生色、臭、味。溶解杂质是某些工业用水的去除对象，处理的方法也和去除悬浮物和胶体的方法不同，需要采用特殊处理技术。

在未受工业废水或生活污水污染的天然水体中，溶解杂质主要有以下几种。

1）溶解气体

天然水中的溶解气体主要是氧、氮和二氧化碳，有时也含有少量硫化氢。天然水中的氧主要来源于空气中氧的溶解，部分来自藻类和其他水生植物的光合作用。地表水中溶解氧的量与水温、气压及水中有机物含量等有关。天然水体的溶解氧含量一般为 5~10 mg/L。水中适度溶解氧含量对饮用水水质无影响。

地表水中的二氧化碳主要来自有机物的分解；地下水中的二氧化碳除来源于有机物的分解外，还有在地层中所进行的化学反应。地表水中（除海水以外）CO_2 含量一般小于 20~30 mg/L；地下水中 CO_2 含量约几十毫克每升至 100 mg/L。

水中氮主要来自空气中氮的溶解，部分是有机物分解及含氮化合物的细菌还原等生化过程的产物。

水中硫化氢的存在与某些含硫矿物（如硫铁矿）的还原及水中有机物腐烂有关。由于 H_2S 极易氧化，故地表水中含量很少。如果发现地表水中 H_2S 含量较高，往往与含有大量含硫物质的生活污水或工业废水污染有关。

2）离子

天然水中所含的主要阳离子有 Ca^{2+}、Mg^{2+}、Na^+，主要阴离子有 HCO_2^-、SO_4^{2-}、Cl^-。此外还含有少量 K^+、Fe^{2+}、Mn^{2+}、Cu^{2+} 等阳离子及 $HSiO_3^-$、CO_3^{2-}、NO_3^- 等阴离子。所有这些离子，主要来源于矿物质的溶解，也有部分可能来源于水中有机物的分解。

3.1.2 天然水源的水质特点

1. 江河水

江河是常见的城市给水水源,是水循环主要的自然路径,易受自然和人类活动的污染,水中悬浮物和胶态杂质含量较多,浊度高于地下水。由于我国幅员辽阔,大小河流纵横交错,自然地理条件相差悬殊,因而各地区江河水的浊度也相差很大。甚至同一条河流,上游和下游、夏季和冬季、晴天和雨天,浑浊度也相差颇为悬殊。我国西北及华北地区流经黄土高原的黄河水系及海河水系等,水土流失严重,河水含沙量大。暴雨时,少则几千克每立方米,多则几十千克每立方米乃至上百千克每立方米,浊度变化幅度也很大。暴雨时,几小时内浊度会突然增加。

我国华东、东北和西南地区大部分河流,浊度均较低,一年中大部分时间内河水较清,只是雨季河水较浑。

相对于地下水,江河水的含盐量和硬度较低,含盐量一般为 50 ~ 500 mg/L。河水含盐量和硬度与地质、植被、气候条件及地下水补给情况有关。我国西北黄土高原及华北平原大部分地区;河水含盐量较高,一般为 300 ~ 400 mg/L;秦岭及黄河以南次之;东北松黑流域及东南沿海地区最低。含盐量大多小于 100 mg/L。我国西北及内蒙古高原大部分河流,河水硬度较高,可达 100 ~ 150 mg/L(以 CaO 计)甚至更大;黄河流域、华北平原及东北辽河流域次之;松黑流域和东南沿海地区,河水硬度较低,一般均在 15 ~ 30 mg/L(以 CaO 计)以下。总的说来,我国大多数河流,河水含盐和硬度一般均满足于生活饮用水水源水质要求。

江、河水最大缺点是,易受工业废水、生活污水及其他各种人为污染,因而水的色、臭、味变化较大。有毒或有害物质易进入水体。水温不稳定,夏季常不能满足工业冷却用水要求。

2. 湖泊和水库水

湖泊和水库水主要由河水补给,水质与河水类似。但由于湖(或水库)水流动性小,储存时间长,经过长期自然沉淀,浊度较低。只有在有风浪时以及暴雨季节,由于湖底沉积物或泥沙泛起,才产生浑浊现象。水的流动性小和透明度高又给水中浮游生物特别是藻类的繁殖创造了良好条件。因而,湖水一般含藻类较多,使水产生色、臭、味。同时,水生生物死亡残骸沉积湖底使湖底淤泥中积存了大量腐殖质,一经风浪泛起,便使水质恶化。湖水和水库水也易受城镇生活、生产及农业农药污染。

由于湖水不断得到补给又不断蒸发浓缩，故含盐量往往比河水高。按含盐量分，有淡水湖、微咸水湖和咸水湖三种。这与湖的形成历史、水的补给来源及气候条件有关。干旱地区内陆湖由于水的循环条件差，蒸发量大，含盐量往往很高。微咸水湖和咸水湖含盐量在 1 000 mg/L 以上直至数万毫克每升。咸水湖的水不宜直接作为城市给水水源，同海水一样可通过淡化处理后而利用。我国大的淡水湖主要集中在雨水丰沛、江河补水条件较好的东南地区，是这一地区重要的淡水资源宝库。

3. 地下水

地下水也是自然水循环和淡水贮存的一种方式。由于水在地层渗滤过程中，悬浮物和胶质已基本或大部去除，水质清澈，且水源不易受外界污染和气温影响，因而水质、水温较稳定，一般宜作为生活饮用水和工业冷却用水的水源。

由于地下水流经岩层时溶解了各种可溶性矿物质，因而水的含盐量通常高于地表水。地下水流经地层的矿物质成分、地下水埋深和与岩层接触时间等因素，决定了地下水含盐量大小及盐类成分。我国水文地质条件比较复杂，各地区地下水中含盐量相差很大，但大部分地下水的含盐量为 200～500 mg/L。一般情况下，多雨地区，如东南沿海及西南地区，由于地下水受到大量雨水补给，可溶盐大部早经溶失，故含盐量较低。干旱地区，如西北、内蒙古等地，地下水含盐量较高。

地下水硬度高于地表水。我国地下水总硬度通常为 60～300 mg/L（以 CaO 计），少数地区有时高达 300～700 mg/L。

我国含铁地下水分布较广，比较集中的地区是松花江流域和长江中、下游地区。黄河流域、珠江流域等也都有含铁地下水。我国地下水的含铁量通常在 10 mg/L 以下，个别可高达 30 mg/L。地下水中的锰常与铁共存，但含量比较少。我国地下水含锰量一般不超过 3 mg/L，个别也有高达 10 mg/L 的。

由于地下水含盐量和硬度较高，故用以作为某些工业用水水源时往往还需要增加软化等特殊处理。当地下水含铁、锰、氟量超过生活饮用水卫生标准时，若作为城镇水源，还需增加除铁、除锰和除氟处理工艺。

4. 海　水

海水含盐量高，而且所含各种盐类或离子的重量比例基本上一定，这是海水与其他天然水源所不同的一个显著特点。其中氯化物含量最高，约占总含盐量的89%。由于海水含盐量过高，一般不作为城镇给水水源，但随着城镇生活及生产用水量的增加、淡水资源严重不足、水淡化处理技术大幅度提高，海水也可作为备用水源经淡化处理而利用。

3.1.3 微污染水源的水质特点

微污染水源是指饮用水水源受到污染，部分物理、化学以及微生物指标已超过《地表水环境质量标准》（GB 3838—2002）或《地下水环境质量标准》（GB/T14848—93）中关于生活饮用水源水的水质要求。微污染水源中所含的污染物种类较多、性质复杂，但浓度较低。按照污染物对饮用水源水质影响，微污染水源中的污染物可分为常规污染物和新兴污染物。

1. 常规污染物

微污染水源中的常规污染物主要包括感官性状污染物，一般性化学污染物和常规生物污染物。

感官性状污染物主要指色度、浊度、臭和味及泡状物等。水的色度产生于金属离子、腐殖质和泥炭产生的腐植酸和富里酸、浮游生物、溶解的植物组分、铁细菌、硫细菌和工业废物等，不同的矿物质、燃料和有机物在水中呈现的颜色也不同。水的浊度主要由胶体物质和悬浮物质产生，主要的悬浮物质为泥土。水的臭和味是由于水中存在某些物质而引起的，这些物质包括某些有机物、无机离子、无机气体、水藻类和一些微生物等。有些污水排入水体后会产生泡沫，漂浮在水面上，影响水体的感官。

一般性化学污染物主要指总硬度、各种阴离子、各种阳离子、重金属和天然有机物等。水的硬度是指水中多价阳离子的总和，一般用相应的碳酸钙（$CaCO_3$）的量表示。天然有机物来自于自然循环过程中动植物腐烂分解所产生的低分子量物质，主要包括腐殖质、微生物分泌物、溶解的动物组织及动物的废弃物等。

常规生物污染物主要指细菌、粪大肠杆菌和大肠杆菌等。其中，细菌总数和总大肠杆菌数常用作监测自来水中病原微生物密度或致病的可能程度指标。

2. 新兴污染物

新兴污染物是指目前确已存在但尚无环保法规予以确定或规定不完善的危害生活和生态环境的污染物质。这类物质具有很高的稳定性，主要包括消毒副产物、环境激素、药品与个人护理用品、藻毒素及新型致病微生物等。

饮用水加氯消毒的主要副产物是三卤甲烷（THM_s）和卤乙酸（HAA_s），其致癌风险得到毒理学和生物学的证实。环境激素，即环境内分泌干扰物（EDC_s），是指由于人类的生产和生活活动而释放到周围环境中的一类外源性化合物。它具有亲脂性、不易降解、易挥发、残留期长等特点，扰乱人体和动物的内分泌系统、神经系统和免疫系统的信息传递，影响机体的调节功能和内环境的稳定并产生严重后果。药品与个人护理用品（$PPCP_s$）包括各种各样的化学物质，例如各种处方药和非处方药、香料、化妆品、遮光剂、染发剂、发胶、洗发水等。环境中的$PPCP_s$主要来源于人群的利用和排泄、养殖、畜牧业及$PPCP_s$的工厂剩余物等，并通过污水处理厂的排放水、径流及渗透等途径进入水体环境。藻毒素是指某些藻类产生的毒素，包括神经毒素、肝毒素等。如在水体中生长并能形成水华的蓝藻死亡后，藻内毒素就溶入水体，从而导致该水域的哺乳动物、鸟类、鱼类染病或死亡。除了影响水体水质的常规微生物，近些年人们发现了新型致病微生物，如甲第鞭毛虫和小球隐孢子虫。与大肠菌群相比，甲第鞭毛虫的耐氯性更强，在水中能保持1~3个月的感染能力，一旦感染，会引发一种腹泻、疲劳、痉挛症状的胃肠疾病。而小球隐孢子虫主要存在于河流和湖泊之中，它是通过人的接触和饮用了被污染的水而进行传播的，小球隐孢子虫病对于有免疫系统缺陷的人来说尤其严重，可加速其死亡。

3.2 给水处理工艺

给水处理工艺是根据原水水质和用水水质要求，将几种处理方法联合使用，构成一套处理流程，保证给水处理厂出水达到相应的用水水质标准。本节主要以城市生活饮用水水质标准为目标，阐述常见给水处理工艺流程。

3.2.1 常规处理流程

1. 地表水的常规处理

3.1.2节已阐述的天然地表水中杂质主要为悬浮物和胶态杂质，其中包含了泥沙等无机物和腐殖质及细菌等微生物，在将未受污染的地表水处理后达到城市生活饮用水要求时，其去除对象主要为悬浮物、胶体和致病微生物，一般采用以下的常规处理流程：

原水—预沉淀—混凝—沉淀—过滤—消毒

预沉淀是利用沉淀或上浮原理去除密度大的泥沙或密度小的漂浮物、冰屑等较大粒径的杂质。混凝处理是利用投加混凝剂加速胶态杂质颗粒的絮凝，然后经过沉淀池沉淀，过滤池过滤去除胶态杂质，未去除的细菌等致病微生物经过消毒处理达到预定水质标准。常规处理工艺原理及处理构筑物或设备详见本章3.3～3.6节内容。

2. 地下水的常规处理

一般来说，地下水水质较好，当取用未受污染的地下水时，城市生活饮用水常规处理工艺可采用如下流程：

地下水—沉砂—过滤—消毒

过滤处理主要去除地下原水中的泥沙颗粒，设计水量大时可采用过滤池，处理水量小时可采用过滤罐或膜过滤。

若地下原水的硬度、溶解性总固体、铁、锰等含量超标时，应在消毒前增加相应的软化、淡化、除铁、除锰等处理工艺。

3.2.2 微污染饮用水源的水处理流程

由于工业废水和城镇污水的大量排放，水体受到了不同程度的污染，水中污染物的种类较多，性质较复杂。污染物含量比较低微的水源，常称为微污染水源。尽管污染物浓度较低，但常含有有毒、有害物质。尤其是那些难降解的、具有生物积累性和致癌、致畸、致突变性的有机污染物，对人体健康的危害性更大。传统的常规处理工艺只能有效地去除水中悬浮物、胶体物质、细菌和大肠杆菌等，对溶解性有机物去除能力较弱，随着我国水体中有机污染物浓度不断超标，用传统的物理化学处理方法已不能满足净化水质的需求，因此，以微污染水体作为饮用水源时，常采用以下三种处理方式，以期达到饮用水水质要求。

1. 强化常规处理工艺

强化常规处理工艺是对传统工艺中任一环节进行强化或优化，从而提高对原水中有机污染物的净化效果。强化常规处理工艺包括强化混凝、强化沉淀、强化过滤和强化消毒等。

2. 预处理+常规处理工艺

在传统净水工艺之前增加预处理技术的工艺。按照对污染物的去除途径，预处理方法可分为生物氧化预处理技术、化学氧化预处理技术、吸附预处理技术、水库储存法和空气吹脱法。

3. 常规处理+深度处理工艺

在传统净水工艺之后增加深度处理技术的工艺。常用的深度处理技术包括活性炭吸附法、臭氧—活性炭法（即生物活性炭法）、光化学氧化法（包括光激发氧化法和光催化氧化法）、膜过滤法、活性炭—硅藻土过滤法等。其中粒状活性炭吸附法、生物活性炭法已在生产中使用。

3.3 预沉池

地表水原水中一般含有大量悬浮物，常规水处理工艺流程中，为减轻后续净水工艺的进水负荷，对原水所采用的预处理构筑物称为预沉池。预沉池一般可去除原水中的泥沙、漂浮物、冰屑等较大粒径的杂质。同时兼有改善原水水质和调蓄水量的功能。

预沉池工艺在我国城镇给水工程中已使用多年，主要用于沉沙，特别是在高浊度给水工程中，原水含沙量高，水中粗颗粒泥沙的进入，将会给后续净水处理工艺造成较大的困难，同时造成水泵和设备的剧烈磨损和管渠的严重淤积。另外，在以黄河为水源的中、下游河段的给水工程中，由于该段河流沙峰持续时间长，主槽多有脱溜或断流的情况发生，为保证城镇给水的安全可靠性，预沉池还兼有蓄水调节、避沙峰、避脱溜等综合功能。

城镇给水处理工艺中常用的预沉池有以下几种：

（1）渠道式预沉池。该种形式的预沉池有引渠式和斗槽式两种。为取得足够的水量，稳定主流，抬高水位，多采用低坝进水和渠道预沉的形式，由滚水坝、冲沙闸、进水渠道和取水泵房4部分组成。运行实践证明，当渠道式预沉池进水含沙量约为50 kg/m^3时，出水含沙量可降至2 kg/m^3。渠道式预沉池的优点是便于利用河道水流条件进行冲淤排沙。

（2）平流式预沉池。在城镇给水预沉处理中，当水量比较大时，可采用平流式预沉池。平流式预沉池用于去除水中粗颗粒泥沙，其池体一般为矩形。浑水由前端入池，经配水装置均匀分布后，水平流向预沉池末端，预沉后的清水经末端堰顶溢出池外，泥沙沉积于池底后排出。平流式预沉池的优点是结构简单，水流条件好，预沉效率相对较高，可以达到95%以上，且具有较大的调节容积，能适应缓解水质变化的需要。

（3）辐流式预沉池。辐流式预沉池不但具有较大的调节容积，更主要的是可以弥补平流式预沉池不能及时排除下沉的大量泥沙的缺陷。作为预沉处理可采用自然预沉和混凝预沉两种方式。为了提高预沉效率，多采用辐流式混凝预沉池。

（4）天然预沉池。利用天然洼池、湖泊、旧河道或在适宜的地形上修建调蓄水库（水池），是调节流量、改善原水水质、提高城镇给水保证率的较为经济有效的预处理措施。不少国家在常规处理工艺之前，设置大容积的蓄水池，以改善原水水质。我国黄河高浊度水处理工艺流程中，为保证安全供水，采用自然沉淀与沉沙池配套，修建大容积调蓄水库的预处理给水工程日益增多。

预沉池设计的一般规定：① 预沉池可采用自然沉淀或凝聚沉淀两种。② 预沉池形式应根据原水水质、含沙量及其组成、沙峰持续时间、排泥要求、处理水质水量等因素，结合当地地形，参照相似条件下的运行状况，并通过技术经济分析确定。③ 预沉池的设计水量，应按照城镇给水最高日平均时水量附加各级处理构筑物自用水量和系统损失水量确定。预沉池兼作水量调蓄池时，还应增加避沙峰、断流或其他不能连续引水历时的备用水量，并考虑蒸发和渗漏损失水量。④ 预沉池的设计参数，一般应通过原水沉淀模型试验或参照当地运行经验确定。

3.4 混合与絮凝

对原水中的胶态杂质颗粒进行混凝处理，实际上是三个主要过程，一是向原水中投加混凝剂，二是进行搅拌混合，三是颗粒絮凝。下面就此三个工艺过程的原理及构筑物或设备进行详细阐述。

3.4.1 混凝剂

在原水中投加混凝剂（或称凝聚剂）并进行搅拌混合，可使水中胶态杂质颗粒脱稳、吸附、网捕、聚集壮大，形成絮粒，然后利用沉淀方法从水中去除。

给水处理中的混凝剂分为无机盐类和有机高分子凝聚剂，常用的无机凝聚剂有铝盐和铁盐。用于给水处理的有机高分子凝聚剂主要是聚丙烯酰胺（也称 PAM）。

1. 铝盐

铝盐凝聚剂最适用于中等浑浊度、水温不太低的原水。常用的铝盐有：

（1）精制硫酸铝[$Al_2(SO_4)_3 \cdot 18H_2O$]。为白色结晶体，杂质含量少，其中含无水硫酸铝一般为 50%~52%。

（2）粗制硫酸铝[$Al_2(SO_4)_3 \cdot 18H_2O$]。呈灰色，杂质含量多，其中不溶性杂质一般占 20%~30%，无水硫酸铝一般占 20%~25%。

（3）液态硫酸铝。为透明而略呈微灰色的液体，一般含 Al_2O_3 约 6%。

（4）明矾[$Al_2(SO_4)_3 \cdot K_2SO_4 \cdot 24H_2O$]。是硫酸铝和硫酸钾的复合物，白色或无色的天然结晶矿物，其凝聚特性与硫酸铝相仿。

（5）聚合氯化铝。是 $AlCl_3$ 经水解逐步形成氢氧化铝过程中各种中间产物，通过羟基桥联缩合成的高分子化合物，它们的化学式通常有两种：① 聚合氯化铝[$Al_2(OH)_nCl_{6-n}]_m$，可看作是以羟基络合物 $Al_2(OH)_nCl_{6-n}$ 为单体，m 为聚合度的高分子聚合物；②碱式氯化铝[$Al_n(OH)_mCl_{3n-m}$]，可看作为复杂的多核络合物。聚合氯化铝的凝聚能力强，投量小，效果好；对浊度、色度和温度变化的适应性强，对 pH 的适用范围也较宽（pH 值为 5~9）。

2. 铁盐

铁盐凝聚剂因可结出密度较大的絮粒，一般效果较铝盐为佳。常用的铁盐有：

（1）三氯化铁（$FeCl_3 \cdot 6H_2O$）。有固态和液态两种产品。固体是具有金属光泽的褐色结晶，含杂质量少，易溶解，易潮解，腐蚀性强。某些液体三氯化铁，浓度约 30%，成分较复杂，需经化验无毒后方可使用。

（2）硫酸亚铁（$FeSO_4 \cdot 7H_2O$）。呈粒状半透明绿色结晶体，是二价铁盐，俗称绿矾。使用时应将其氧化成三价铁，氧化方法有加氯和曝气。绝大部分水厂用加氯法，因其可在 pH 值为 4~11 宽阔范围起反应作用。理论投氯量与 $FeSO_4$ 的投量比为 1:8 左右。当原水 pH 值适宜时，凝聚作用良好，但原水色度高时不宜采用。

3. 有机高分子凝聚剂

我国常用的有机高分子凝聚剂为聚丙烯酰胺（PAM），相应的分子量高达 150 万～600 万，对固体表面具有强烈的吸附作用，使胶粒之间形成桥联，凝聚效果显著。PAM 也常常作为助凝剂应用于给水处理中。

4. 助凝剂

水处理过程中，为提高和改善混凝效果所使用的辅助药剂称为助凝剂。在给水处理中，混凝效果的优劣除与投加凝聚剂的数量和品种有关外，还在很大程度上与原水水质和水温有关。当原水中悬浮物含量很低而碱度高时，或悬浮物含量很低而碱度也低时，单纯投加凝聚剂很难取得良好的混凝效果。此外，当原水水温较低时，由于水黏滞度和胶体颗粒溶剂化作用增大，以及分子热运动的减缓，单一投加凝聚剂也难以取得良好的混凝效果。在这些情况下除投加凝聚剂外，还必须投加助凝剂以提高混凝效果。

我国在水厂中用得较成功的助凝剂有：活化硅酸（水玻璃）、骨胶、聚丙烯酰胺（PAM，3 号凝聚剂）、海藻酸钠以及其他植物性高分子物质，如刨花木、绒篙、红花树等。

（1）活化硅酸（水玻璃，泡花碱）。分子式 $Na_2O \cdot xSiO_2 \cdot yH_2O$，用于低温、低浊度原水作为助凝剂效果显著，一般水温低于 14℃以下即可显示较好效果。投加顺序，水玻璃加注点应在凝聚剂加注点之前。制备时应考虑：① 控制剩余碱度在 2 400～2 800 mg/L（以 $CaCO_3$ 计）。② 控制活化时间在 45～90 min。③ 稀释液浓度按 SiO_2 含量计为 1%～2%。

（2）聚丙烯酰胺（PAM，3 号凝聚剂）。是人工合成的有机高分子聚合物，无色、无臭、无腐蚀性，能溶于水的透明胶体。PAM 既可作为助凝剂与凝聚剂并用，也可单独作为凝聚剂使用。它具有很长的分子链，可通过吸附架桥作用而形成较大絮粒。PAM 中的丙烯酰胺单体具有毒性，使用时应注意其单体含量。

3.4.2 加药设备

给水处理中，投加凝聚剂、消毒剂等的装置称为加药设备。针对不同的原水和出水水质要求，在净水厂中需要投加不同种类的药剂，最基本的有三大类：凝聚剂、消毒剂和调节剂。此处加药设备专指凝聚剂投加设备。加药系统主要包括：溶解和制备设备、药液提升设备以及计量和加注设备。

1. 溶解和制备设备

（1）搅拌机。搅拌机是用于对固体絮凝剂加以搅拌，使其溶解成药液的设备。常见的有：① 水力搅拌机，利用水力机械，使水与药剂在溶液池内形成旋流，达到溶解的目的。② 机械搅拌机，主要由动力、轴杆、叶片和传动（减速）装置组成。③ 气流搅拌系统，利用压缩空气进行搅拌，将压缩空气自下方通入溶解池内，借水流上升鼓动气泡而起搅拌作用，压缩空气由压缩机或鼓风机等供给，搅拌时间较长，需 0.5~1.0 h。④ 水泵循环搅拌，利用提升药液的水泵，将抽吸上来的药液仍然回流溶解池，使液体循环，达到搅拌目的。

（2）搅拌池。固体絮凝剂需要先制备成药液药后才投加于待处理的原水中，而制备药液的池子是搅拌池。搅拌池的设计主要考虑其体积大小、高程布置和防腐蚀处理 3 个方面。一般为设在地面下的钢筋混凝土池，并于池内壁砌筑或涂刷防腐蚀材料。

（3）溶液池和平衡池。在溶液池内将溶解后的药液稀释、调配成投加浓度的溶液。一般投加药液浓度在 5%~10%，日处理水量为 1 万立方米时，溶液池体积约 2 m³。平衡池的作用是保持稳定的投加液位，多用塑料板焊制而成。

2. 药液提升设备

药液提升设备是将低位搅拌池的药液输送到高位溶液池，一般采用耐腐蚀输药泵，当药液提升高度不大时，可采用塑料或玻璃制的水射器以代替输药泵。药液的投加需要专门的计量和加注设备，计量设备常用转子流量计，药液投加多采用定量加注泵，有活塞式容积泵。目前加药系统可根据工艺的要求输入信号，调节冲程和速度，可以实行自动加药。

3.4.3 混合及混合池

1. 混 合

水处理工艺过程中投入的凝聚剂被迅速均匀地分布于整个水体的过程称为混合。混合是混凝过程中的第一阶段。其作用是促进药剂进一步溶解，并将铝盐或铁盐等凝聚剂所产生的水解产物或高分子凝聚药剂快速、均匀地分散（扩散）到全部待处理原水中，从而使下阶段的絮凝过程得以进行。

对于无机混凝剂铁盐、铝盐来说，其水解和聚合反应速度极快，从形成单氢氧络合物到形成聚合物的时间为 10^{-18}~10^{-2} s，聚合物形成吸附的时间也仅约一至几秒钟，因此混合过程应能适应反应时间的要求。加强水体搅动，缩短过程时间，在混合过程时间内使水体内的药剂分布均匀。

投加混凝剂混合过程在混合设施内完成，混合设施应满足下列要求：① 保证药剂能均匀地扩散到全部水体；② 混合时间不宜过长；③ 使水体能强烈搅动。通常采用的混合设施有如下几种：

（1）水泵混合。水泵混合就是利用水泵叶轮产生局部涡流实现搅拌混合。这种方式由于不另设专用设备或构筑物，因而设备简单，经常运行费用也省，但药剂对水泵叶轮具有腐蚀作用，应采用防腐蚀水泵。

（2）管道混合。管道混合是利用输水管的水流紊流能量将药剂扩散于待处理水中。通常做法是将加药管伸入原水输水管道直径 1/3～1/4 处。加药点到输水管道出口端距离应不小于 50 倍管道直径，输水管内流速以 1.5～2.0 m/s 为宜。

（3）管式静态混合器。在管道内装设一定形状的导流叶片，使水流产生切割分流和旋转涡流以达到混合的一种方式。如图 3-1 所示，管内叶片静止不动依靠水流流动产生切割和旋转。使用管式静态混合器应注意管内流速。流速大，效果好，但水头损失亦大。一般空管流速采用 1 m/s。

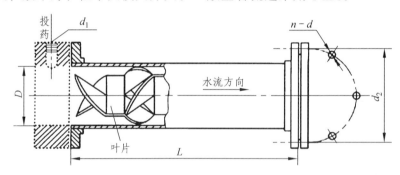

图 3-1 管式静态混合器

（4）机械搅拌混合。机械搅拌混合是在圆形或方形水池上设搅拌机，用搅拌机的桨板快速转动达到混合作用。搅拌机形式按桨板形状的不同可采用叶板式、推进式或透平式。水池容积小，采用叶板式。容积大时采用推进式或透平式，如图 3-2 所示。机械搅拌的设计速度梯度应为 500 s^{-1} 或更大，混合时间 1～2 min，为提高混合效果可在混合池内装设挡流板。

混合方法除以上方式外还利用混合池的不同设计形式达到混合目的，如分流隔板混合槽、跌水式混合池等。在池内设置隔板，使水流受到局部阻力，产生湍流，以达到混合的装置。槽内流速一般采用 0.6 m/s，缝隙流速 1.0 m/s，这种方式处理效果较好，适用于中、小型水厂。

2. 混合池

混合池是将给水处理的凝聚剂与原水进行混合的一种构筑物。给水混合处理工艺有多种形式，其中有些形式需要在水池中进行。混合池的形式有：

（1）机械搅拌混合池。机械搅拌混合池可采用圆形或方形，一般池深与池宽之比为 1：1~3：1，可采用单格，也可采用多格串联。为避免由于短流而造成反应不均匀，一般要求不小于两格串联。机械混合池是在池内安装搅拌器，使水和药剂混合。搅拌器可以是桨板式、推进式或透平式（图3-2）。

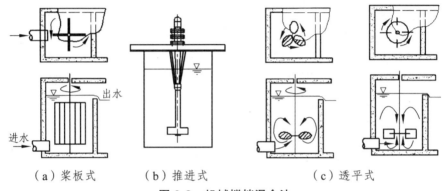

（a）桨板式　　　（b）推进式　　　（c）透平式

图 3-2　机械搅拌混合池

（2）分流隔板混合池。分流隔板混合池是利用隔板使水流受到局部阻力，产生湍流而达到混合的目的。图 3-3 是一个设有 3 块分流隔板的矩形混合池。池中最后一道隔板后的槽中水深应保持不小于 0.4 m，槽内流速采用 0.6 m/s 左右，两道隔板间的距离为槽宽的 2 倍，缝隙流速为 1 m/s。缝隙应淹没在水下至少 0.1 m。总水头损失在 0.4 m 左右。

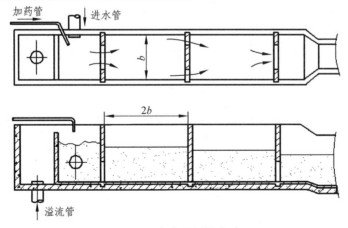

图 3-3　分流隔板混合池

3.4.4 絮凝及絮凝池

1. 絮 凝

絮凝是原水混凝处理的第二个重要过程。投加絮凝剂并充分混合的水体,需要通过一定的外力扰动,使水中凝聚的胶体之间相互碰撞、聚集,以形成较大絮状颗粒。

大颗粒悬浮物在水中各方向受到水分子同时碰撞的次数很多,各方向碰撞几乎抵消平衡,则大颗粒悬浮物易在重力作用下自然沉淀。不能自然沉淀的微小胶体颗粒长期保持分散状态的现象称为分散颗粒稳定性。

水中微粒杂质由于下列原因具有稳定性:① 微粒的布朗运动(悬浮于液体介质中的微粒子的无规则运动);② 悬浮微粒间的静电斥力;③ 微粒表面的水化作用。此外,微粒间还存在着相互吸引的范德华引力,它也有使微粒相互结合的作用,使微粒稳定状态减轻。当凝聚剂与原水充分混合后,水中胶体和细小悬浮杂质已失去稳定性,产生细小矾花。但在混合阶段,由于水流强烈紊动,矾花难以继续结合。所以需要通过絮凝设施进行适度搅拌,生成粗大而密实的矾花,以利于沉淀或过滤时去除。

絮凝效果的优劣,对后续的沉淀、过滤影响很大。絮凝的效果取决于水的温度、水的pH值、凝聚剂和助凝剂的投加量、药剂扩散和絮体形成的混合时间以及水力条件等。为了创造良好的絮凝水力条件,其方法主要是适度增加水流的接触碰撞机会和时间,这就是采用各种特殊设计的絮凝池。

2. 絮凝池

经过前阶段凝聚剂投加、混合扩散、水解、杂质胶体脱稳和由分子热运动(布朗运动)使脱稳胶粒初步凝集成微絮粒后,必须使它进一步聚集、增大形成有足够粒径和密度的絮粒,并增加微絮粒的接触碰撞机会,从而逐步聚合成大的絮粒。这一过程在絮凝池中完成。

在絮凝池中,为使颗粒既能产生较多接触碰撞机会,又不致使颗粒碰撞过猛而破碎,必须控制水流速度梯度值。在实践中以水流速和絮凝时间作为絮凝池设计的控制参数,常用的流速根据不同絮凝时段采用 0.05~0.6 m/s,絮凝时间根据不同絮凝形式采用 10~30 min。

目前给水处理工艺中常用的絮凝池主要分为两大类,即水力絮凝池和机械絮凝池。水力絮凝池是通过设计特殊构造使水流产生不同的流速梯度实现微粒的聚集壮大,常见有隔板絮凝池、旋流絮凝池、网格(格栅)絮凝池、涡流絮凝池等。其中隔板絮凝池有水平隔板和垂直隔板型式，如图3-4所示为垂直隔板式絮凝池。隔板絮凝池结构简单，维护方便，一般适用于中小型水厂。

机械絮凝池是利用电动机经减速装置驱动搅拌器对水进行搅拌，故水流的能量消耗来源于搅拌机的功率输入。机械絮凝池的优点是可随水质、水量变化而随时改变转速以保证絮凝效果，能应用于任何规模水厂，但由于有机械运动部件因而增加机械维修工作。机械絮凝池有水平转轴桨板和立式转轴桨板两种型式，图3-5和图3-6分别为水平轴式机械絮凝池和垂直轴式机械搅拌絮凝池。

图3-7、图3-8和图3-9分别为单级旋流絮凝池、穿孔旋流絮凝池和涡流絮凝池示意图。

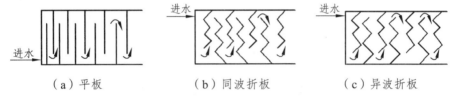

（a）平板　　　　　（b）同波折板　　　　（c）异波折板

图3-4　垂直隔板絮凝池（剖面）

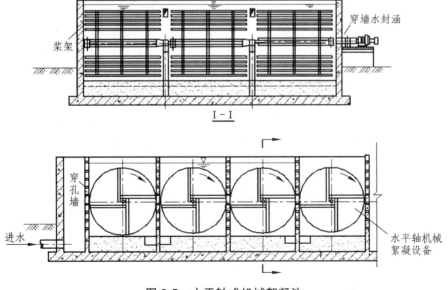

图3-5　水平轴式机械絮凝池

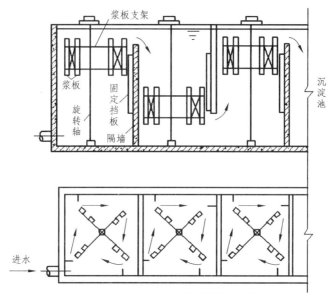

图 3-6 垂直轴式机械搅拌絮凝池

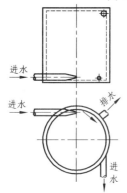

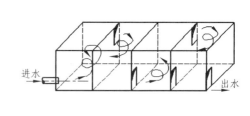

图 3-7 单级旋流絮凝池　　　图 3-8 穿孔旋流絮凝池

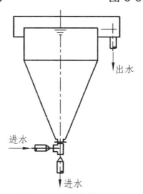

图 3-9 涡流絮凝池

3.5 澄清池及沉淀池

3.5.1 澄清池

待处理的原水加入凝聚剂，通过混合、絮凝形成絮粒后，利用重力沉降作用或通过与高浓度泥渣层的接触作用，去除水中絮粒，称为澄清。澄清池是给水处理工艺中混凝分离过程的第三个处理设施。

澄清池的作用机理是通过水力作用或机械作用，使沉泥被提升起来形成高浓度悬浮泥渣层，同时由泥渣层截留分离杂质颗粒。在澄清池中，原水在澄清池中由下向上流动，泥渣层由于重力作用可在上升水流中处于动态平衡状态，当原水通过泥渣悬浮层时，利用接触絮凝原理，原水中的悬浮物便被泥渣悬浮层阻留下来，使水获得澄清。清水在澄清池上部被收集。泥渣悬浮层上升流速与泥渣的体积、浓度有关，因此，正确选用上升流速，保持良好的泥渣悬浮层，是澄清池取得较好处理效果的基本条件。

目前，在给水处理中常用的澄清池有机械加速澄清池、水力循环澄清池、悬浮澄清池、脉冲澄清池等。澄清池具有生产能力高、处理效果好等优点，但悬浮泥渣型澄清池受原水的水量、水质、水温等因素的变化影响比较明显，因此目前设计中应用较少。

1. 水力循环澄清池

水力循环澄清池主要有混合区、絮凝区、分离区和泥渣浓缩室四个部分构成，如图 3-10 所示。投加过絮凝剂的原水在压力下通过水射器喷嘴时，在喉管四周产生负压，大量泥渣吸入喉管，达到泥渣循环促进接触絮凝的目的。清水从上部流出，部分泥渣积在浓缩室内，定期排除，另一部分泥渣进行回流。所以水力循环澄清池不需要前置絮凝池，也不需机械设备，工艺简单，操作方便。

2. 机械搅拌澄清池

机械搅拌澄清池又称机械加速澄清池，一般为混凝土结构，由池体、搅拌装置及其他附件组成。如图 3-11 所示，机械搅拌澄清池是混合室和反应室合二为一，即原水直接进入第一反应室中，在这里由于搅拌器叶片及涡轮的搅拌提升，使进水、药剂和大量回流泥渣快速接触混合，在第一反应室完成机械反应,并与回流泥渣中原有的泥渣再度碰撞吸附,形成较大的絮粒,再被涡轮提升到第二反应室中,再经折流到澄清区进行分离,清水上升由集水槽引出,泥渣在澄清区下部回流到第一反应室,由刮泥机刮集到泥斗,通过池底排泥阀控制排出,达到原水澄清分离的效果。

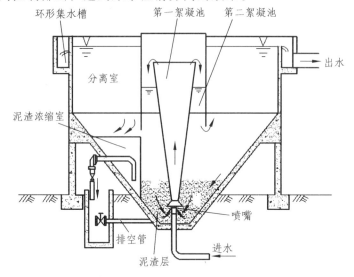

图 3-10 水力循环澄清池示意图

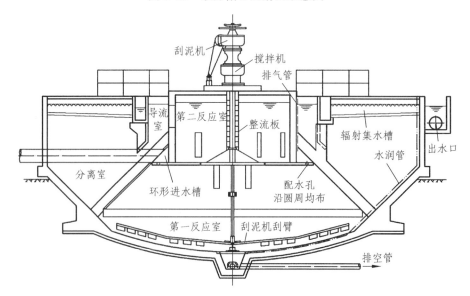

图 3-11 机械搅拌澄清池示意图

在各种类型澄清池中,机械搅拌澄清池对水质和水量变化的适应性强,处理效率高，应用也最多，一般适用于大中型水厂。

机械搅拌澄清池进水悬浮物量一般应小于 1 000 mg/L，短时间内允许高到 3 000~5 000 mg/L。原水浊度长年较低时，因形成泥渣层困难，将影响澄清池水处理效果。

3. 脉冲澄清池

脉冲澄清池和其他澄清池的原理基本相同，其特点是进水设计为脉冲装置，实现脉冲间歇进水，使池内水流上升流速产生周期性变化，随之泥渣层交替地处于膨胀和收缩状态，有利于微絮凝体和泥渣的接触吸附。脉冲澄清池的池深较浅，一般为 4~5 m，平面可做成方形、矩形或圆形。实践表明脉冲澄清池对水质和水量变化的适应性较差，因此工程中较少采用。

脉冲澄清池的脉冲发生器有多种形式，如真空式、钟罩虹吸式、浮筒切门式等。尽管脉冲发生器的形式不一，但池体部分的构造基本相同。图 3-12 为钟罩式脉冲澄清池示意图，加药后的原水由进水管进入进水室，在脉冲发生器作用下，进水室按一定时间周期充水和放水。放水时，水经配水干渠流向多孔配水管，从配水管的孔口高速射流，在人字形稳流板下混合，然后水流缓慢上升，通过悬浮泥渣层时，水中杂质进行絮凝和吸附，并拦截下来。清水汇集在集水支管和集水槽中，流入滤池。过剩泥渣进入泥渣浓缩室，定期经穿孔排泥管排除。

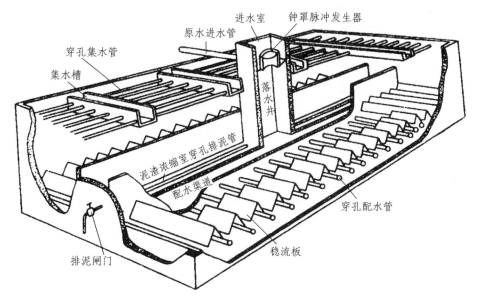

图 3-12　钟罩式脉冲澄清池示意图

3.5.2 沉淀池

水处理工艺中,借助于重力作用以进行固液分离作业的构筑物称为沉淀池。根据构筑物中水流流向的不同,沉淀池有平流式、竖流式、辐流式和斜管(板)式等形式。平流沉淀池是矩形构筑物,水流自入口端进入,流经沉淀区,由出口端流出。沉淀区的下方为污泥区,污泥斗设在入口端的下方,以汇集污泥;竖流沉淀池为圆形或方形,水流自中间的配水管进入,由下向上流动,经四周的溢流堰流出,池子底部为污泥斗;辐流沉淀池多为圆形,水流由中心管流出后呈辐射状向四周扩散,最后经四周的溢流堰而流出;斜管(板)沉淀池是在平流沉淀池基础上发展起来的,在沉淀池内装置许多直径较小的平行斜管或间隔较小的平行斜板构成。

当原水中含有大量泥沙,致使常规给水处理构筑物不能负担时,应在原水进入水处理构筑物之前,先在另一沉淀池中进行自然沉淀,这种自然沉淀的池子称为预沉池,见本章 3.3 节。

沉淀池的集泥排泥方式为:竖流式是自然滑落至污泥斗底,常用静水压力排泥;平流式是由行车或链轨刮至污泥斗,采用重力排泥或泵吸式吸泥;辐流式是由刮泥桁架刮集至污泥斗,多采用重力式排泥或虹吸吸泥;斜管(板)式是污泥沿斜管(板)下滑到池底,由池底穿孔排泥管收集排出。为了保证沉淀池的出水水质,以利其后续工艺的正常运转,沉淀池应该及时排泥。

平流沉淀池沉淀效率高,性能稳定、构造简单,但必须用机械刮泥,适用于大中型水厂中采用。辐流沉淀池也具有沉淀效率高、性能稳定的优点,但构造较平流式复杂,占地也稍大,需要机械刮泥,适于大中型水厂中采用。竖流沉淀池的沉淀效率较低,其优点是不需机械刮泥,多在小型水厂中采用。斜管(板)沉淀池占地面积较小,沉淀效率高,适用于各种规模的水厂或原有沉淀池的改建、扩建和挖潜改造工程中。

1. 平流式沉淀池

平流式沉淀池大体可分为进水区、沉淀区、污泥区、出水区。其工作过程是:原水经投药、混合与絮凝后流入进水区,经穿孔墙尽量均匀地分配至沉淀区,如图 3-13 所示,沉淀区内的水在水平流动过程中,絮粒在重力作用下沉至污泥区。沉淀后的澄清水均匀地汇流至出水区,出水区末端设有出水堰,使出水均匀地流入集水槽。池底污泥不断聚积、浓缩、定期排出。排泥的方法有斗形底排泥、刮泥机排泥、虹吸或吸泥泵排泥等。

平流式沉淀池是一种传统沉淀池，许多改进型沉淀池都由其演变而来。为了掌握沉淀池原理及改进设计方法，可从平流式沉淀池的水流流动特点和杂质颗粒沉降原理分析沉淀池的沉淀效率。这里首先采用所谓理想沉淀池进行分析，理想沉淀池符合以下三个假定：

（1）假定颗粒在沉淀过程中，颗粒之间互不干扰，颗粒的大小、形状和密度不变，因此，颗粒的沉速始终不变，即所谓颗粒处于自由沉淀状态。

（2）假定在沉淀池整个过水断面上，各点流速相等，并在流动过程中流速始终不变，水流沿着水平方向流动。

（3）假定颗粒沉到池底即认为已被去除，不再返回水流中。

按照上述假定，理想沉淀池的工作情况见图 3-13。原水首先进入沉淀池的进水区，由于穿孔墙的设置，假设在 A—B 截面上进水均匀分布，其水平流速可计算为：

$$v = \frac{Q}{Bh_0} \quad (3\text{-}1)$$

式中：v——沉淀区水平流速，m/s；

Q——沉淀池设计流量，m³/s；

h_0——A—B 截面水深，m；

B——A—B 截面的水流宽度，m。

如图 3-13 所示，直线Ⅰ代表从池顶 A 点开始下沉而能够在池底最远处 B 点前沉到池底的颗粒的运动轨迹；直线Ⅱ代表从池顶 A 开始下沉而不能沉到池底的颗粒的运动轨迹；直线Ⅲ代表一种颗粒从池顶 A 开始下沉而刚好沉到池底最远处 B 点的运动轨迹。从图 3-13 中的直线Ⅲ看出，由于沉速 u_0 的颗粒在沉淀池水平流速 v 时正好沉淀到池底，因此，凡是沉速大于 u_0 的一切颗粒都可以沿着类似直线Ⅰ的方式沉到池底；凡是沉速小于 u_0 的颗粒，如从池顶 A 点开始下沉，肯定不能沉到池底而是沿着类似直线Ⅱ的方式被带出池外。所以颗粒沉速 u_0 具有特殊的意义，一般称为截留沉速，它反映了沉淀池所能全部去除的颗粒中的最小颗粒沉速。

从原理图看出沉淀池流速 v 和颗粒截留沉速 u_0 都与沉淀时间 t 相关，当沉淀区长度和沉淀池有效水深确定，则有：

$$t = \frac{L}{v} \quad (3\text{-}2)$$

$$t = \frac{h_0}{u_0} \quad (3\text{-}3)$$

式中：L——沉淀区的长度，m；

h_0——沉淀区的水深,m;
t——水在沉淀区的停留时间,s;
u_0——颗粒的截留沉速,m/s;
v——水流的水平流速,m/s。

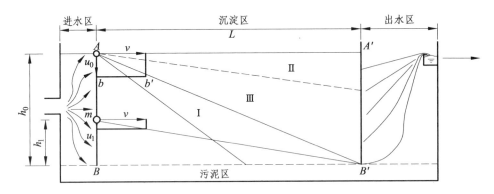

图 3-13 理想平流式沉淀池工作过程示意图

令式(3-2)与式(3-3)相等,并以式(3-1)代入,整理后得下式:

$$u_0 = \frac{Q}{LB} \tag{3-4}$$

式(3-4)中 LB 是沉淀区水面的表面积 F,因此上式的右边就是沉淀池单位表面积的产水量,一般称为"表面负荷率"。式(3-4)表明:表面负荷率在数值上等于截留沉速,但含义却不同。

为了求得沉淀池总的沉淀效率,先讨论某一特定颗粒即具有沉淀速度 u_i 颗粒的去除百分比 E。应该指出,这个特定颗粒的沉速必定小于截留沉速 u_0,大于 u_0 的颗粒将全部下沉,不必讨论。去除率 E 的关系推导如下。

如前所述,沉速 u_i 小于截留沉速 u_0 的颗粒如从池顶 A 点下沉,将沿着直线Ⅱ前进而不能沉到池底。如果引一条平行于直线Ⅱ而交于 B' 的直线 mB',从图 3-13 可见,只有位于池底以上 h_i 高度内,也即处于 m 点以下的这种颗粒(特定颗粒 $u_i < u_0$)才能全部沉到池底。设原水中这种颗粒的浓度为 C,沿着进水区的高度为 h_0 的截面进入的这种颗粒的总量为 $QC = h_0 BvC$,沿着 m 点以下的高度为 h_i 的截面进入的这种颗粒的数量为 $h_i BvC$,则沉速为 u_i 的颗粒的去除率应为:

$$E = \frac{h_i BvC}{h_0 BvC} = \frac{h_i}{h_0} \tag{3-5}$$

另外从 $\triangle ABB'$ 和 $\triangle Abb'$ 的相似关系,得:

$$\frac{h_0}{u_0} = \frac{L}{v}$$

即
$$h_0 = \frac{Lu_0}{v} \tag{3-6}$$

同理得
$$h_i = \frac{Lu_i}{v} \tag{3-7}$$

将式(3-6)和式(3-7)代入式(3-5)得到去除率公式为:

$$E = \frac{u_i}{u_0} \tag{3-8}$$

以式(3-4)代入式(3-8),得到下式:

$$E = \frac{u_i}{Q/F} \tag{3-9}$$

由式(3-9)可知,悬浮颗粒在理想沉淀池中的去除率只与沉淀池的表面负荷率有关,而与其他因素如水深、池长、水平流速和沉淀时间均无关。这一理论称为哈真(Hazen)理论,该理论对沉淀技术的发展起了不小的作用。当然,在实际沉淀池中,除了表面负荷率以外,其他许多因素对去除率也是有影响的。

式(3-9)虽然简单,但反映了两个重要的事实,即:

(1)当去除率一定时,颗粒沉速 u_i 越大则表面负荷率也越高,亦即产水量越大;或者当产水量和表面积不变时,u_i 越大则去除率 E 越高。然而,颗粒沉速 u_i 的大小与凝聚效果有关,所以待处理原水在进入沉淀过程前,絮凝过程应成为重要的环节。

(2)当颗粒沉速 u_i 一定时,增加沉淀池表面积可以提高去除率。当沉淀池容积一定时,减小沉淀区水深则相应增大表面积,可提高去除率,此即所谓"浅层沉淀池"理论,斜板斜管沉淀池就是基于此理论而发展起来的。

以上的分析是基于理想沉淀池的假设条件,实际平流式沉淀池运行还会受到各种因素的影响而偏离理想沉淀池的条件,主要因素有:实际沉淀池的水流形态导致停留时间与理论停留时间有差距;池中的水流流动可能有回旋或短流,并非均匀流动。除此之外还有异重流的发生导致池中水流的不稳;池内絮凝颗粒的下沉会受到相互干扰,也并非是理想的自由下沉状态。以下将详细分析其影响原因。

(1)沉淀池实际水流流态对沉淀效果的影响分析

在理想沉淀池中,假定水流稳定,流速均匀分布。其理论停留时间 t_0 为:

$$t_0 = \frac{V}{Q} \tag{3-10}$$

式中：V——沉淀池容积，m^3；

Q——沉淀池的设计流量，m^3/h。

但是在实际沉淀池中，停留时间总是偏离理想沉淀池，表现在一部分水流通过沉淀区的时间小于 t_0，而另一部分水流则大于 t_0，这种现象称为短流，它是由于水流的流速和流程不同而产生的。短流的原因有：进水的惯性所产生的紊流（进水流速过高）；出水堰产生的水流抽吸；较冷或较重水的进入产生的异重流；风浪引起的水流（露天沉淀池）；池内存在着柱子、导流壁和刮泥设施等。

这些因素造成池内某些流程的水流流速大于平均值，而与此同时，在某些地方流速很低，甚至形成死角。因此一部分水流通过沉淀池的时间短于理论平均停留时间 t_0，而另一部分水流却大于理论平均停留时间 t_0，致使沉淀池总体沉淀效率低于理论分析的结果。

沉淀池水流流态对絮凝颗粒的下沉有直接的影响，水流的紊动性用雷诺数 Re 来表征，雷诺数表示水流的惯性力与黏滞力两者之间的比，用下式计算：

$$Re = \frac{vR}{\nu} \tag{3-11}$$

式中：v——水平流速，m/s；

R——水力半径，m；

ν——水的运动黏度，m^2/s。

水力半径定义为：

$$R = \frac{A}{\chi} \tag{3-12}$$

式中：A——过流面积，m^2；

χ——与固体接触的湿润周长，m。

一般认为，在明渠流中，$Re > 500$ 时，水流呈紊流状态。从式 (3-11) 看出，对于平流式沉淀池来说，由于水力半径一般较大，水流多属紊流状态。此时水流除水平流速外，尚有上、下、左、右的脉动流速，且伴有小的紊动涡流，这些情况都不利于颗粒的沉淀。

异重流是进入较静而具有密度差的水体的中发生的水流现象。由于平流式沉淀池内会出现水流密度差或温度差，导致异重流的发生，密度大的水流将下沉并以较高的流速沿着池底绕道前行，密度小的水流将沿池面流至出水口。若池内水平流速相当高,异重流将和池中水流汇合,可抑制流态的影响,这样的沉淀池具有稳定的流态。若异重流在整个池内保持着,则具不稳定的流态。

水流稳定性以弗劳德数 Fr 判别。该值反映推动水流的惯性力与重力两者之间的对比关系:

$$Fr = \frac{v^2}{Rg} \qquad (3\text{-}13)$$

式中:R ——水力半径,m;
v ——水平流速,m/s;
g ——重力加速度。

Fr 数增大,表明惯性力作用相对增加,重力作用相对减小,水流对温差、密度差异重流及风浪等影响的抵抗能力强,使沉淀池中的流态保持稳定。一般认为,平流式沉淀池的 Fr 数宜大于 10^{-5}。

在平流式沉淀池中,降低 Re 和提高 Fr 数的有效措施是减小水力半径 R。池中纵向分格及斜板、斜管沉淀池都能达到上述目的。

在沉淀池中,增大水平流速,一方面提高了 Re 数而不利于沉淀,但另一方面却提高了 Fr 数而加强了水的稳定性,从而提高沉淀效果。因此,水平流速可以在很宽的范围里选用而不致对沉淀效果有明显的影响。沉淀池的水平流速宜为 10～25 mm/s。

(2)凝聚作用的影响分析

混凝沉淀工艺中,沉淀池多数是与絮凝池合建的,原水从絮凝池进入沉淀池后,悬浮杂质的絮凝过程在平流式沉淀池内仍在继续。这是由于沉淀池内水流流速分布实际上是不均匀的,水流中存在的速度梯度将引起颗粒相互碰撞而进一步絮凝。此外,水中絮凝颗粒的大小也是不均匀的,它们将具有不同的沉速,沉速大的颗粒在沉降过程中能追上沉速小的颗粒而引起絮凝。水在池内的沉淀时间愈长,由速度梯度引起的絮凝便进行得愈完善,所以沉淀时间对沉淀效果是有影响的。池中的水深愈大,因颗粒沉速不同而引起的絮凝也进行得愈完善,所以沉淀池的水深对混凝效果也是有影响的。因此,由于实际沉淀池的沉淀时间和水深所产生的絮凝过程均影响了沉淀效果,实际沉淀池也就偏离了理想沉淀池的假定条件。

平流式沉淀池的排泥有斗式重力排泥和机械排泥,池底刮泥设备常见有链带式刮泥机、行车式刮泥机,图 3-14 所示为链带式刮泥机沉淀池结构示意图。

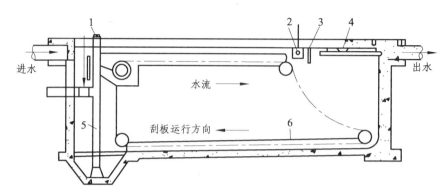

图 3-14　设有链带式刮泥机的平流式沉淀池结构示意图
1—集渣器驱动装置；2—浮渣板；3—挡板；4—可调节出水堰板；5—排泥管；6—刮泥板

2. 斜管（板）沉淀池

斜管（板）沉淀池是依据"浅层沉淀池"理论而发展起来的一种高效去除絮粒的的沉淀池。通过在沉淀池内设置斜管或斜板，见图 3-15，将沉淀池分割成一系列浅层沉淀层，其优点是：① 减小了板间（或管内）的流动雷诺数，消除流动的紊动涡流，提高了沉淀池的处理能力；② 缩短了颗粒沉降距离，从而缩短了沉淀时间；③ 增加了沉淀池的沉淀面积，从而提高了处理效率。这种类型沉淀池的过流率可达 36 $m^3/(m^2 \cdot h)$，比一般沉淀池的处理能力高出 7～10 倍，是一种新型高效沉淀设备。

按照斜管（板）中的水流方向，分成异（上）向流、同向流和侧向流三种形式，其中以异向流应用最广。异向流斜板或斜管沉淀池，因水流向上流动，污泥下滑，方向各异而得名。斜管（板）沉淀池具有停留时间短，沉淀效率高，占地省等特点，但斜管费用较高，并且一般使用 5～10 年后须调换更新。因斜管（板）沉淀池的停留时间短，要求配套的絮凝池有良好的絮凝效果。此外，还要注意斜管（板）内滋生藻类和积泥问题。

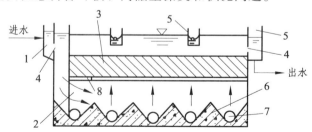

图 3-15　斜管沉淀池布置图
1—配水槽；2—整流墙；3—斜板或斜管；4—淹没式出水孔；
5—集水槽；6—污泥斗；7—穿孔排泥管

斜管（板）沉淀池适用条件：

（1）适用于大、中、小型水厂。

（2）适用于新建、改建和扩建。为提高产水量和挖掘潜力，可在平流沉淀池和各种澄清池内加设斜管或斜板。

（3）受到建设场地限制，不能用平流沉淀池时。

3．竖流式沉淀池

竖流式沉淀池为带锥形底的圆筒形钢筋混凝土构筑物，一般与絮凝池合建（见图 3-16）。池子的直径一般不大于 10 m，中央设圆筒形絮凝室。已投加药剂的原水从上部进入，经絮凝室下端的稳流装置自下向上流入周围的沉淀区。在沉淀区内，水中絮体颗粒沉降速度大于水的上升流速，因而得以沉到池底的锥形体部位。沉淀物利用静水压力，通过池底排泥管排出。

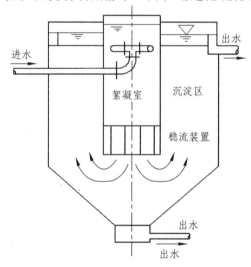

图 3-16　竖流式沉淀池示意图

竖流式沉淀池具有管理简单、便于布置和排泥方便等优点。但处理水量小、效率低。一般用于小型净水厂。

4．辐流式沉淀池

辐流式沉淀池是一种原水自圆形池中央进入，以径向向周边作水平辐射状流动，使絮粒沉降得以去除的水处理构筑物，见图 3-17。由于水流为辐射状，过水断面不断增大，其流速逐渐降低，有利于絮粒的沉降。

辐流式沉淀池的底部呈圆锥状，池周边深度一般为 1.5～3 m，池中心深度一般为 3～7 m。池内设有一桁架，以 1～3 r/h 缓慢地旋转。架下设刮刀，用以将沉淀的絮粒随时刮到池中央,依靠静水压力,通过排泥管将沉淀物排出。辐流式沉淀池的澄清水在周边集水槽顶部溢出。这类沉淀池的池径一般比较大,可达 60 m 以上。

辐流式沉淀池除了有中心进水周边出水的型式,还有周边进水中心出水型式,如图 3-18 所示。周边进水辐流式沉淀池的入流区在构造上有两个特点:① 进水槽断面较大,而槽底的孔口较小,布水时的水头损失集中在孔口上,故布水比较均匀;② 进水挡板的下沿深入水面下约 2/3 深度处,距进水孔口有一段较长的距离,这有助于进一步把水流均匀地分布在整个入流区的过水断面上,而且进入沉淀区的流速较小,有利于悬浮颗粒的沉淀。池子的出水槽长度约为进水槽的 1/3,池中水流的速度,从小到大变化。

在污水处理中,辐流式沉淀池可用作初次沉淀池或二次沉淀池。辐流式沉淀池的主要优点是沉淀效果好,排泥方便。但也存在耗用钢材多、造价高、运行费用大、机电设备的维护管理复杂等缺点。

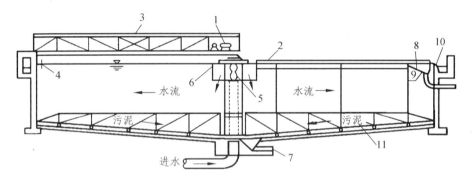

图 3-17 中心进水辐流式沉淀池

1—驱动装置;2—刮渣板桁架;3—行桥;4—浮渣挡板;5—转动挡板;6—进水转筒;7—排泥管;
8—浮渣刮板;9—浮渣箱;10—出水堰;11—刮泥板

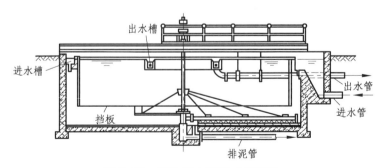

图 3-18 周边进水辐流式沉淀池

3.6 过滤及过滤池

3.6.1 过滤

在水处理工艺中，过滤一般是指以多孔介质为滤料层截留水中悬浮杂质，从而使水得到清洁的工艺过程。给水处理的滤料通常选择有如石英砂等符合卫生条件且稳定的粒状滤料，近些年来过滤膜或中空纤维材料的使用为水处理过滤工艺的发展提供了多种选择条件，但常规给水处理所选择的主要是人工精选的石英砂或瓷砂滤料等。过滤装置有过滤池或过滤罐，一般设置于沉淀池或澄清池之后，出水浊度必须达到生活饮用水水质标准。当原水浊度较低，且水质较好时，也可采用原水直接过滤。过滤的作用不仅在于进一步降低水的浊度，而且水中有机物、细菌乃至病毒等将随浊度的降低而被去除。至于残留于滤后水中的细菌、病毒等在失去浑浊物的保护或依附时，在滤后消毒过程中也将容易被杀灭，这就为滤后消毒创造了良好条件。在生活饮用水的净化工艺中，有时沉淀池或澄清池可以省略，但过滤是不可缺少的，如水质良好的地下水。

滤池有多种型式，以石英砂作为滤料的普通快滤池使用历史最久。在此基础上，人们从不同的工艺角度发展了其他型式快滤池。为适应滤层中杂质截留规律以充分发挥滤料层截留杂质能力，出现了滤料粒径循水流方向减小的过滤层及均质滤料层。例如，双层和多层及均质滤料滤池、上向流和双向流滤池等。为了减少滤池阀门，出现了虹吸滤池、无阀滤池、移动冲洗罩滤池以及其他水力自动冲洗滤池等。从冲洗方式上，还出现了有别于单纯水冲洗的气水反冲洗滤池。所有上述各种滤池，过滤原理一样，基本工作过程也相同，即过滤和冲洗交错进行。

3.6.2 普通快滤池

普通快滤池是一种传统的应用最广的过滤池，适用于大、中、小型水厂。普通快滤池构造一般为钢筋混凝土矩形池，主要由池体、承托层、滤料层、进水槽、出水管、冲洗管道及控制阀等组成，如图 3-19 所示，单池面积为 10~15 m^2。过滤池的工作过程分两个阶段，即过滤阶段和反冲洗阶段，普通快滤池的冲洗一般采用单一水冲洗方式，冲洗水由水塔（箱）或水泵提供。普通快滤池的过滤与反冲洗采用一套管道系统，所以过滤和反冲洗是通过阀门的开闭实现转换。以下介绍普通快滤池的工作过程。

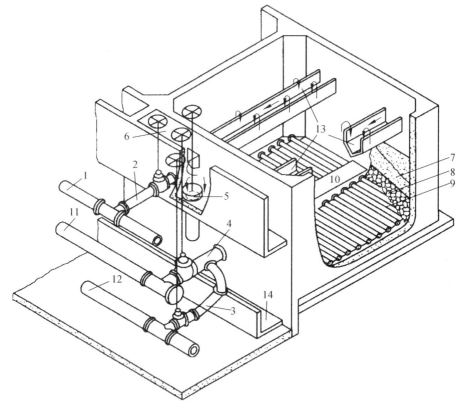

图 3-19 普通快滤池构造剖视图（箭头表示冲洗时水流方向）

1—进水总管；2—进水支管；3—清水支管；4—冲洗水支管；5—排水阀；6—进水渠；
7—滤料层；8—承托层；9—配水支管；10—配水干管；11—冲洗水总管；
12—清水总管；13—排水槽；14—废水渠

1. 过 滤

过滤时，开启进水支管 2 与清水支管 3 的阀门，关闭冲洗水支管 4 阀门与排水阀 5。待滤水经进水总管 1、支管 2 从进水渠 6 进入滤池。经过滤料层 7、承托层 8 后，由配水系统的配水支管 9 汇集起来再经配水系统干管 10、清水支管 3、清水总管 12 流往清水池。待滤水经滤料层时，水中杂质即被截留。随着滤层中杂质截留量的逐渐增加，滤料层中水头损失也相应增加。当水头损失增至一定程度以致滤池产水量锐减，或由于滤后水质不符合要求时，滤池便须停止过滤进行反冲洗。

2. 反冲洗

反冲洗时，关闭进水支管 2 与清水支管 3 阀门。开启排水阀 5 与冲洗水支管 4 阀门。冲洗水即由冲洗水总管 11、支管 4，经配水系统的干管、支管及支管上的许多孔眼流出，由下而上穿过承托层及滤料层，均匀地分布于整个滤池平面上。滤料层在由下而上均匀分布的水流中处于悬浮状态，滤料得到清洗。冲洗废水流入排水槽 13，再经排水管和废水渠 14 排入水厂废水排水管渠。冲洗一直进行到滤料基本洗干净为止。冲洗结束后，过滤重新开始。从过滤开始到冲洗结束的一段时间称为快滤池工作周期。

传统快滤池的过滤与反冲洗是通过阀门的开闭实现工作过程的切换，阀门的开闭可以通过设置电动阀门进行自动化操作，可减轻劳动强度。

3.6.3 虹吸滤池

虹吸滤池是在普通快滤池基础上发展起来的一种普通重力式滤池。虽然过滤原理与普通快滤池一样，但它是利用虹吸管的原理对进水，反冲洗排水交替操作进行控制。由于使用虹吸管代替闸阀，便于实现水力自动控制，也省去了占地较大的管廊和闸阀的投资。还由于直接利用滤池本身的滤后水对滤料层进行反冲洗，而省略了反冲洗水泵或水塔。

虹吸滤池除滤层和承托层与快滤池基本相同外，其他由下列几部分组成（见图 3-20）：① 池体，通常为钢筋混凝土结构，平面一般为矩形，也有圆形。池深总高 5～6 m。池中有隔墙。将整个池体均匀分为 6 格或 8 格，通常双排对称布置。② 进水系统，包括进水渠道、进水虹吸管、溢流堰及降水管，依靠它们将待滤水等量分配给各格滤池中。③ 配水系统，包括配水室和配水孔眼。虹吸滤池的配水系统均为小阻力系统。④ 清水渠和清水室，虹吸滤池各格的滤后水先进入清水室，再经出水孔进入清水渠，汇集流出池外。反冲洗的水则顺序通过清水渠、出水孔和清水室，反流到待清洗的滤格。⑤ 排水系统，包括排水槽、集水渠、排水虹吸管和排水渠，依靠它们将反冲洗后带悬浮污泥的废水排出池外。⑥ 虹吸控制系统。有真空系统和水力自动控制系统两种。真空系统包括真空管路及真空泵、真空罐或水射器等真空设备。水力自动控制系统由一些管道组成。控制系统的管路分别接在进水虹吸管、排水虹吸管的顶部，以控制虹吸管的形成或破坏，达到对滤池的过滤与反冲洗的控制。

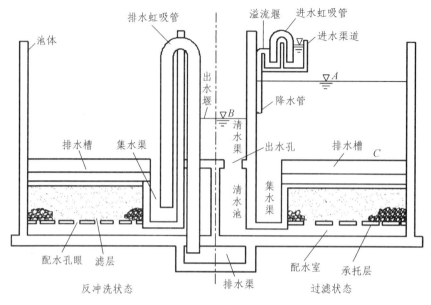

图 3-20 虹吸滤池的组成

3.6.4 重力式无阀滤池

重力式无阀滤池是一种不设闸阀，利用水力条件自动控制反冲洗的小型过滤构筑物（见图 3-21 和图 3-22），适用于中小型水厂。重力式无阀滤池是根据过滤层阻力的增长，虹吸管水位逐渐上升到最高点，在水流重力下落时产生虹吸，实现自动反冲洗的一种快滤池。它的主要优点是不需采用大量闸阀进行控制而自动运行；主要缺点是滤料处于封闭水池中，当需要清除滤层表面难于冲洗的污垢进行"翻砂"时较为困难。

重力式无阀滤池的工作过程也分过滤和反冲洗两个过程。如图 3-21、图 3-22 所示，过滤时，待滤水经进水分配槽，由进水管进入虹吸上升管，再经伞形顶盖下面的挡板后，均匀地分布在滤料层上，通过过滤层和承托层、小阻力配水系统进入底部配水区。滤后水再经两侧连通道上升到上部水箱。当水箱水位达到出水渠口的溢流堰顶后，溢入出水渠内，最后进入水厂清水池。

开始过滤时，虹吸上升管与冲洗水箱中的水位差 H_0 为过滤起始水头损失，随着过滤时间的延续，过滤层截留杂质过多阻力增加，虹吸上升管中水位相应升高，管内原存空气被压缩，一部分空气从虹吸下降管出口端穿过水封井进入大气。当水位上升到虹吸辅助管的管口时，水从虹吸辅助管快速流下，则在管中形成的负压形成抽气作用,不断将虹吸管中空气抽出,使真空度逐渐增大,虹吸上升管的水位升高。当虹吸上升管水位越过其最高点而重力下落时,管内真空度急剧增大,使下落水流与虹吸下降管中上升的水柱汇成一股,冲出管口,形成连续虹吸水流,而滤层上部压力骤降,冲洗水箱内的水以过滤相反方向进入滤料层,使滤料受到反冲洗,反冲洗废水经排水水封井流出。

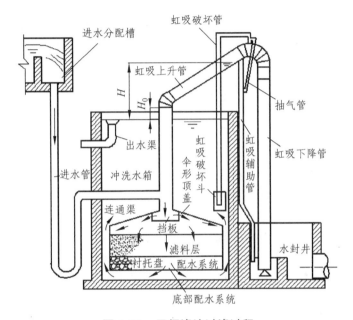

图 3-21 无阀滤池过滤过程

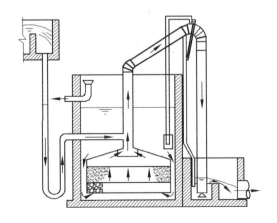

图 3-22 无阀滤池冲洗过程

3.6.5 高效纤维过滤池

高效纤维过滤技术是采用自适应滤料，小阻力配水系统，气水反冲洗，下向流进水，采用变水位或恒水位等速过滤方式。高效纤维滤池具备传统过滤池的主要优点，同时运用了高效过滤器技术，多方面性能优于传统过滤池，是一种实用、新型、高效的滤池。

高效过滤是采用高效纤维滤料，是一种创新型过滤材料。它具有纤维滤料过滤精度高和截污量大的优点，同时也具有颗粒滤料反冲洗洁净度高和耗水量少的优点。

在过滤池或过滤器中由高效纤维滤料形成的滤床是十分理想的滤料层，其空隙率在水平面上是均匀一致，达到了空隙率高、比表面积大的优点。而在垂直面上其空隙率由上而下呈上大下小梯度变化分布，这样的结构有利于水中固体悬浮物的有效分离。较大的固体悬浮物在滤料上部被截留，而小的悬浮物将随被过滤水下移直至在滤料中下部被截留。

高效过滤器反冲洗时在水流、气流的强力冲击下，滤床膨胀，滤料上浮；所有滤料逐步呈膨松状态，由于气水冲击力，滤料尾部做不断的摇摆、摩擦作用，从而大大加速了滤料尾部纤维上附着的悬浮物的分离，提高了滤料的清洗速度，节约了反冲洗水量。经过表面活性处理的纤维滤料还具有膨松、摩擦力减少、不易缠绕、不易打结、耐反冲洗的特点。

高速高效过滤池运行参数：

（1）过滤池常规滤速为 16～22 m/h，最高滤速为 26 m/h；单个过滤周期为 12～36 h，水头损失为 0.5～1.5 m。

（2）过滤池进水水质：浊度一般 10～20 NTU；出水水质<1 NTU。

（3）反冲洗参数：气冲强度为 28～32 L/(m²·s)，空气压力为 50 kPa，水冲强度为 5～6 L/(m²·s)，水压力为 0.1～0.14 MPa，反冲洗时间为 15～20 min。

3.6.6 V形滤池

V形滤池是快滤池的一种形式，因为其进水槽形状呈 V 字形而得名，也叫均粒滤料滤池，其滤料采用均质滤料，即均粒径滤料。它是我国于 20 世纪 80 年代末从法国 Degremont 公司引进的技术。目前在我国普遍应用，适用于大、中型水厂。

V 形滤池一般采用较粗、较厚的均匀颗粒的石英砂滤层。V 形滤池提升了过滤及反冲洗的自动化控制,另外由于采用了不使滤层膨胀的气、水同时反冲洗兼有待滤水的表面扫洗,明显提升了滤池的反冲洗效果,改善V形滤池过滤能力的再生状况,从而增大滤池的截污能力,降低了滤池的反冲洗频率,具有出水水质好、滤速高、运行周期长、反冲洗效果好、节能和便于自动化管理等特点。

滤池的主要工艺结构一般由4部分组成:进水系统、过滤系统、反冲洗系统、反冲洗扫洗系统和排水系统。

V形滤池的设计参数:

(1)滤速可达7~20 m/h,一般为12.5~15.0 m/h。采用单层加厚均粒滤料,粒径一般为0.95~1.35 mm,允许扩大到0.7~2.0 mm,不均匀系数1.2~1.6或1.8之间。

(2)对于滤速为7~20 m/h的滤池,其滤层高度为0.95~1.5 m,对于更高的滤速还可相应增加。

(3)底部采用带长柄滤头底板的排水系统,不设砾石承托层。滤头采用网状布置,约55个/m^2。

(4)反冲洗一般采用气冲、气水同时反冲和水冲三个过程,气冲强度为13~16 L/(s·m^2),清水冲洗强度为3.6~4.1 L/(s·m^2),表面扫洗用原水,一般为1.4~2.2 L/(s·m^2)。

3.7 消 毒

为了保障人民的身体健康,防止水致疾病的传播,生活饮用水中不应含有细菌性病原微生物和病毒性病原微生物等致病微生物。后者更小,仅为前者的1/1 000,常见的有:传染性肝炎病毒、小儿麻痹症病毒、痢疾病毒、眼结膜炎病毒、脑膜炎病毒等。消毒并非把微生物全部消灭,只要求消灭致病微生物。我国《生活饮用水卫生标准》(GB 5749—2006)规定:菌落总数不超过100个/mL,大肠菌群每100 mL不得检出。

水中微生物大多粘附在悬浮颗粒上,因此悬浮物少或浑浊度低的水,微生物也相应减少。虽然水经混凝、沉淀和过滤,可以去除大多数细菌和病毒,但消毒则起了保证饮用水细菌学指标的作用,同时确保管道中的水质,以免二次污染。

消毒方法包括物理法（如加热、紫外线和超声波杀菌）和化学法（如加氯、臭氧和二氧化氯等）两种。给水处理中最常用的是氯消毒法。

3.7.1 氯消毒

在水中投氯，是使用广泛而有效的消毒方法，费用较低，也便于管理。氯化处理中，氯随着杀灭水中微生物和氧化有机、无机物质而消耗后，在出厂水中尚应有适量的剩余氯，以便在配水管网中继续起到消毒作用，从而保证自来水符合细菌学要求。在我国 GB5749—2006《生活饮用水卫生标准》规定管网末梢的剩余氯不少于 0.05 mg/L。

氯容易溶解于水（在 20 ℃ 和 98 kPa 时，溶解度为 7 160 mg/L）。当氯溶解在清水中时，下列两个反应几乎瞬时发生。

氯水解成盐酸和次氯酸：

$$Cl_2 + H_2O = HOCl + HCl \tag{3-14}$$

次氯酸 HOCl 部分离解为氢离子和次氯酸根：

$$HOCl = H^+ + OCl^- \tag{3-15}$$

HOCl 与 OCl⁻ 的相对比例取决于温度和 pH 值。pH 值高时，OCl⁻ 较多，当 pH > 9 时，OCl⁻ 接近 100%；pH 值低时，HOCl 较多，当 pH < 6 时，HOCl 接近 100%。当 pH=7.54 时，HOCl 和 OCl⁻ 大致相等。

近代的观点是氯消毒主要是次氯酸 HOCl 在起作用。HOCl 为很小的中性分子，只有它才能扩散到带负电的细菌表面，并通过细菌的细胞壁穿透到细菌内部。当 HOCl 分子到达细菌内部时，能起氧化作用，破坏细菌的酶系统（酶是促进葡萄糖吸收和新陈代谢作用的催化剂），而使细菌死亡。OCl⁻ 虽也具有杀菌能力的有效氯，但是带有负电，难于接近带负电的细菌表面，杀菌能力比 HOCl 差得多。生产实践表明，pH 值越低则消毒作用越强，证明 HOCl 是消毒的主要因素。

3.7.2 其他消毒方法

这里主要介绍氯胺消毒、臭氧消毒和紫外线消毒三种。

1. 氯胺消毒

氯胺消毒作用缓慢，杀菌能力比自由氯弱。但氯胺消毒的优点是：当水中含有有机物和酚时。氯胺消毒不会产生氯臭和氯酚臭,同时大大减少 THMs 产生的可能;能保持水中余氯较久,适用于给水管网较长的情况。不过,毕竟因杀菌力弱,现在采用氯胺消毒的水厂仍然很少。

人工投加的氨可以是液氨、硫酸铵 $(NH_4)_2SO_4$ 或氯化铵 NH_4Cl。水中原有的氨也可利用。硫酸铵或氯化铵应先配成溶液,然后再投加到水中。

氯和氨的投加量视水质不同而有不同比例。一般采用氯:氨=3:1~6:1。当以防止氯臭为主要目的时,氯和氨之比小些;当以杀菌和维持余氯为主要目的时,氯和氨之比应大些。

采用氯胺消毒时,一般先加氨,待其与水充分混合后再加氯,这样可减少氯臭,特别当水中含酚时,这种投加顺序可避免产生氯酚恶臭。但当管网较长,主要目的是维持余氯较为持久,可先加氯后加氨。有的以地下水为水源的水厂,可采用进厂水加氯消毒,出厂水加氨减臭并稳定余氯。

2. 臭氧消毒

臭氧分子(O_3)由 3 个氧原子组成,在常温常压下,它是淡蓝色的具有强烈刺激性的气体。臭氧极不稳定,分解时放出新生态氧:

$$O_3=O_2 + [O] \tag{3-16}$$

新生态氧[O]具有强氧化能力,对顽强的微生物如病毒、芽孢等有强大的杀伤力。臭氧能氧化有机物,去除水中的色、臭、味。还可去除水中溶解性的铁、锰盐类及酚等。但臭氧在水中不稳定,容易消失,不能在管网中继续保持杀菌能力,故在臭氧消毒后,往往还需投加少量氯以维持水中一定的余氯量。

臭氧消毒设备复杂,投资大,耗电量较大,目前在我国应用很少。此外,臭氧需边生产边使用。不能贮存。当水量、水质变化时,调节臭氧投加量也比较困难。

臭氧是用空气中的氧通过高压放电产生的。臭氧发生器是制造臭氧工艺系统的主体设备。臭氧发生系统包括空气净化和干燥装置以及空气压缩机等。空气进入发生器前必须先经净化和干燥处理,否则会降低臭氧发生器生产效率并导致腐蚀。由发生器出来的臭氧化空气进入接触反应池与待处理水充分混合,达到氧化和消毒目的。为了提高臭氧利用率,必须使进入接触池的臭氧化空气变成微小气泡均匀分散于水中,故在接触池底部设有微孔扩散器。

3. 紫外线消毒

紫外线杀菌机理目前尚无统一认识,较普遍的看法是:细菌受紫外光照射后，紫外光谱能量为细菌核酸所吸收，使核酸结构破坏。根据试验，波长在 200~295 nm 的紫外线具有杀菌能力，而波长为 260 nm 左右的杀菌能力最强。同时，紫外线能破坏有机物。有关试验证实，波长为 253.7 nm 的紫外线对挥发性氯化烃有去除作用。紫外线破坏有机物的机理在于：在紫外线照射下，有机物化学键发生断裂而分解。

紫外线光源由紫外灯管提供。不同型号、规格的紫外灯管所提供的紫外光主波长不同，应根据需要选用。消毒设备主要有两种形式：浸水式和水平式。前者将灯管置于水中，其特点是辐射能利用率高，杀菌效果好，但构造复杂。后者构造较简单，但杀菌效果不如前者。

紫外线消毒的主要优点是：不存在产生 THMs 之虑；处理后的水无味无色。它的主要缺点是：消毒效力受水中悬浮物含量影响；消毒后不能防止水在管网中再度污染。另外，消毒费用比氯消毒高。目前，紫外线消毒只能用于少量水处理，如饮料业及宾馆等。

水的消毒方法除了以上介绍的几种以外，还有高锰酸钾消毒、重金属离子（如银）消毒等。综合各种消毒方法，可以这样说，没有一种方法完美无缺；当前氯消毒仍无法被替代，但可以继续研究更经济有效而又无副作用的消毒方法。不同消毒方法配合使用往往也可互补长短，现在已有水厂进行这方面的探索研究。

3.8 给水预处理技术

在传统处理工艺之前适当增加物理、化学或生物的处理方法，对微污染水体中的污染物进行预处理，可提高对污染物的去除能力，减轻常规处理的负荷，从而达到饮用水水质要求。目前，预处理技术主要有：化学氧化法、吸附法、空气吹脱法和生物法等。

3.8.1 化学氧化预处理技术

化学氧化技术是指在向原水中加入强氧化剂，利用强氧化剂的氧化能力，分解或转化水中有机污染物，并去除水中的藻类，改善混凝沉淀效果。目前采用的氧化剂有氯气、臭氧和高锰酸钾等。

（1）氯气氧化法是应用最早的预处理技术。在原水进入常规处理工艺之前加入适量的氯气，可预先有效杀灭和控制微污染水体中的微生物和藻类，同时亦可氧化部分有机污染物。由于水中的有机污染物能与氯气反应生成三致物质——三卤甲烷（THMs），因此，用氯气来预处理微污染水源已经引起人们的担心。

（2）臭氧是一种强氧能力很强的氧化剂。预臭氧化能氧化分解大多数有机物，可有效去除水中的色度、异臭异味，但近年来发现，经臭氧处理后，可能使水中大分子有机物分解成小分子有机物的中间产物，其中可能存在致突变物质。臭氧在水处理应用中的主要不足是，成本高，臭氧在水中的稳定时间短，且溶解率低，传质利用率不高。

（3）高锰酸钾是一种较强的氧化剂。研究发现高锰酸钾在中性水中可有效去除多种微量有机物，且能显著降低水的致突变活性。高锰酸钾氧化预处理组合工艺可控制氯酚、THMs 的生成，并对一定的色、臭、味有去除效果，有效降低水的致突变活性。另一方面，有机物经高锰酸钾氧化后的产物中，有些是碱基置换突变物，不易被常规工艺去除，出水经氯液消毒后，这些前体物易转化为致突变物。

3.8.2 吸附预处理技术

吸附预处理技术是指利用吸附剂强大的吸附性能来去除微污染水源中污染物的技术。目前主要的吸附剂有活性炭（AC）和黏土等。

活性炭是一种暗黑色含炭物质，具有发达的微孔构造和巨大的比表面积。它化学性质稳定，可耐强酸强碱，具有良好吸附性能，是多孔的疏水性吸附剂。由于它对水中某些污染物有极强的亲和力，因而能有效去除臭、味、色度、氯化有机物、农药、放射性有机物及其他人工合成有机物。

活性炭主要有粉末活性炭（PAC）和颗粒活性炭（GAC）两大类。粉末炭采用混悬接触吸附方式，主要以搅拌池吸附的形式应用，而粒状炭则采用过滤吸附方式，通常采用固定床的形式，如活性炭滤池等。粒状炭较之粉末炭具有可再生性好和抗干扰力强的优点。与粒状活性炭相比，粉末活性炭主要优点是设备投资省、价格便宜、吸附速度快，对短期及突发性水质污染适应能力强。由于粉末活性炭参与混凝沉淀，残留于污泥中，目前还没有很好的回收再生利用方法，所以运行费用高，难以推广应用。

黏土也是较好的吸附材料。黏土的比表面积大，低温再生能力强，储量丰富，价格便宜，具有很好的吸附性能。但大量黏土投入混凝池中也增加了沉淀池的排泥量，给生产运行带来了一定困难。

3.8.3 空气吹脱法

空气吹脱法是利用水中溶解化合物的实际浓度与平衡浓度之间的差异，将挥发性组分不断由液相扩散到气相中，达到去除挥发性有机物的目的。吹脱法具有费用低、操作简单的优点，但对难挥发的有机物去除效果差。对于含有可挥发性化合物的污染原水，用填料塔进行曝气吹脱是一种行之有效的方法，能挥发去除的有机物有：苯、氯苯、二氯甲烷、四氯甲烷、二氯苯、三氯乙烯、四氯乙烯、三氯甲烷等。

3.8.4 生物预处理技术

水源水生物预处理是指在传统常规净水工艺之前增加生物处理工艺，通过微生物的降解，初步去除水源水中包括腐殖酸在内的可生物降解的有机物及可能在加氯后致突变物质的前驱物、氨氮、亚硝酸盐和铁、锰等污染物，使水源水水质大幅度提高。常用的预处理构筑物有生物接触氧化池、塔式生物滤池、生物膨胀床与流化床、生物转盘和生物滤池等。

1）生物接触氧化

生物接触氧化法是生物预处理工艺中一种有代表性、研究较深入和应用较多的工艺。图 3-23 是生物接触氧化池的示意图，该工艺利用填料作为生物载体，微生物在曝气充氧的条件下生长繁殖，富集在填料表面上形成生物膜，其生物膜上的生物相丰富，有细菌、真菌、丝状菌、原生动物、后生动物等组成比较稳定的生态系统，溶解性的有机污染物与生物膜接触过程中被吸附、分解和氧化，氨氮被氧化或转化成高价形态的硝态氮。

生物接触氧化法的主要优点是处理水量大、处理时间短、容积负荷高、对冲击负荷有较强的适应性、出水水质较稳定、污泥生成量少、运行费用低、占地面积小、运行灵活、操作管理较方便等；缺点是填料间水流缓慢，水力冲刷小，如果不另外采取工程措施，生物膜只能自行脱落，更新速度慢，膜活性受到影响。某些填料（如蜂窝管式填料）还易引起堵塞，布水布气不易达到均匀。另外填料价格较贵，投资费用较高。

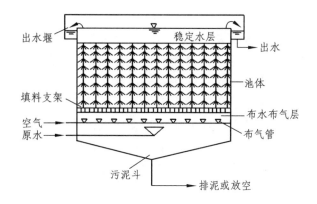

图 3-23 生物接触氧化池示意图

2）塔式生物滤池

塔式生物滤池（如图 3-24）增加了滤池高度，分层放置填料，通风良好，克服了普通生物滤池（非曝气）溶解氧不足的缺陷。塔式生物滤池的净化作用也是通过填料表面的生物膜的新陈代谢活动来实现的，其优点是负荷高、产水量大、占地面积小、对冲击负荷水量和水质的适应性较强，缺点是动力消耗较大，基建投资高，运行管理不便。

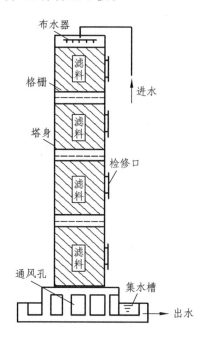

图 3-24 塔式生物滤池构造示意图

3）生物膨胀床与流化床

生物膨胀床与流化床改变了固定床填料固定不变的形式。生物膨胀床是介于固定床和流化床之间的一种过渡状态，流化床中的填料随水、气流的上升流速的增加而逐渐从膨胀状态转化为流化状态。与单位生物池的固定床相比，生物膨胀床与流化床的比表面积更大，生物量大，因而进一步提高了净化效率；另一方面，颗粒在反应器中处于膨胀或流化状态，提高了水与生物颗粒的接触机会，避免了生物滤池的堵塞现象，增大了处理水力负荷，并保证出水水质良好。生物膨胀床与流化床的缺点是动力费用较高，维护管理复杂，运行中水力学条件难以控制等。

4）生物滤池

对于微污染源水，采用生物滤池预处理方法是一种经济有效且无副作用的方法。其本质是水体天然自净过程的人工化，对氨氮、有机物等有令人满意的去除效率。对于饮用水源污染日益严重，传统工艺难以满足出水水质要求的今天有着特别重要的意义，对减轻后续工艺负担，减少水中"三致"毒物也有明显作用，并且，其运行费用低，具明显的经济效益。

3.9 给水深度处理

给水深度处理工艺是为了去除某些微量污染物或增强原处理工艺的功能而设置，因为相对于传统给水处理而言，通常在标准处理工艺之后，所以称之为深度处理工艺。随着水处理技术的发展，已形成了各种成熟的深度处理工艺，主要有活性炭吸附、高级氧化、离子交换、增强混凝、生物活性炭及其与臭氧的组合程序、离子交换树脂法与膜分离技术等。

3.9.1 活性炭吸附

活性炭吸附被视为能有效去除水体中溶解性物质的一种处理技术，活性炭最初被用来降低饮用水中的臭味。近年来，由于水中微量有机物对人体造成威胁，活性炭被更广泛地应用于给水工程上。影响活性炭吸附效果的因素大致包括活性炭本身性质、有机物特性及水质条件等。

第 3 章 城市给水处理

活性炭主要分为粉末状活性炭（PAC）、颗粒状活性炭（GAC）及纤维状活性炭（AFC）三种，在给水处理上 PAC 多用于控制因季节性变化或水质恶化所导致的臭味问题，其对于解决臭味能力很好。但对于消毒副产物（DBPs）和前驱物的吸附能力较差。GAC 由于可以吸附 DBPs 及其前驱物，饮用水处理上常以混凝沉淀作为 GAC 的前处理单元，此种方式的优点为利用混凝沉淀去除大部分颗粒性有机物与部分溶解性有机物，使通过 GAC 床的悬浮固体量与总有机碳 TOC 含量减少，可以减少 GAC 床水头损失及延长贯穿时间，增加去除量，减少 GAC 使用量。此方式 TOC 去除率超过 50%，但是对于大分子有机物的去除效果较差。AFC 是将活性炭制成织状，直径 5～20 m，对挥发性碳氢氯化物有很强的吸附力，对于有机物去除率可达 50%～60%，色度去除也是传统活性炭的 4～6 倍。

活性炭深度处理是采用压力过滤容器，即一种内装填粗石英砂垫层及优质活性炭的压力容器。图 3-25 和图 3-26 为活性炭过滤罐及给水活性炭深度处理工艺。

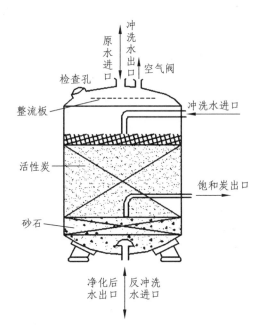

图 3-25 活性炭过滤罐

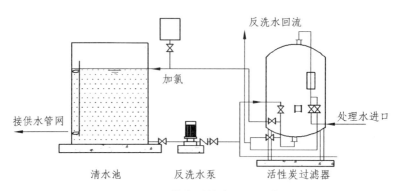

图 3-26 给水活性炭处理工艺

3.9.2 高级氧化

高级氧化法是指反应程序中能生成氢氧自由基等活性中间产物，以破坏有机、无机的毒性污染物及其中间产物者。除了光催化、异相催化、紫外线、臭氧、超声波等之外，尚包括上述两种或多种组合程序。在净水处理上，应用较广的属臭氧及紫外线。

1. 臭氧氧化法

净水处理上利用臭氧强氧化的性质来去除水中溶解性有机物与臭味，同时达到消毒的效果。臭氧可将大分子有机物氧化成微生物容易分解的小分子，增加生物的可分解性，因此通常和生物活性碳处理配合；但同时亦能提供配水系统中微生物生长的基质，造成配水系统中微生物的再生长，故多采其为预处理程序。pH 值愈高或温度愈低，臭氧在水中溶解度愈大，20 °C 蒸馏水，臭氧半衰期一般为 20~30 min，因此其处理效果较不稳定，易受现场环境影响。

2. 光催化氧化技术

光催化氧化工艺作为高级氧化技术的一种，是指有机物污染物在光照下，通过催化剂实现降解。一般可分为有氧化剂直接参加反应的均相光化学催化氧化，以及有固体催化剂存在，紫外光或可见光与氧或过氧化氢作用下的非均相（多相）光化学催化氧化。均相光化学催化氧化主要指 UV/Fenton 试剂法。辅助以紫外线或可见光辐射，可极大地提高传统 Fenton 氧化还原的处理效率，同时减少 Fenton 试剂用量。

当采用光照半导体材料，如 TiO_2、ZnO 等通过光催化作用氧化降解有机物，光催化技术原理就是利用这些半导体材料在紫外线的照射下，如果光子的能量高于半导体的禁带宽度，则半导体的价带电子从价带激发到导带，产生光致电子和空穴，光致电子空穴具有很强的氧化性，可夺取半导体颗粒表面吸附的有机物或溶剂中的电子，使原本不吸收光而无法被光子直接氧化的物质，通过光催化剂被活化氧化。光致电子具有很强的还原性，使得半导体表面的电子受体被还原。光催化氧化还原机理可以分为几个阶段：光催化剂在光照射下产生电子空穴对；表面羟基或水吸附后形成表面活性中心；表面活性中心吸附水中的有机物；羟基自由基形成，有机物被氧化；氧化产物分离。

水的光催化处理是在光催化反应器中完成，光催化反应器决定了催化剂活性的发挥和对光源的利用等问题，这直接决定了光催化反应的效率。根据处理池中催化剂的存在状态，光催化反应器可以分为三种：悬浮式光反应器、镀膜催化剂反应器、固定床式光催化反应器。

1）悬浮式光反应器

早期光催化多以悬浮相光催化为主，这类反应器通常是将光催化剂粉末加到所要处理的溶液中。它的优点是在反应中，污染物容易和光催化剂接触，但处理效率不高，当提高催化剂的浓度时会造成悬浮液浑浊，影响光的穿透，降低光效率，而且催化剂与液体分离困难，处理成本昂贵。将 TiO_2 与含有害物质原水溶液组成的悬浮液通过环纹型、直通型或同轴石英管夹层构成流通池，辐射光源直接辐射流通池。此类反应器结构简单，通过上述方式能保持催化剂固有的活性，但催化剂无法连续使用，后期处理必须经过过滤、离心、絮凝等方法将其分离并回收，过程复杂，且由于悬浮粒子对光线的吸收阻挡影响了光的辐照深度，使得悬浮型光催化反应器很难用于实际水处理中。悬浮相光催化的反应速率一般随催化剂浓度增加而增加，当 TiO_2 浓度高达一定值时（0.5 mg/cm^3 左右），反应速率达到极值。

2）镀膜催化剂反应器

镀膜催化剂反应器是将 TiO_2 等半导体材料喷涂在反应器的内外壁、光纤材料、灯管壁、多孔玻璃、玻璃纤维、玻璃板或钢丝网上，催化剂膜在紫外光的照射下，将吸附在膜表面的污染物降解、矿化。以这种形式存在的 TiO_2 不易流失，但催化剂因固定而降低了活性，且运行时需要提高进入反应器的水压，催化剂还存在易淤塞和难再生的问题。图 3-27 所示为多重中空管反应器，它是由众多中空石英管组成，每只管外面覆盖一层催化剂膜，光源在一端照射，通过石英管中间将光传到催化剂，水流从管与管之间的缝隙穿过，在石英管表面催化剂作用下，将污染物降解。它的特点是由于增加了接触面积，且在液体里分布均匀，减少了光催化反应中所受到的质量传输限制，而且容易放大，但缺点是不能得到一致的光照，在石英管的远端光照不足，造成远端活性较低。图 3-28 所示为光导纤维反应器，这类反应器是以光导材料为载体，同时这种光导材料又可以直接传递光源。

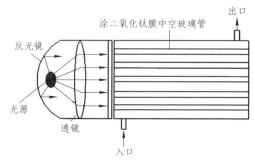

图 3-27 多重中空管反应器

3）固定床式光催化反应器

根据光催化剂固定方式的不向，固定床式光催化反应器可分为以下两种不同的反应器：① 非填充式固定床型光催化反应器。它以烧结或沉积方法直接将光催化剂沉积在反应器内壁，但仅有部分光催化表面积与液相接触，其石英管反应速率低于悬浮型光催化反应器。② 填充式固定床型光催化反应器。将半导体烧结在载体（如砂、硅胶、玻璃珠、纤维板）表面，然后将上述颗粒填充到反应器里。如图 3-29 所示，这些载体通常是具有二维表面的，结构紧密且具有多孔的颗粒。由于它有效地让光通过并且有较高比表面积，适用于具有较高传质能力的反应系统中。

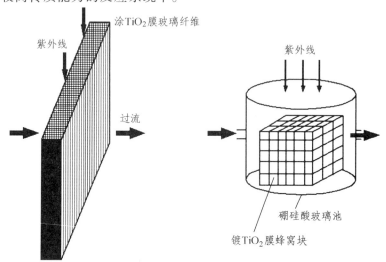

（a）光纤光催化过滤反应器　　（b）蜂窝光催化反应器

图 3-28 光导纤维反应器和蜂窝块反应器

第 3 章 城市给水处理

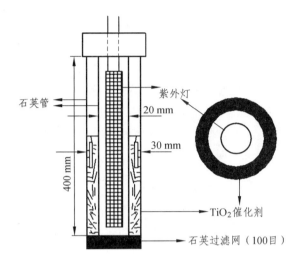

图 3-29 填充床式光催化反应器

3.9.3 膜分离技术

在某种推动力作用下，选择性地让混合液中的某种组分透过，如颗粒、分子、离子等，而保留其他组分的薄层材料均可认为是膜，利用这种半透膜作为选择障碍层进行组分分离的，总称为膜分离技术。膜处理工艺目前发展极为迅速，其优点是处理水质佳、水量、水质稳定、可同时去除多种污染物。膜处理技术对某些高有机物的原水能有效及经济地控制消毒副产物，如三卤甲烷生成潜能。实际运行表明，大部分已使用的膜工艺对 DBPs 的去除效果都很好。

目前已经成熟和不断研发出来的微滤（MF）、超滤（UF）、纳滤（NF）、反渗透（RO）、电渗析、膜蒸馏等现代膜技术正广泛用于石油、化工、环保等行业中，并产生了巨大的经济和社会效益。纳滤、超滤、微滤能有效地去除水中悬浮物、胶体、大分子有机物、细菌与病毒，但不能去除水中的小分子有机物。反渗透系统能够有效地去除水中的重金属离子、有机污染物、细菌与病毒，并能将对人体有益的微量元素、矿物质（如钙、磷、镁、铁、碘等）一并去除干净。同传统的水处理方法相比，在小水量方面，膜分离水厂具有明显的优势。随着我国改革开放的不断深入，人民生活水平的不断提高，膜分离技术不仅可用于给水深度处理，也可为农村和小城镇水厂提供很好的处理工艺选择。

用于给水处理中的膜组件主要是利用物理过滤作用，膜组件除了膜本身以外，一般还包括压力支撑体、原水进口、液体分配器、污染物混合液出口

85

和处理水出口等。目前已有工业应用的膜组件，主要有板框式膜组件（图 3-30）、管式膜组件、卷式膜组件、单体型滤膜组件、褶式滤膜组件和中空纤维式膜组件等，如图 3-31 所示。按照组件工作方式分为外壳收装方式的加压式组件和放置槽内的浸没式组件，后者多用于膜生物处理（MBR）工艺。加压式滤膜组件是把滤膜芯（滤膜和支撑体等部件一体化的部件）收装到外壳里作为滤膜组件使用。一般用水泵把原水水压入壳体内进行过滤，如图 3-32 所示。

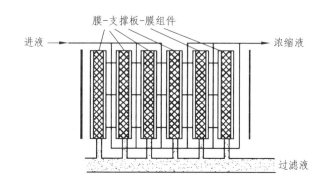

图 3-30 板框式膜组件

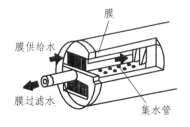
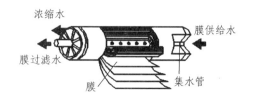

图 3-31 各种膜组件构造示意

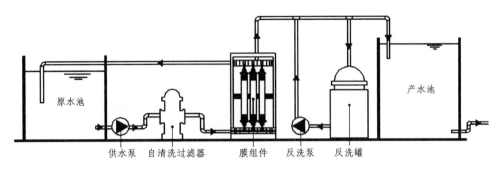

图 3-32 膜处理工艺

第4章 输配水工程

输配水工程是城镇给水工程的重要组成部分,主要包括输水管渠、配水管网以及输水泵站、调节设备和系统。在输配水工程中,其中管道工程投资比例占相当大的部分,管道布置的合理与否关系到供水是否安全、工程投资和管网运行费用是否经济。因此,在管网规划阶段就需要重视研究给水管网的合理布置和优化设计,在优化设计时应遵循以下基本原则,这就是:

(1)根据城市规划布置管网,给水系统可分期建设,并留有充分的发展余地。

(2)布置在整个供水区内,并满足用户对水量和水压的要求。

(3)管网供水应安全可靠,当局部管线发生故障时,应尽量减小断水范围。

(4)管线布置力求简短,并尽量减少特殊工程,以降低管网工程投资和日常供水费用。

给水工程中的输水管渠、配水管网以及增压调节设备等担负着不同的任务或作用,同时各自有不同的敷设条件和设计要求,故以下将分别详细阐述。

4.1 输水管渠

输水管渠包括从水源到水厂的原水输水管渠和从水厂到配水管网的清水输水管。第二章讲到,当水源地与给水厂之间有高程差时,原水取水有时也可采用重力引水明渠或重力式输水管道,但大多数情况下采用压力输水,即由取水泵站加压输送。清水输送一般采用压力输水管,以免在输送过程中水质受到污染。当给水厂与城镇具有一定的输水高差时,也可采用重力输水方式,但应防止管道中出现负压而吸入管道周围被污染的地下水。根据清水输水管道的任务,输水管中途一般不配水。

第 4 章 输配水工程

由于城市规模的不断扩大，用水量大幅度增加，加之城镇周围水体的污染，许多城市的水源取水点距离城镇较远，输水管道的长度多数已达几千米，甚至几十千米。因此输水管道的合理布置是给水工程设计的重要内容，从规划设计开始就应遵循以下原则和措施。

（1）必须与城市规划相结合，尽量沿现有道路或规划道路敷设，以便于进行施工和管道维修。

（2）管线尽量简短，以减小工程量，减少工程投资。

（3）少占农田并应尽量减少建筑物的拆迁量。

（4）管线应尽量避免穿越铁路、河流、沼泽、滑坡、洪水淹没地区、腐蚀性土壤地区等；若无法避免时，必须采取有效措施，以保证管道能够安全输水。

（5）在不允许断水的地区，输水管不宜少于两条。当输水量小、输水管长或多水源供水时，可以采用一条输水管，同时在用水区附近设调节水池。此外，还可在双线输水管间设置连通管，并装设阀门（见图 4-1），以避免输水管局部损坏时，输水量减小得过多。一般地，当输水管的某段发生故障时，城镇输水管仍应提供 70%以上的设计流量。

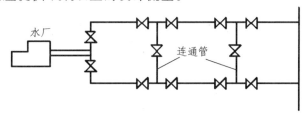

图 4-1　输水管上设连通管和阀门

（6）输水管应设置坡度，最小坡度应大于 1∶5D，D 为管径，以 mm 计。当管线坡度小于 1‰时，应每隔 1 km 左右，在管线高处装设排气阀，在低处装设泄水阀，以使输水通畅并便于检修。

（7）管线埋深应考虑地面荷载情况和当地冰冻线，防止管道被压坏或冻坏。

输水管定线时，有时上述原则难以兼顾，此时应进行技术经济比较，以确定最佳的输水管定线方案。

4.2　配水管网

配水管网是将输水管线送来的清水，分配给城镇用户的管道系统。在配水管网中,由于各管线所起的作用各不相同,因而其管径也各不相同,因此可将管线分为干管、分配管(或称配水管)、接户管(或称进户管)三类,如图 4-2 所示。

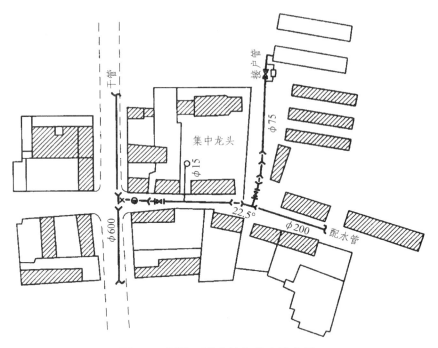

图 4-2 干管、配水管和接户管布置

干管的主要作用是将清水输送至城市各用水区域,再连接各分配管,供周边用户使用。干管的管径一般在 100 mm 以上,大中型城市多在 200 mm 以上。在管网设计计算时为简化计算,通常仅保留配水管网中的干管进行计算。

分配管的主要作用是把干管输送来的水,分配给接户管和室外消火栓。分配管一般敷设在城市每一条街道,供沿线街区居民和工厂企业接入。由于分配管一般担负市政消防管道的作用,而消防设计流量往往控制分配管的大小,所以分配管的管径一般由消防流量来确定。为了满足安装消火栓所需要的管径,以免在消防时管线水压下降过多,通常规定分配管的最小管径:中小城市采用 100~150 mm;大城市采用 150~200 mm。

接户管是指从分配管接至用户的管线,其管径视用户用水的多少而定。但当较大的工厂有内部给水管网时,此接户管则称为接户总管,其管径应根据工厂的用水量确定。一般的民用建筑均用一条接户管,对于供水可靠性要求较高的建筑物,则可采用两条,而且由不同的配水管接入,以增加供水的安全可靠性。

配水管网的布置形式，根据城市规划、用户分布以及用户对用水的安全可靠性的要求程度等，分成为枝状管网和环状管网两种形式。

4.2.1 枝状管网

枝状管网一般适用于小城镇和工厂的配水。如图 4-3 所示，管网从水厂泵站开始至各用户，以树枝状的布置方式，由干管向供水区延伸，管径沿供水方向减小。这种管网的供水可靠性差，而且管线末端水流缓慢甚至停滞，水质容易变坏，但管网造价较低。

4.2.2 环状管网

如图 4-4 所示为环状配水管网。环状管网中，管线间连接成环状，每条管至少可从 3 个方向来水，断水的可能性大大减小，供水安全性好。由于环状管网的连通性，不仅可提高供水的安全性，还可减轻水锤作用带来的危害。但环状管网的造价明显高于枝状管网，在不允许断水的地区必须采用环状管网。一般地，在大城市建设初期，当资金不足时可采用枝状管网，以后逐步连成环状管网。

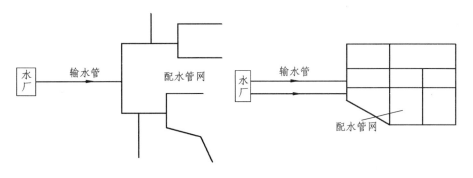

图 4-3　枝状管网　　　　　　　图 4-4　环状管网

给水管网的布置既要求安全供水，又要贯彻节约的原则。安全供水和节约投资之间难免会产生矛盾，要安全供水必须采用环状管网，而要节约投资最好采用枝状管网。只有既考虑供水的安全，又尽量以最短的线路敷设的管道，方能使矛盾得到解决。所以，在布置管网时，应考虑分期建设的可能，即先按近期规划采用枝状管网，然后随着用水量的增长，再逐步增设管线构成环状管网。实际上，现有城市的配水管网多数是环状管网和枝状管网的结合，即在城市中心地区布置成环状管网，而在市郊或城市的次要地区，则以枝状管网的形式向四周延伸。

城市配水管网的布置形式取决于干管的布置，干管的布置决定了供水的安全性和经济性的统一，所以在管网设计时通常应遵循下列原则：

（1）干管布置的主要方向应按供水主要流向延伸，而供水的流向则取决于最大用水户或调节构筑物的位置。

（2）为了保证供水可靠，通常按照主要流向布置几条平行的干管，其间用连通管连接，这些管线以最短的距离到达用水量大的主要用户。干管间距因供水区的大小、供水情况而不同，一般为 500~800 m。连通管的间距一般为 800~1 000 m。

（3）干管一般按规划道路布置，尽量避免在重要道路下敷设。管线在道路下的平面位置和高程应符合城市地下管线综合设计的要求。

（4）干管应尽可能布置在高处，这样可以保证用户附近配水管中有足够的压力和减低干管内压力，以增加管道的安全。

（5）干管的布置应考虑发展和分期建设的要求，并留有余地。

（6）干管通常由一系列邻接的环组成，并且较均匀地分布在城市整个供水区域。

4.3 给水管材及管道附属构筑物

4.3.1 给水管材和附件

给水管材可分为金属管材和非金属管材两大类。给水管材的选择，取决于给水管承受的内外荷载、埋管的地质条件、管材的供应情况及价格等因素。下面将常用管材的性能分述如下。

1. 金属管

给水工程中使用的金属管主要为铸铁管和钢管。

第 4 章 输配水工程

1) 铸铁管

铸铁管按材质可分为灰铸铁管和球墨铸铁管。

灰铸铁管有较强的耐腐蚀性，价格低廉，过去在我国被广泛应用于埋地管道。灰铸铁管的缺点是质地较脆，抗冲击和抗震能力较差，因而事故发生率较高，主要为接口漏水，管道断裂及爆管事故也占有一定比例。从"5·12汶川地震"震后各影响城市管网震损调查资料反映出，过去常用的灰铸铁管抗震性能是最差的。

球墨铸铁管的机械性能比灰铸铁管有很大提高，其强度是灰铸铁管的数倍，抗腐蚀性能远高于钢管，且重量较轻，价格低于钢管，球墨铸铁管代替灰铸铁管已成为必然趋势。据国内调查统计，球墨铸铁管的事故发生率远小于灰铸铁管和钢管。在日本、德国等发达国家，球墨铸铁管被广泛应用，是最主要的给水管材。在我国，近些年来球墨铸铁管的使用率也有很大提高，尤其是在中等口径的给水管道方面。大口径和小口径的球墨铸铁管价格相对较高，目前在实际工程中应用的球墨铸铁管的口径已达到 1 600 mm 左右。

铸铁管有两种接口形式，承插式和法兰式。承插式连接是埋地给水铸铁管常用型式，安装时将插口插入承口内，两口间的空隙用接口材料充填，如图 4-5（a）所示。接口材料可采用石棉水泥、膨胀水泥或橡胶圈，在有特殊要求时或在紧急维修工程中也可采用青铅接口。橡胶圈接口不但省时省力、水密性好，而且因每根管间都是柔口连接，可挠性强，抗震性能好。橡胶圈接口可采用推入式梯唇形胶圈接口，即在承口内嵌入橡胶圈，插口管端部切削出坡口，安装时用力把插口推入承口即可。球墨铸铁管采用推入式楔形橡胶圈接口、T 形推入式橡胶圈接口，如图 4-5（b）所示。

如图 4-6 所示为铸铁管道的法兰式连接。采用法兰式连接的铸铁管自带法兰盘，管道连接时在两管口间垫上橡胶垫片，然后用螺栓紧固即可。这种接口接头严密、便于拆装，一般用于泵站或水处理车间等明装管线的连接。

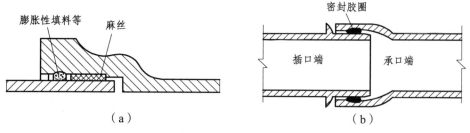

图 4-5　承插式接口

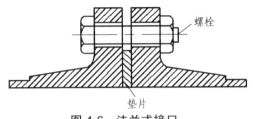

图 4-6 法兰式接口

2）钢　管

钢管可分为焊接钢管和无缝钢管两种，无缝钢管一般用于高压管道。钢管强度高、承受水压大、抗震性能好，质量比铸铁管轻、单管长度大、接头少，易于加工安装；但其抗腐蚀性差，内外壁均须做防腐处理，造价较高。由于钢管耐腐蚀性差，水质容易受到污染，一些发达国家已明确规定普通镀锌钢管不再用于生活给水管网，我国住房和城乡建设部（原建设部）等四部委早在 1999 年联合发布文件，要求自 2000 年 6 月 1 日起，在全国城镇新建住宅给水管道中，禁止使用冷镀锌钢管，逐步限时禁止使用热镀锌钢管。因此钢管在给水管道中的使用将受到一定程度的限制，小口径管道尽量不使用钢管，只在大口径、高水压处或穿越铁路、河谷及地震区时采用钢管，而且必须做好防腐处理。

钢管接口一般采用焊接或法兰接口。管线上的各种配件一般由钢板卷焊而成，也可选用标准铸铁配件。

2. 非金属管

随着非金属管材生产工艺的进步，许多符合给水工程应用的非金属管材逐渐取代金属管材。常用的非金属管材主要有塑料管、钢筋混凝土管、预应力钢筒钢筋混凝土管、玻璃钢管等。

1）塑料管

塑料管的种类很多，如硬聚氯乙烯塑料管（UPVC）、聚乙烯管（PE）、聚丙烯管（PP）、共聚丙烯管（PPR）以及铝塑复合管、钢塑复合管、铜塑复合管等。作为城市给水管材，硬聚氯乙烯塑料管的应用历史最长，且由于其强度高、刚性大、价格低，目前仍被广泛使用。但其他管材的发展速度也很快，如聚乙烯管（PE）由于其优异的环保性能和耐压强度的提高，近年来在我国的应用得到了快速发展，有些地区应用 PE 管的数量已超过 UPVC 管。此外，为加强塑料管的耐压和抗冲击能力，各种金属、塑料复合管的开发和应用也越来越多，如不锈钢内衬增强 PPR 管等。

塑料管耐腐蚀、不易结垢，管壁光滑、水头损失小，重量轻，加工和接口方便，价格较便宜。但其强度较低，且膨胀系数较大，易受温度影响。在西方发达国家，管径在 200～400 mm 的范围内，塑料管材占多数，尤其在管径小于 200 mm 时，塑料管材占绝大多数。在我国，随着镀锌钢管的逐步淘汰，目前在小区给水和乡镇供水中，塑料管的应用已越来越多，且较大口径的塑料给水管也在不断得到推广应用。

塑料管的连接型式主要有热熔连接、胶粘剂粘接、橡胶圈承插连接、法兰连接等，在市政给水塑料管道施工中热熔连接方式较为普及。为了方便管道的安装，配备有各种连接配件，如弯头、三通、四通、变径接头等，各种连接配件也为塑料制品。

2）预应力钢筋混凝土管和预应力钢筒钢筋混凝土管

预应力钢筋混凝土管的特点是耐腐蚀、不结垢，管壁光滑、水力条件好，采用柔性接口、抗震性能强、爆管率低、价格较便宜；但重量大，运输不方便，维修更换较难且周期长。预应力钢筋混凝土管主要用于大口径的输水管线，口径可达 2 000 mm 左右。

预应力钢筒钢筋混凝土管是在预应力钢筋混凝土管内放入钢筒，这种管材集中了钢管和预应力钢筋混凝土管的优点，但钢含量只有钢管的 1/3，价格与灰铸铁管相近。在美国、法国等国家这种管材被广泛应用于大口径管道上，目前世界上已有长 1 900 km，管径 4 000 mm 的大型长距离输水管线采用这种管材。在我国的实际工程中，预应力钢筒钢筋混凝土管的口径已达 2 000 mm。

预应力钢筋混凝土管采用承插接口，接口材料采用特制的橡胶圈。预应力钢筒钢筋混凝土管的接口形式也为承插式，只是承口环和插口环均用扁钢压制成型，与钢筒焊成一体。这两种管道在设置阀门、转弯、排气、放水等处，须采用钢制配件。

3）玻璃钢管

玻璃钢管全称为玻璃纤维增强热固性塑料管，是一种新型管材，在国内外应用较广泛。玻璃钢管耐腐蚀、不结垢，内壁光滑、水头损失小，重量轻，只有同规格钢管的 1/4、钢筋混凝土管的 1/5～1/10 左右，因此便于运输和安装，维护成本低及综合造价低等；玻璃钢管可根据用户的各种特定要求，诸如不同的流量，不同的压力，不同的埋深和载荷情况，设计制造成不同压力等级和刚度等级的管道。目前我国实际工程中应用的玻璃钢管口径已达 2 000 mm 以上。

玻璃钢管常用的连接方式有对接式连接、承插式胶接、法兰连接和承插式密封圈连接等。一般情况下，埋地玻璃钢管多采用承插密封连接，可保证快捷、准确、省时、省力。密封圈连接分单 O 型圈连接、双 O 型圈连接。

4.3.2 给水管网的附件

为了保证城镇给水管网的正常运行、市政消防和维修管理工作，管网上必须装设各种必要的附件，如在适当的位置装设阀门、消火栓；在管道最高部位，为了防止管中空气集聚而影响水流的通行，需要装设排气阀；在管道最低部位，为了维修管道，放空管内存水而需设置泄水阀（或排泥阀）等。

1. 阀 门

阀门是给水管网最常见的设备，是用来调节控制管网水流及水压的重要附件。本章 4.2 节讲到，作为城市配水管网，无论是枝状管网或是环状管网，都是由许多干管和配水支管构成，为方便控制不同区域和不同街道的供水，一般应在主要管线和次要管线连接处的次要管线上设置阀门。城市配水管道还要连接市政消火栓，所以应在承接消火栓的连接管上设置阀门，以方便消火栓的启用和维修更换。配水管网上的阀门设置间距不应超过 5 个消火栓的布置长度。

阀门在管网上起到控制供水的作用，但同时阀门又是局部水头损失主要的发生部件，为了降低造价和管网运行费用，需要合理设置阀门以及选择适用的阀门种类。阀门的种类很多，有的是结构上的区别、有的是作用不同，有的是使用范围不同，选用时，需要从使用目的、使用要求、管道管径、工作压力、阀门价格、使用环境以及维修保养等多方面综合考虑。城镇给水管网上常用阀门种类主要有闸阀、蝶阀、止回阀、减压阀、安全阀、排气阀和泄水阀等。

1）闸 阀

闸阀是阀门的一种，是给水管网中最常用的阀门，由闸壳内的闸板上下移动来控制或截断水流，如图 4-7 所示。传统的闸阀为楔式或平行双闸板式闸阀，这两种闸阀存在着阀体内可能积存渣物，闸门关闭不严导致漏水的问题。为了解决此问题，目前生产厂家开发并生产出了软密封闸阀。这种闸阀采用衬胶阀板，闸阀底部无凹坑，不积存杂物，关闭严密；软密封衬胶阀板尺寸统一，互换性强。

从闸阀的启闭方式上可分为手动闸阀和电动闸阀；按照闸阀使用时阀杆是否上下移动，闸阀又可分为明杆式和暗杆式两种。明杆式闸阀的阀杆随闸板的启闭而升降，便于观察闸门的启闭程度，适于安装在泵站等明装管道上。暗杆式闸阀的阀杆当闸阀开启时并不随之上移，因而适于安装在空间狭小之处。手动闸阀一般应用在非经常性操作和小口径管道上，大型手动闸阀，由于过水断面积很大，承受很大的水压，启闭很困难时，一般还可以在主闸侧部附设一个小闸阀，连通主闸两侧管线，叫作跨闸(或旁通闸)。开启主闸前，先开启跨闸，以减小单面水压力，使开闸省力；关闭闸门时，则后关闭跨闸。对于经常启闭的大型阀门也可采用电动闸阀，但应限定开启和关闭的时间长度，以免启闭过快造成管路水锤发生。

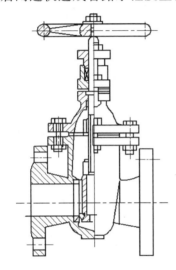
图 4-7 手动法兰暗杆楔式闸阀

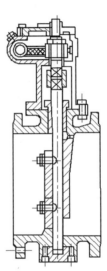
图 4-8 蝶 阀

2）蝶 阀

蝶阀是用圆形蝶板作启闭件并随阀杆转动来开启、关闭和调节流体通道的一种阀门，如图 4-8 所示。蝶阀具有结构简单、阻力小、开启方便、旋转 90°，即可全开或全关的优点。蝶阀的宽度和高度比闸阀小，因此在给水管网中，为了降低管道覆土深度。一般口径较大的管道可以选用蝶阀。蝶阀的主要缺点是蝶板占据了管道一定的过水断面，增大了管道的水头损失。此外，蝶阀全开时，由于闸板占据管道的位置，因此蝶阀不能紧贴闸阀安装。

常用的蝶阀有对夹式蝶阀和法兰式蝶阀两种。对夹式蝶阀是用双头螺栓将阀门连接在两管道法兰之间，法兰式蝶阀是阀门上带有法兰，用螺栓将阀门上两端法兰连接在管道法兰上。从启闭方式上分，蝶阀也有手动方式和电动方式。

2. 止回阀

止回阀也叫单向阀或逆止阀，用来限制给水管道中水流的流动方向，水只能通过它向一个方向流动。止回阀一般安装在水泵的出水管线上，以防止因断电或其他事故时突然停泵而产生的水流倒流和水锤冲击力传到水泵内部而造成水泵损坏。

止回阀的种类较多,图 4-9(a)为旋启式单瓣止回阀。这种阀门的闸板可绕轴旋转,水流方向相反时,闸板因自重和水压作用而自动关闭。这种阀因关闭迅速,容易产生水锤。为减小水锤危害,可采用旋启式多瓣止回阀,如图 4-9(b)所示。该阀由多个小阀瓣组成,关闭时各阀瓣并不同时闭合,因而可以延缓关闭时间,减轻水锤的冲击力。

除旋启式止回阀外,还有微阻缓闭式止回阀和液压式缓冲止回阀,它们都可减弱水锤的危害。关于防止水锤的其他措施详见本章 4.5 节。

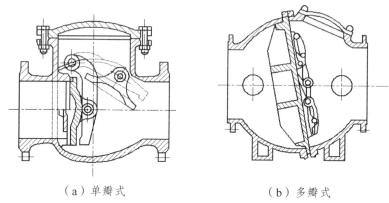

(a)单瓣式　　　　　　　　(b)多瓣式

图 4-9　旋启式止回阀

3. 消火栓

对于城镇给水管道,不仅提供城市生活和生产用水,还要保证城市消防用水,作为市政消防给水,除了供应各个建筑内消防给水系统水源外,在市政给水管网设计中主要考虑室外的消防用水,通常采用在街道配水管上按一定间距装设室外消火栓。

室外消火栓有地上式和地下式两种。地上式消火栓目标明显,易于寻找,但有时妨碍交通,一般用于气温较高的地区。地下式消火栓装设于消火栓井内,使用不如地面式方便,一般用于气温较低的地区及不适宜安装地面式消火栓的地方。

消火栓一般布置在交通路口、绿地、人行道旁等消防车可以靠近且便于寻找的地方,距建筑物不小于 5 m。两个消火栓的间距一般不超过 150 m。每个消火栓流量按 10~15 L/s 计。地上式和地下式消火栓如图 4-10 和图 4-11 所示。

第 4 章 输配水工程

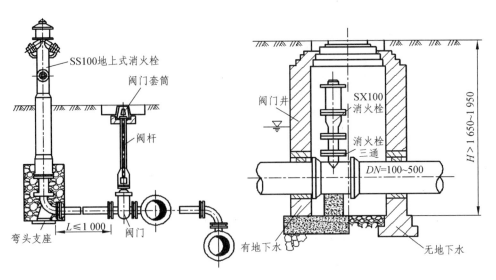

图 4-10 地上式消火栓　　　　图 4-11 地下式消火栓

4.3.3 管网附属构筑物

给水管网有很多附属构筑物，如保护阀门和消火栓的各种地下阀井、管线穿越障碍的构筑物、储存和调节水量的调节构筑物等。

1. 地下阀井

上节讲到的管网附件及配件一般安装在专门的地下阀井内，可以使附件得到保护，并便于操作和维修。为降低造价，各种附件和配件应尽量紧凑布置，以减少地下井的数目和口径。地下阀井的结构尺寸应满足附件本身的安装、操作、维修需要及拆装附件和配件所需的最小尺寸，除一些特殊要求外，一般可选择标准图集，如《市政给水管道工程及附属设施》（07MS101）图集等。

地下阀井一般采用砖砌或钢筋混凝土建造，为了保证附件的管养条件和维修的方便，各种阀井的井壁和井底应不透水，管道穿越井壁处应进行密封处理。

根据不同附件对安装、操作以及维修的不同要求，地下阀井各有不同的型式。阀门井是最常见的地下阀井，平面形态有圆形或矩形。图 4-12 为常见的圆形阀门井，图 4-13 为矩形卧式阀门井型式。

99

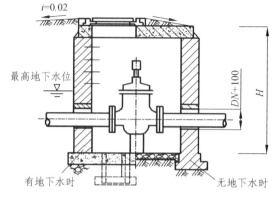

图 4-12　阀门井

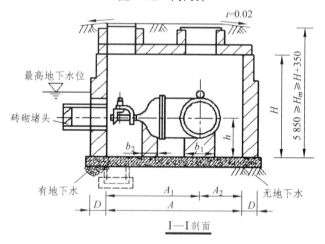

I—I 剖面

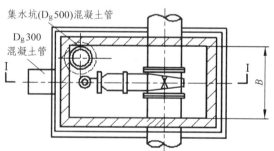

图 4-13　矩形卧式阀门井

给水管道上装设的排气阀和泄水阀，也需要设置在专门的地下阀井内，如图 4-14 和图 4-15 所示。

室外消火栓有地上式和地下式，地上式消火栓一般只将阀门处置于阀门井内，地下式消火栓要有专门的室外消火栓井，如图 4-11 所示。

2. 管道穿越障碍的构筑物

城镇给水管道通常距离长、覆盖范围广，不可避免需要穿越许多特殊地段，如铁路、河谷及山谷等，为保障供水安全可靠，对穿越这些特殊地段的给水管道须采取一定的技术措施。

管线穿越铁路时，其穿越地点、方式和施工方法必须取得铁路有关部门的同意，并遵循有关穿越铁路的技术规范。管线穿越铁路时，一般应在路基下垂直穿越，铁路两端应设检查井，井内设阀门和泄水装置，以便检修。穿越铁路的水管应采用钢管或铸铁管，钢管应采取较强的防腐措施，铸铁管应采用柔性接口。管道尽量避免从铁路站场地区穿过，若必须穿过站场地区或穿越重要铁路时，应在水管外设钢筋混凝土防护套管，如图4-16所示，防护套管管顶（无防护套管时为水管管顶）至铁路轨底的深度不得小于1.2 m。套管直径根据施工方法而定，开挖施工时应比给水管直径大300 mm，顶管法施工时应比给水管直径大600 mm。

管线跨越河谷及山谷时，尽量利用现有桥梁架设水管，或建造专用管桥，或在河床下敷设。选择跨越形式时，应考虑河道特性、通航情况、河岸地质条件、过河管道的水压及直径等，并经技术经济比较后确定。

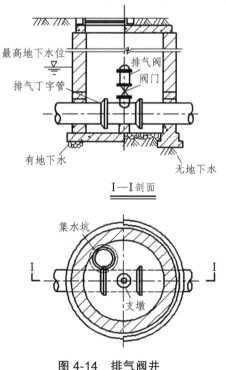

图4-14 排气阀井

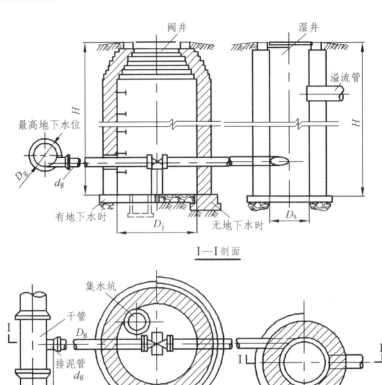

图 4-15 泄水阀井

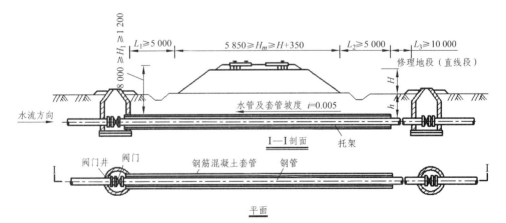

（a）填土路基

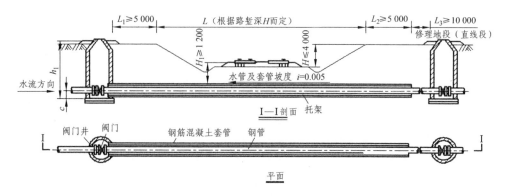

（b）挖方路基

图 4-16　设有防护套管的敷设

3. 管道的埋设及支墩

1）管道的埋设

敷设在地下的给水管道的埋设深度，应根据外部荷载（包括静荷载和汽车等动荷载）、冰冻情况、管材强度及与其他管道交叉等因素确定。一般情况下，金属管道的管顶覆土厚度不小于 0.7 m，非金属管道的管顶覆土厚度应大于 1~1.2 m。在冰冻地区，管顶覆土厚度还应考虑土壤的冰冻线深度。

各种给水管道均应敷设在污水管道上方。当给水管道与污水管道平行敷设时，管外壁净距不应小于 1.0~1.5 m。给水管道相互交叉时，其净距不应小于 0.15 m。给水管道与建筑物、铁路及其他管道的最小水平净距、最小垂直净距应符合《城市工程管线综合规划规范》（GB 50289—2016）的要求。

为防止管道下沉引起管道破裂，管道应有适当的基础。在土壤耐压力较高和地下水位较低处，管道的敷设可不做基础处理，将管道直接埋在经整平的未被扰动的天然地基上。在岩石或半岩石地基处，须铺砂找平、夯实，采用砂垫层基础。金属管和塑料管的砂垫层厚度应不小于 100 mm；非金属管道的砂垫层厚度不小于 150~200 mm。当地基土壤松软时，应采用混凝土基础。在流砂或沼泽地区，若地基承载能力达不到要求，还要采用桩基。图 4-17 所示为各种常见的管道基础。

2）管道的支墩

供水管道在水平或垂直方向转弯处、三通处、管端盖板等处，由于管内水流速度方向的改变，或管道周围土体的变形等均会产生外推力，这将会使承插式接口的管道引起接口松动而漏水，甚至发生管道断裂，因此在这些部位应设置管道支墩，以保证安全供水。但当管径小于 300 mm 或转弯角度小于

10°，且管内水压力小于 980 kPa 时，可不设支墩。支墩材料一般采用混凝土，尺寸参见标准图《柔性接口给水管道支墩》（10S505）。图 4-18 所示为水平方向弯管支墩型式。

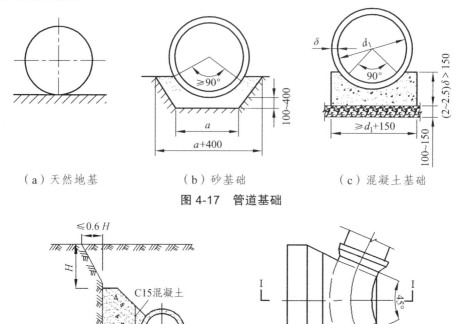

图 4-17　管道基础

图 4-18　水平方向弯管支墩

4. 调节构筑物

城镇供水管网中的调节构筑物有水塔和水池等，主要用来调节管网中的流量，水塔和高地水池还可保证和稳定管网的水压。水塔多由钢筋混凝土材料建造，由于建造水塔成本较高，其水压的调节功能逐步由城市管网自动调度系统所取代，目前水塔在城市供水管网中较少采用，对局部供水系统的调节多采用屋顶水箱或高地水池。

水池是城镇供水系统中常见的构筑物，设在水厂的水池，不仅具有水量调节功能，还具有维持消毒剂停留时间的作用。设在不同区域的水池主要起管网水量或水压的局部调节功能，所以称为局部水池。为特定建筑或建筑群设置的水池主要是满足建筑内生活及消防储备水量，提高特定建筑或建筑群用水的可靠度。

水池可以建在地下或地上，一般为钢筋混凝土水池，或采用装配式钢筋混凝土水池，小型地上水池也可采用玻璃钢等其他材料的水池。水池的平面形状常见有圆形和矩形两种，图 4-19 所示为一圆形钢筋混凝土水池。

水池是供水系统中的主要构筑物，在设计上除了要保证其调节功能外，还应严格防止供水系统中水的污染，因此须满足如下要求：（1）水池应有单独的进水管和出水管，它们的安装位置应保证池水的循环流动；（2）水池的溢流管的上端应设置成喇叭口型式；（3）水池排水管应从集水坑底的侧面接出，管径一般按 2 h 内将池水放空计算；（4）池中也应装设观测水位的配件；（5）为防止池水污染，水池均应建成封闭式、池盖上设置多个高出池顶覆土面的通风帽，以保证池内的自然通风；（6）池盖上应有检修孔，容积在 1 000 m³ 以上的水池至少应设两个检修孔；（7）当水池贮有消防用水量时，应采取使消防用水平时不被动用的措施；（8）为保温防冻，池顶应覆土，池周边应培土，覆土厚度根据当地室外平均气温确定，一般为 0.5～1.0 m。当地下水位较高、水池埋深较大时，覆土厚度应按抗浮要求确定。

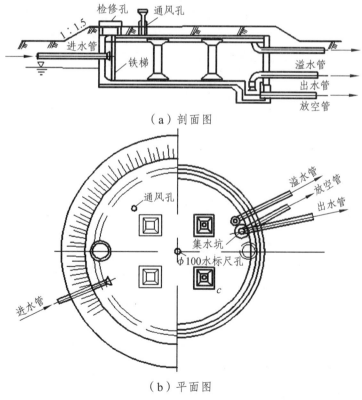

图 4-19 圆形钢筋混凝土水池

4.4 给水泵站

4.4.1 给水泵站的分类

在城市给水系统中,从取水到供水,均需要通过水泵机组进行水的提升、输送、加压等,按照泵站在给水系统中所起的作用,将泵站分为:(1)取水泵站;(2)输水泵站;(3)加压泵站。

取水泵站也称为一级泵站,其作用是从水源取水,将原水输送至给水处理构筑物内,取水泵站的型式与取水水源的种类及取水构筑物的型式有关,各种泵站型式适用的条件已在第 2 章 2.3 和 2.4 节中进行了阐述。

输水泵站的作用是将自来水厂水处理构筑物净化后的清水输送至城镇用户。因在城市给水系统中是设置于取水泵站之后,所以输水泵站也称二级泵站。输水泵站通常建在水厂内,由于抽送的是清水,所以又叫清水泵站。

在城市给水管网中,当某些给水区域或某一地段、某一建筑物或建筑群要求的水压特别高时,一般可采取设置局部加压泵站;当输配水管线很长或供水点所在地地势很高时,也可设置加压泵站或称中途泵站。

按照泵站室内地面相对于室外地面的位置,泵站可分为地面式、半地下式和地下式三类。

4.4.2 水泵选择及水泵机组布置

1. 水泵选择

给水系统使用的水泵与泵站的类型和作用有关,常用的给水水泵有离心泵、轴流泵、混流泵和潜水泵等,以下分别阐述各种水泵的工作原理以及使用特点。

(1)离心泵:离心泵是利用叶轮高速旋转时所产生的离心力的作用增加水压使水流动的一种机械,输送流量和扬程范围较广,效率较高,广泛用于城市给水工程中。离心泵有卧式和立式、单吸和双吸、单级和多级等类型。

(2)轴流泵:轴流泵是利用叶轮的推力作用增加水压使水沿轴向流动的一种泵。轴流泵与离心泵相比,水流方向与轴同向,叶轮转速较低,因而流量大、扬程低,适用于水源水位变幅不大的大型取水泵站和水厂内的原水提升或排水泵房等。一般为立式泵，配套立式电动机，泵房占地少。多数情况下，可将电动机安装在泵房上部的电机层内，以方便维护与安全防护。

（3）混流泵：混流泵也为低速泵，既有离心力作用，又有轴向推力作用。扬程、抗气蚀性能和效率都比轴流泵高。与同尺寸的轴流、离心泵相比，流量大于离心泵但小于轴流泵，扬程高于轴流泵但低于离心泵。适用于流量大、扬程低的取水泵房。

（4）离心式潜水泵：潜水泵是将水泵与电动机连接成一整体，结构紧凑，体积小，泵直接潜入水中工作，可简化取水构筑物与泵房工程。适用的流量与扬程范围较广，对电机的密封和绝缘性能要求很高。

此外，在水处理工艺中，为了特定用途而使用的水泵还有活塞式计量泵、隔膜泵和射流泵等。

水泵的选择除了根据用途和使用条件决定水泵类型外，还应从流量和扬程的大小要求来确定水泵的型号及规格。取水泵站的设计流量一般按最高日平均时供水量确定，二级泵站的设计流量应按最高日最高时供水量确定，水泵扬程大小应按各自对应的设计流量经管道系统水力计算确定。在设计计算时考虑流量变化时的水泵效率，以及经济运行因素等。当水位变幅大时，取水泵站应选 Q-H 曲线陡的水泵，二级泵站应选 Q-H 曲线平缓的水泵。有关管路系统水力计算以及水泵工况分析详见《水泵及泵站设计计算》等相关文献。

2. 水泵机组设计要求

1）水泵的台数和型号

泵站工作水泵的台套数一般根据设计流量大小、流量的变化要求、维修管理的要求来确定，取水泵站一般为 3~4 台，最少不小于 2 台。二级泵站工作水泵台数至少 2~3 台，一般可取 5~6 台。选择多台水泵并联组合时，尽量采用同一泵型、相同扬程；当采用不同流量大小搭配的水泵时，水泵型号尽量一致，尽量减少水泵台套数，选用效率较高的水泵，应通过水泵工作管网进行工况分析，使经常供水流量时，水泵能在高效区工作。

常用的卧式离心泵有 IS、Sh、S、SA、SE 型，立式离心泵有沅江、SLA 型等。

2）水泵引水方式

无论是取水泵站还是供水泵站和局部加压泵站，当水泵机组的进水口高于取水池水面时，水泵启动前首先要将水灌入泵内。因此，这种泵站需要设置专门的引水设备。对于真空吸水高度较低的大型水泵、自动化程度和供水安全性要求较高的泵房，水泵顶部标高可设在吸水井最低水位以下，以便自动灌水，随时可启动水泵，则不需要加设引水设备。非自灌式需有抽除泵壳内空气的引水设备，引水时间一般不大于 5 min。

给水泵站水泵机组的引水方式主要有：底阀方式、真空引水筒、真空泵和水射器充水等。

底阀方式分为水上式和水下式两种，如图 4-20 所示。底阀方式适用于小型水泵（吸水管直径小于 200 mm）。底阀自动关闭吸水管，由高架水箱或压力管道进行灌水。使用底阀的优点是引水简单，但水下式底阀水头损失较大，底阀易被杂草、石块等堵塞而漏水，清洗检修麻烦。

真空泵引水是最常见的水泵引水方式，由真空泵及管路构成，可直接从水泵顶部抽气，也可采用间接抽气，如图 4-21 所示。真空泵引水方式适用于大、中型泵和吸水管较长的抽水系统。真空泵引水方式的优点是启动迅速，效率较高，水头损失小，但需有真空泵和管道，操作较麻烦。

真空引水筒方式主要的设备是一个密闭的水箱，见图 4-22 所示。开始时是将水箱中灌注一定容积的水，正常工作时可由水泵压水管补水，当停泵时，水箱水位下降，箱中空间因膨胀而形成负压，使吸水管中的水保持高于泵轴，达到向泵中充水的作用。真空引水筒适用于小型水泵，吸水管直径不大于 200 mm。使用真空引水筒水头损失小，设备简单。

水射器引水是利用压力水在水射器（亦称为文丘里管装置）形成负压，将水射器的喉管与水泵顶部抽气管连接，可将水池中的水抽升到泵内，如图 4-23 所示。水射器引水方式适用于小型水泵，需要足够压力（0.25～0.4 MPa）的自来水或设专用水泵提供压力水，抽气管接在泵壳的顶点。优点是设备简单，水头损失小，但效率低，需供给大量压力水。

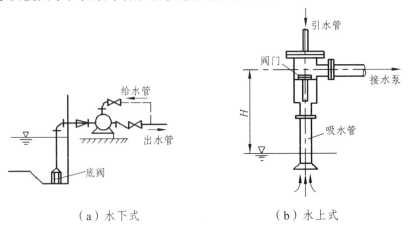

图 4-20 底阀方式

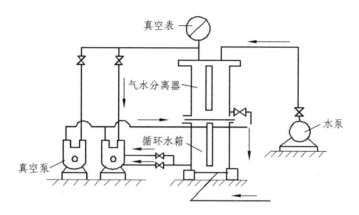

图 4-21 真空泵引水方式

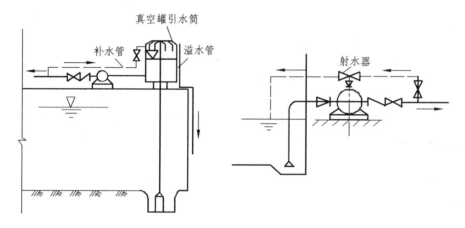

图 4-22 真空引水筒引水方式　　　图 4-23 水射器引水方式

3）水泵安装高度的确定

前述表明，根据水泵工作的不同要求可采用灌入式或吸入式。对于要求很快启动的离心泵，宜采用自灌式，这时水泵轴心安装高度应使泵壳顶点在吸水井的最低水位以下。对于吸入式水泵系统来说，就要采用引水方式。为防止水泵工作出现汽蚀现象，常对一台离心式水泵规定了最大允许吸水真空度$[h_v]$或称允许汽蚀余量，根据水泵吸水管水力计算，可得吸入式水泵最大安装高度为：

$$H_{S\max} = [h_v] - \frac{v^2}{2g} - h_w \quad (4-1)$$

式中　　$[h_v]$——水泵的最大允许吸上真空高度（亦称允许汽蚀余量），m；可查水泵样本；

v——水泵吸水管流速，m/s；

h_w——吸水管的水头损失，m。

4）水泵基础型式

地面式泵房常用单独基础，基础底面应比管沟底面低，见图 4-24。单独的中、小型水泵基础材料用 C15 或 C20 混凝土，达到强度后才可安装水泵；地脚螺栓埋入基础内的长度为 20 倍螺栓直径。基础预留螺栓孔的大小为 100 mm×100 mm 或 150 mm×150 mm，深度比螺栓埋入长度大 30~50 mm；螺孔中心距基础边缘在 150~200 mm 以上，基础螺孔边缘和基础边缘的间距不小于 100~150 mm。预留孔在埋入螺栓后，用 C15 细石混凝土填实。地下式或半地下式泵房可采用与钢筋混凝土底板结合的整体基础。一般功率小于 100 kW 的卧式泵和电动机带有共同底盘，可直接放在基础上。无底盘时，基础面可垫以钢板或型钢。

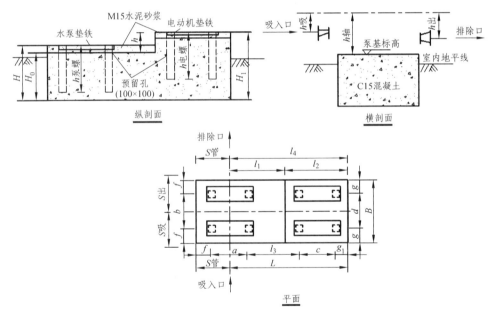

图 4-24 水泵单独基础

3. 水泵机组布置

水泵机组布置可分为平行单排、直线单排和横向双排三种形式。

1）平行单排布置

平行单排布置（见图 4-25）一般适用于小泵房；单级单吸悬臂式离心泵，如 IS、BJ 型泵和单级双吸离心泵，如 Sh 型泵均适用。其特点是：悬臂式水泵的吸水管可处于顺直状态；布置紧凑，泵房建筑面积小；电动机抽出方便，但泵房跨度较大；管道配件较多；水力条件较差；用单轨起吊水泵和电动机较不方便。

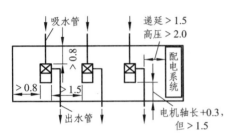 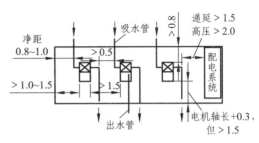

(a) IS型单级离心泵布置　　　　　(b) Sh型双吸离心泵布置

图 4-25　机组平行单排布置（图中尺寸单位：m）

2）直线单排布置

直线单排布置（见图 4-26）广泛应用于中、小型水厂；常用于侧向进水和侧向出水的水泵，如 Sh 型、SA 型单级双吸式离心泵，水泵台数不宜超过 5~6 台，吸水管阀门也可放在泵房外。其特点是：泵房跨度较小；进出水管顺直，水力条件好；可减少水头损失和电耗，泵房上方只需采用单轨葫芦作起重设备；但泵房较长，管道配件拆装不便。

3）横向双排布置

横向双排布置（见图 4-27）适用于大型双吸卧式离心泵，水泵在 6 台以上，施工要求用沉井而不许泵房太长时，机组布置可参照单排布置有关规定。其特点是：布置紧凑，泵房面积小；配管件简单，水力条件好；但泵房跨度大，水泵倒顺转布置，检修麻烦；泵房内较挤，检修空间少；常需采用桥式起重机。

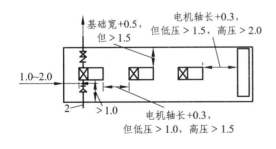

图 4-26　机组直线单排布置（单位：m）　　图 4-27　机组横向双排布置（单位：m）

4.4.3 泵房布置

1. 泵房布置要求

（1）泵房布置：泵房一般由水泵间、配电间和辅助间组成。小型泵房、中途加压泵房、水池调节泵房、深井泵房等附设加氯间时，应和泵房隔开，并有独立向外开的门，氯库须另行单独设置。泵房大门须可供最大设备出入，进门处有面积足够的起吊平台，使设备能在起重机械起吊范围内。大型泵房还应考虑进入汽车，使起重机械能从汽车上起吊设备。

（2）水泵与电动机布置：如图 4-25～图 4-27 所示，水泵可布置成单排或双排。平行或直线形水泵与电动机的布置还应考虑进出水管上的阀门等配件的尺寸，使之能满足装拆要求，距墙最近的接口应不小于 0.4 m。

（3）水泵基础：水泵基础之间的通道净距，水泵机组突出基础部分的净距，机组突出基础部分至墙壁的净距参见图 4-25～图 4-27。

有起吊设备情况下：电动机容量在 20～55 kW 时，基础间距不小于 0.8 m；电动机容量大于 55 kW 时，基础间距不小于 1.2 m；地下式泵房、活动式取水泵房或电动机容量小于 20 kW 时，机组间净距可适当减少。

（4）集中检修场地：根据水泵或电动机外形尺寸确定场地面积，并在周围留有宽度不小于 0.7 m 的通道。

（5）主要通道宽度：主要通道宽度不小于 1.2 m。

（6）变配电间布置：电压 10 kV 以下的变压器可布置在室外，也可布置在室内。室外变压器如容量小于 180 kV·A 时可采用杆架式，320 kV·A 以上的变压器可采用落地式。杆架式变压器底部高于地面不小于 2.5 m；跌开式熔断器如安装在主杆上，则其装设高度一般高于地面 4.5～5.0 m。杆架式变压器不需设高压配电间。

（7）吊运设备的通道：有桥式吊车设备的泵房内应有吊运设备的通道。通道宽度为吊装最大部件尺寸加 0.8～1.0 m。吊车运行时，不应影响管理人员通行。

（8）泵房高度：无起重设备时，进口处室内地坪或平台至屋顶梁底不小于 3 m；有起重设备时，由计算确定，应保证吊起物体底部与所跨越的固定物顶部有不小于 0.5 m 的净空，最大部件可吊到大门平台上。泵房辅助房间高度一般采用 3.0 m。

（9）其他：泵房大小应考虑近期小泵的基础有调换成大泵的可能，预留水泵机组的位置，以供远期发展的需要。泵房建筑宽度和起重设备应满足远期水泵的需要。

第 4 章　输配水工程

2. 泵房布置示例

图 4-28 为二级泵站常见布置形式，图 4-29 为地下式取水泵站布置形式。

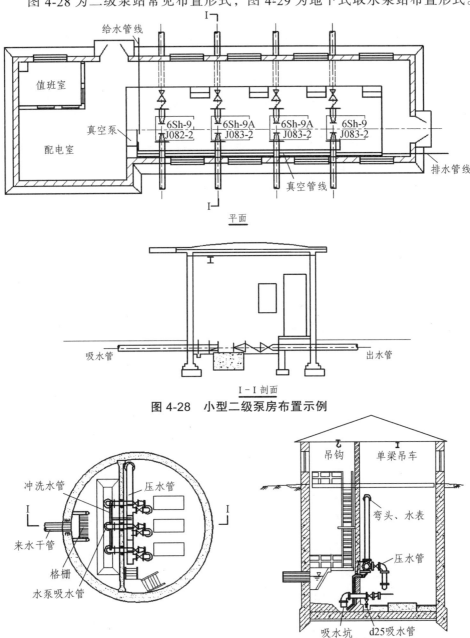

图 4-28　小型二级泵房布置示例

图 4-29　地下式泵房示例

4.5 输水管道水锤防护及原理

供水系统管道防护的重要内容之一就是防止水锤的出现,城镇供水系统水锤危害主要发生在加压泵站和长距离高落差输水管道中。泵站内的水锤有启动水锤、关闭水锤、停泵水锤。一般启动水锤危害不大,只是在真空情况下,管中空气不能排出而被压缩时才会加剧压力的变化。关闭水锤在正常操作时不会引起过大的水锤压力,突然停电或事故停泵所产生的水锤压力往往很大,是供水系统防护的重点。长距离高落差输水管道中,由于某些外界原因,导致流速急剧变化,当管中压力低于水的汽化压力时,水柱就被拉断,出现断流空腔,在空腔处的水流弥合时将产生强烈的撞击,管道中水流形成水锤。

4.5.1 水锤的危害及防护措施

泵站内的水锤会引起管道强烈振动,管道接头断裂,阀门破损,严重的造成爆管,供水管网压力降低;水锤还会引起水泵瞬间反转,破坏泵房内设备及管道,严重的造成泵房被淹,或造成人身伤亡等。长距离高落差输水管道发生水锤则可能造成管道爆裂,使城镇供水中断,对于大规模输水管道有可能造成当地次生灾害发生。

针对长距离高扬程起伏大的管道,其水锤防护的主要措施常见有:在水泵出口处安装缓闭止回阀,以防止突然停泵水锤;在水泵出口汇水总管处及管道重要部位安装超压泄压阀或双向调压塔等,以防止缓闭止回阀不能完全消除的管道水锤升压;结合正常排气要求在管道上安装恒速缓冲排气阀,预防含气型断流弥合水锤;对于水泵房内除了采取设置多功能水泵控制阀的防水锤措施外,一般还采取设置具有消除水锤功能的变频控制柜,实现缓起软停目的,消除正常情况下的停泵水锤危害。

1. 缓闭式止回阀

缓闭止回阀是止回阀的一种(图 4-30),它是通过缓闭作用来进行水锤防护的。理论和实践证明目前性能较好的是水泵控制阀和液控蝶阀两种,如图 4-31 所示为液控蝶阀构造示意。对于较小管径($DN < 400$)使用水泵控制阀较好;中等管径($400 < DN < 1\,000$)两种阀门各有千秋;较大管径($DN > 1\,000$),

液控蝶阀技术优势更大。缓闭止回阀装设在水泵出口处,其口径与水泵出口口径一致。

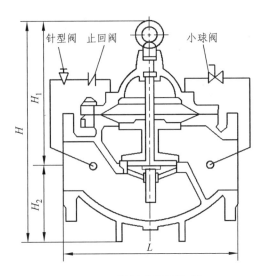

图 4-30 缓闭止回阀构造

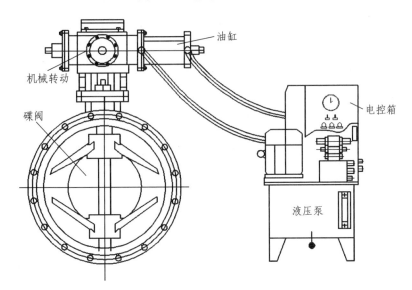

图 4-31 液控蝶阀构造示意

2. 双向调压塔

双向调压塔是一种兼有注水与泄水缓冲的水锤防护设备,其设置的主要目的是防止压力输水干管中产生负压,一旦管道中压力降低,调压塔迅速向管道补水。当管道中水锤压力升高时,它允许高压水流入调压塔中,从而起到缓冲水锤升压的作用。双向调压塔结构简单,工作安全可靠,维护工作少,防护效果好。但是造价高,地形和压力限制塔的高度,水质易受污染以及防冻问题阻碍了双向调压塔的使用。

3. 箱式双向调压塔

箱式双向调压塔完全具有普通双向调压塔的优点,且克服了超压泄压阀存在的拒动作和滞动作等问题,使管道泄压迅速及时,安全程度大幅度提高;当管道内出现负压时,该调压塔可迅速向管道内补水,以防止水柱拉断产生断流弥合水锤。在水锤防护性能上几乎完全等同于普通双向调压塔,而且其高度可大幅度降低,一般仅 2~5 m 即可,从而提高了双向调压塔的使用范围,大大降低了工程造价,对于长距离高扬程多起伏管道是一种安全可靠的水锤防护措施。

4. 排气阀和超压泄压阀

对于高扬程多起伏长距离输水管道,工况较复杂,对水锤防护要求较高,应采用具有恒速缓冲功能的排气阀。恒速缓冲排气阀是恒速排气,既能保证管道中气体及时排出,又使气体在管道内起到一定气垫的作用,在排气结束时又具有缓闭功能,对消减断流弥合水锤效果明显。超压泄压阀(图 4-32)是一种适用于长距离输水管道系统的安全泄压装置,可用于防止管道系统由于瞬变流动产生的异常压力波动及水锤压力对管道系统及设备的破坏。

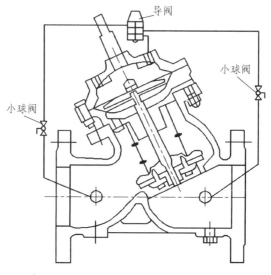

图 4-32 超压泄压阀构造

4.5.2 长距离高落差重力流输水管道中的水锤

长距离重力流输水管路正常运行时测压管水头小于静水头,当管路上的闸阀关闭后,管中最大静水头即为地形最大落差,若闸阀发生非正常关闭时,管道内流速急剧变化,将容易产生较大的水锤压力,这种现象称为末端关阀水锤。

当阀门突然关闭时,输水管道中的水锤现象可用四个典型过程说明:

(1)增压波逆传:由于突然关阀引起的水锤波由阀门传向上游水池,在整个管路中就形成了一个自阀门向水池的减速增压运动,一直传到水管进口,在水管进口处呈瞬时静止状态。

(2)降压波顺传:水管进口产生一个与原流速方向相反的流速使管路相应部位水压回降到初始值,液体密度恢复正常,该现象从水管进口以压力波速向阀门传播,在管路中形成一个自水池向阀门传播的减速减压运动。

(3)降压波逆传:由于阀门关死,阀门端流动被迫停止,压强降低,水流体积膨胀、密度减小,呈稀疏状态,并以压力波速沿管路向水池方向传播,从而在管路中形成一个自阀门向水管进口的增速降压运动。

(4)增压波顺传:水管进口产生一个由水池向阀门方向的流速,水锤波自水管进口向阀门传播,形成一个由水池向阀门传播的增速增压运动。

当输水管道末端阀门突然关闭时,在阀门端产生压力波,压力波借助液体向上传播,由此开始不断重复上述四个过程,由于管道内壁的摩擦阻力作用,水锤波动逐渐衰减,经过一段时间后完全消失。水锤压力实际上是由于水流速度变化而产生的惯性力,水锤压力将以弹性波的形式沿管道传播,水锤波传播过程中,在外部条件发生变化处均要发生波的反射,反射波的数值及方向取决于边界处的物理特性。

长距离高落差重力流输水管道在运行过程中,若管路中的阀门关闭操作不当,将导致管道内凸起点的压力降到水的汽化压力,当这种压力降低持续相当的时间时,管道中的水流将因水的汽化和水中空气的离析而形成汽穴,汽穴逐渐发展成为断流空腔,导致液柱分离,而在压力升高时,被分离的液柱再度弥合,互相撞击,形成压力急骤上升,这种现象就叫断流弥合水锤。

4.5.3 输水管道水锤计算简介

1. 水锤防护计算目标

《泵站设计规范》中指出:水锤防护措施设计应保证输水管道最大水锤

压力不超过其最大工作压力的 1.3~1.5 倍。对于压力输水管路，事故停泵后水泵反转速度不应大于额定转速的 1.23 倍，超过额定转速的持续时间不应超过 2 min。在进行水锤防护分析时，管道内最大压力不得超过管道极限承压力，同时不得超过管道 1.5 倍最大工作压力。

2. 水锤防护计算内容

《城镇供水长距离输水管（渠）工程技术规程》中特别强调：对复杂和高压力的长距离重力流输水管道应经过非恒定流分析计算，进行水锤防护设计；对于特长距离的重力流输水管道，还应进行适当的验证计算，以确定水锤防护方案。其中，关阀水锤计算分析的内容包括以下四个方面：

（1）在可能最大、最小和设计流量下，常规关闭末端阀门产生的最大水锤升压、最大降压及其危害。

（2）分析各种流量下末端阀门最佳关闭程序，以及产生关阀水锤和断流弥合时的水锤升压、降压及其危害。

（3）分析管道支管阀门关闭对主输水管道可能产生的压力波动及其危害。

（4）确定管道末端阀的构造形式和技术要求。

3. 水锤波特征方程

乔德里在专著《实用水力过渡过程》中给出了瞬变流微分方程的基本假设：

（1）液体和管壁都是弹性的，计算中须考虑其应力与应变的关系。

（2）液体在管道内的流动为一元流，流速均匀分布于整个管道横截面。

（3）用于计算稳态时的摩阻公式，同样适用于瞬态计算。

在上述假设的基础上，运用牛顿第二定律和质量守恒原理，根据图 4-33 的受力图可分别推出瞬变流的连续方程式（4-2）和运动方程式（4-3）。

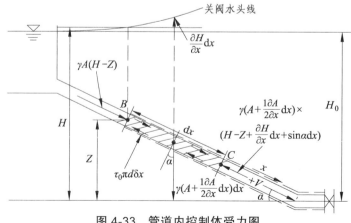

图 4-33 管道内控制体受力图

连续性方程：

$$\frac{\partial H}{\partial t}+V(\frac{\partial H}{\partial x}+\sin\alpha)+\frac{a^2}{g}\frac{\partial V}{\partial x}=0 \qquad (4-2)$$

运动方程：

$$g\frac{\partial H}{\partial x}+V\frac{\partial V}{\partial x}+\frac{\partial V}{\partial t}+\frac{f}{2D}V|V|=0 \qquad (4-3)$$

式中：H——控制体上游节点的测压管水头，m；

V——管道内流体平均流速，流向阀门为正，m/s；

x——沿管轴方向的位置坐标，指向阀门为正；

a——水锤波传播速度，m/s；

α——管轴线与水平面夹角；

f——摩阻系数。

两个非线性偏微分方程的数值求解方法有特征线法和拉格朗日波特性法（Wave Characteristic Method，简称 WCM）。WCM 是以瞬态管流源于管道系统水力扰动所产生的压力波的发生和传播这一物理概念为理论基础，通过追踪水锤波的发生、传播、反射和干射，计算各节点不同时段的瞬态压力值。目前有效的水锤分析软件很多，其中 Surge2008 就是基于管道波特性法，计算方法简单直观，物理概念清晰，且可以准确预测压力输水管路系统的相关水力参数的瞬态变化等。

4. 边界条件

水锤波计算分析出了描述水锤波动方程，还需要根据具体的管路系统准确设定边界条件。基本边界条件有：

（1）管道上游为恒定液面，即在时间相对短的不稳定流过程中，容量足够大的高水位水池，可假设其液面高度是不变的。

（2）管道下游端为阀门，如果管道系统的水力坡度线的基线与下游端阀门轴线重合，则在恒定流动时，通过阀门孔口的水头损失 ΔH_0 与流量 Q_0 有如下关系：

$$Q_0=(C_D A_G)_0\sqrt{2g\Delta H_0} \qquad (4-4)$$

其中：C_D 为阀门流量系数；A_G 为阀门过流面积，m²。

（3）管路中的阀门，若在管路中设置有阀门，这时可将阀门当作内边界点。

（4）管路中的串联管道，在管路系统中若有管径不同的管段串联，串联点两侧管径发生变化，在瞬变流过程中，流速的变化量也不同，变径节点两侧就会有不同的瞬变压力。

有水锤防护设施时的各种边界条件主要有：

（1）空气阀。

空气阀在瞬变流过程中担负着输水管道负压控制和排气的重任，还兼具提高输水管路的排气送水效率的特性。在某些运行工况下，如管道充水、事故检修放空、阀门的正常及非正常启闭等，通过在管路中合理的布置空气阀，既可以排出管路中的有害气团，减小管路阻力，避免管内压力突然上升，又能在管路出现负压时及时补气，消除液柱分离现象，避免水锤事故的发生。在瞬变流分析中，空气阀可以作为一种特殊的边界条件。若把空气阀简化为一点，对于上游管道，它为下游边界，对于下游管道，它为上游边界。

（2）两阶段液控蝶阀。

两阶段液控蝶阀常安装在水泵出口，用于降低事故停泵时输水管路内的水锤压力，同时降低泵的反向逸出速度。液控蝶阀的关闭分为快关和慢关两个阶段，在事故停泵初期，管路中的水流仍然保持正向流动，且以很快的速度减慢，液控蝶阀以较快的对应于流量下降的速率关闭至一个较大角度（65°~75°）；当泵系统液体发生倒流时，泵系统倒流的流速增大很快，液控蝶阀以相对较慢的速度关闭至90°。在快关阶段，因关阀时间较短，水泵倒流量较小，水泵不会反转或反转速度小于允许值；在慢关接阶段，因时间较长，水锤压力上升较慢，较小。

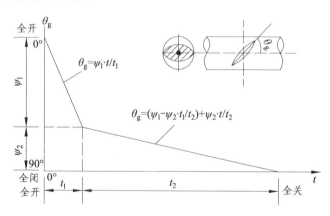

图 4-34 液控蝶阀关闭规律

设蝶阀两阶段关闭，其快关时间为 t_1，快关角度为 ψ_1；慢关历时为 t_2，慢关角度为 ψ_2，关阀总历时 t_c，阀门关闭曲线如图 4-34 所示，则任意时刻 t 的关闭角度 θ_g，可用下列方法表示：

当 $t \leqslant t_1$ 时,为快关阶段:$\theta_g = \dfrac{\psi_1}{t_1} \cdot t$

当 $t_1 < t < t_2$ 时,为慢关阶段:$\theta_g = \psi_1 + \dfrac{\psi_2}{t_2} \cdot (t - t_1)$

当 $t \geqslant t_1 + t_2 = t_c$ 时,阀门完全关闭:$\theta_g = \psi_1 + \psi_2 = 90°$

在输水管线末端有阀门动作(如液控蝶阀两阶段关闭)时,阀门处水头损失和流量有如下关系:

$$\Delta H_P = C_V Q_n^2 v |v| \qquad (4-5)$$

式中:C_V——阀门阻力特性系数,$C_V = \zeta / (2gA_v^2)$,ζ、A_v 分别为阀门某一关闭角度 θ_g 时的阻力系数、实际过流面积;

Q_n——管道稳态运行时流量,m³/s;

v——相对流量,$v = Q/Q_n$。

(3)超压泄压阀。

泄压保护装置控制压力的方式有两种:外接能源控制和先导自力控制。在长距离输水系统中,原水或经处理后的水在一般情况下,其泥沙颗粒很少且黏稠度很低,故常采用先导式自力控制型超压泄压阀。不论是那一种控制类型的泄压阀,它们的工作原理基本相同,其实质就是一种超压保护装置,即若输水管道中的压力超过泄压值,阀门自动开启,继而全量排放,以防止管道内压力继续升高;若管道内压力降低到泄压值以下,阀门自动关闭,从而保护管路的安全运行。

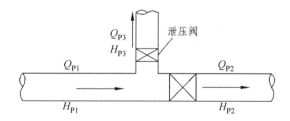

图 4-35 超压泄压阀计算简图

如图 4-35 所示,管道节点水头平衡方程表示如下:

$$H_{P1} = H_{P2} = H_{P3} \qquad (4-6)$$

管道节点流量连续性方程表示如下:

$$Q_{P1} - Q_{P3} = Q_{P2} \qquad (4-7)$$

通常情况下，超压泄压阀的泄压界限值可由下式表示：

$$H_{泄} = H_n + H_0 \qquad (4-8)$$

式中：H_n——泄压阀节点处，管道稳态时最大工作压力，MPa；

H_0——泄压阀节点处的允许压力上升值，为 0.15～0.20 MPa。

当输水管线系统稳定运行时，有 $H_{泄} > H_n + H_0$，$Q_{P2}=0$，超压泄压阀关闭，泄流量为 0；当输水管线系统处于瞬态时，若 $H_{泄} \leqslant H_n + H_0$，则超压泄压阀开启，泄压流量可由式 4-9 表示：

$$Q_{P3} = A_0 C_d \sqrt{2(H_{P3} - H_{外})g} \qquad (4-9)$$

式中：A_0——泄压阀开口面积，m²；

$H_{外}$——阀门处大气压，MPa；

C_d——流量系数。

（4）双向调压塔。

一般情况下，双向调压塔安装在输水干管易于发生液柱分离的高点或驼峰处，它是一种兼具起注水与泄水缓冲的水锤防护设备。当输水干管中压力降低时，双向调压塔立即往管道内补水，以防止管道中产生负压；当输水干管中压力升高时，高压水流进入调压塔，以缓冲水锤升压对管道的冲击。

当输水管道内压力降低时，对于流入调压塔的正流量有：

$$Q_{P流入} = \sqrt{2g(H_P - H_0)} \qquad (4-10)$$

当输水管道内压力升高时，对于流出调压塔的正流量有：

$$Q_{P流出} = \sqrt{2g(H_0 - H_P)} \qquad (4-11)$$

式中：H_0——调压塔内部原有水深，m；

H_P——泄流后或注水后，调压塔内部水深，m；

$Q_{P流入}$——流入调压塔的流量，m³/s；

$Q_{P流出}$——流出调压塔的流量，m³/s。

4.6 给水管网抗震设计与评价技术简介

城市供水系统抗震设计在我国还处于起步阶段，"5·12"汶川大地震的发生，及其灾后重建再一次证明了供水系统在地震灾害中的脆弱和重要性，供水管网是城市供水系统中一个大的工程，其范围大，波及面广，地震破坏形态复杂，破坏机理还不十分清楚；加强城市供水安全，保障城市生产和生活，提高城市抵御自然灾害的能力，都需要从技术层面采取措施。

关于城镇供水管网抗震设计，目前只有国家标准《室外给水排水和燃气热力工程抗震设计规范》(GB50032—2003)中，有较少条文内容。在实际执行中主要有以下几方面的不足：① 规范缺乏具体实施技术；② 设计抗震烈度与实际地震灾害情况比较，尚欠正确，依据不够充分；③ 供水管网设计、施工和运行管理中缺乏抵御地震灾害的规范和具体要求；④ 本专业缺乏对抵御地震灾害技术和规范的充分认识。1999年2月1日起实行的《城市给水工程规划规范》(GB50282—98)、2006年6月1日起实施的《室外给水设计规范》(GB50013—2006)，均无防震、抗震专门条文规定。

4.6.1 管道地震安全验算

1. 埋地管道在地震作用下的破坏类型

关于供水管网受地震作用的破坏类型，国内外许多文献搜集了全世界具有影响的地震资料进行分析整理。例如北京市政工程研究所通过对我国1976年唐山大地震资料调查知道，唐山市给水管网主要是铸铁管，地震发生后，管材本身的破坏有：管体强度较低处开裂、管体折断、纵向裂缝、剪切裂缝、管体爆裂。接头的形式有：接头拉开、接头松动漏水、承口掰裂、接头剪裂等。又如，对美国1971年圣费尔南多大地震资料调查分析知道，饱和砂土液化导致土层大量移动，对管道也产生了极大的影响，管道随土体产生了不均匀沉降。此外通过日本1982年浦河海上地震、宫城大地震资料分析知道，对于有接头的管道，大多是接头处发生破坏，最终导致管网整体的瘫痪。

对"5·12汶川大地震"，通过现场考察和资料收集与分析知道，铸铁管破坏主要为接头破坏、管体破坏，水泥管为接头破坏，PE管均为管体破坏。破坏方式为管体的断裂受损，接头的折损及拉断等。

综合说明，埋地供水管道在地震作用下的破坏主要有管体的折断、破裂、弯曲，以及接头的拉断、松动、剪裂等。而影响埋地管道破坏的主要因素有断层、地基土液化、地震波、地基不均匀沉降等。

2. 管道地震安全验算

埋地供水管道一般应验算在水平地震作用下，剪切波所引起的管道沿纵向的变位或应变（含轴向和挠曲）。由地震剪切波行进引起的直线管段伸缩效应标准值，可按《室外给水排水和燃气热力工程抗震设计规范》（GB50032—2003）推荐的方法计算。

该方法在共同变形理论的基础上，认为在地震波的作用下，土体的波动变形夹裹着管道一起变形，但由于管道刚度和土体刚度存在差异，管体与周围土体之间存在着一定的相对滑动，这种相对滑动将使管体变形小于土体变形。即认为管道具有一定的刚度，将抑制周围土体的变形，两者相互影响，其结果将导致管道的变形要比之前未敷设管道时土体的变形量小，称之为"相对变形理论"。计算时，假定管道为线状结构，周围受土体夹杂，正弦波作用下，当剪切波与管轴线成任意夹角 ϕ 行进时，由沿剪切波平面内土的波动位移通过投影，得到沿管轴方向管道的变位，进而可以得到应变，通过数学积分，求得半个视波长范围内管道轴向的总变形。由于采用相对变性理论，考虑管道本身刚度的作用，位移幅值要比同方向上的自由变位位移小些，因此引入传递系数 ζ（$\zeta < 1.0$）。计算模型如图4-36所示。

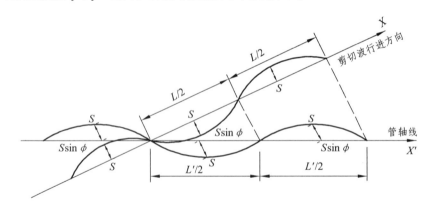

图4-36 地下管线计算简图

地下直埋直线段管道沿管轴向的位移量标准值，可按下列公式计算：

$$\Delta_{\mathrm{pl,k}} = \zeta_1 \Delta'_{\mathrm{sl,k}} \tag{4-12}$$

$$\Delta'_{\mathrm{sl,k}} = \sqrt{2} U_{0\mathrm{k}} \tag{4-13}$$

$$\zeta_\mathrm{t} = \frac{1}{1 + \left(\dfrac{2\pi}{L}\right)^2 \dfrac{EA}{K_1}} \tag{4-14}$$

式中：$\varDelta_{\mathrm{pl,k}}$——在剪切波作用下，管道沿管线方向半个视波长范围内的位移标准值，mm；

$\varDelta'_{\mathrm{sl,k}}$——在剪切波作用下，沿管线方向半个视波长范围内自由土体的位移标准值，mm；

ζ_{t}——沿管道方向的位移传递系数；

E——管道材质的弹性模量，N/mm^2；

A——管道的横截面面积，mm^2；

K_1——沿管道方向单位长度的土体弹性抗力，N/mm^2；

L——剪切波的波长，mm。

沿管道方向单位长度的土体弹性抗力，可按下式计算：

$$K_1 = u_{\mathrm{p}} k_1 \qquad (4\text{-}15)$$

式中：u_{p}——管道单位长度的外缘表面积，mm^2/mm，对无刚性管基的圆管即为πD_1（D_1为管外径）；当设置刚性管基时，即为包括管基在内的外缘面积；

k_1——沿管道方向土体的单位面积弹性抗力，N/mm^3，应根据管道外缘构造及相应土质试验确定，当无试验数据时，一般可采用 0.06 N/mm^3。

剪切波长可按下式计算：

$$L = V_{\mathrm{sp}} T_{\mathrm{g}} \qquad (4\text{-}16)$$

式中：V_{sp}——管道埋设深度处土层的剪切波速，mm/s，应采用实测剪切波速的 2/3 值；

T_{g}——管道埋设场地的特征周期，s。

剪切波行进时管道埋深处土体最大水平位移标准值，可按下式确定：

$$U_{0\mathrm{k}} = \frac{K_{\mathrm{H}} g T_{\mathrm{g}}}{4\pi^2} \qquad (4\text{-}17)$$

管道各种接头方式的单个接头设计允许位移量$[U_a]$可按表 4-1 采用；半个剪切波视波长长度范围内的管道接头数量（n），可按下式确定：

$$n = \frac{V_{\mathrm{sp}} T_{\mathrm{g}}}{\sqrt{2} l_{\mathrm{p}}} \qquad (4\text{-}18)$$

式中：l_{p}——管道的每根管子长度，mm。

表 4-1　管道单个接头设计允许位移量$[U_a]$

管道材质	接头填料	$[U_a]$/mm
铸铁管（含球墨铸铁）、PC 管	橡胶圈	10
铸铁、石棉水泥管	石棉水泥	0.2
钢筋混凝土管	水泥砂浆	0.4
PCCP	橡胶圈	15
PVC、FRP、PE 管	橡胶圈	10

地下矩形管道变形缝的单个接缝设计允许位移量，当采用橡胶或塑料止水带时，其轴向位移可取 30 mm。

整体焊接钢管在水平地震作用下的最大应变量标准值可按下式计算：

$$\varepsilon_{sm,k} = \zeta_t U_{0k} \frac{\pi}{L} \quad (4\text{-}19)$$

钢管的允许应变量标准值，可按下式采用。

（1）拉伸：

$$[\varepsilon_{at,k}] = 1.0\% \quad (4\text{-}20)$$

（2）压缩：

$$[\varepsilon_{ac,k}] = 0.35 \frac{t_p}{D_1} \quad (4\text{-}21)$$

式中：$[\varepsilon_{at,k}]$——钢管的允许拉应变标准值；

$[\varepsilon_{ac,k}]$——钢管的允许压应变标准值；

t_p——管壁厚；

D_1——管外径。

对高度大于 3.0 m 的埋地矩形或拱形管道，或直径大于 2.6 m 的圆形管道，除管道纵向作用效应外，尚应验算在水平地震作用下动土压力等对管道横截面的作用效应。

计算地震作用时，管道的重力荷载代表值应取结构构件、防水层、防腐层、保温层（含上覆土层）、固定设备自重标准值和其他永久荷载标准值（侧土压力、内水压力）、可变荷载标准值（地表水或地下水压力等）之和。可变荷载标准值中的雪荷载、路面荷载等，应取 50% 计算。

管道结构的抗震验算，应符合下列规定：① 设防烈度为 6 度或另有规定不验算的管道结构，可不进行截面抗震验算，但应符合相应设防烈度的抗震措施要求；② 埋地管道承插式连接或预制拼装结构（如盾构、顶管等），应进行抗震变位验算;③除1、2两点外的管道结构均应进行截面抗震强度或应变量验算;④一般不计算地震作用引起的管道内动水压力。

承插式接头的埋地圆形管道,在地震作用下应满足下式要求:

$$\gamma_{EHP} \Delta_{pl,k} \leqslant \lambda_c \sum_{i=1}^{n} [u_a]_i \quad (4-22)$$

式中:$\Delta_{pl,k}$——剪切波行进中引起半个视波长范围内管道沿管轴向的位移量标准值;

γ_{EHP}——计算埋地管道的水平向地震作用分项系数,可取1.20;

$[u_a]_i$——管道i种接头方式的单个接头设计允许位移量;

λ_c——半个视波长范围内管道接头协同工作系数,可取0.84计算;

n——半个视波长范围内,管道的接头总数。

整体连接的埋地管道,地震作用下的作用效应基本组合应按下式确定:

$$S = \gamma_G S_G + \gamma_{EHP} S_{EK} + \psi_t \gamma_t C_t \Delta_k \quad (4-23)$$

式中:S_G——重力荷载(非地震作用)的作用标准效应;

S_{EK}——地震作用标准值效应。

整体连接的埋地管道,其截面抗震验算应符合下式要求:

$$S \leqslant \frac{|\varepsilon_{ak}|}{\gamma_{PRE}} \quad (4-24)$$

式中:$|\varepsilon_{ak}|$——不同材质管道的允许应变量标准值;

γ_{PRE}——埋地管道抗震调整系数,可取0.90计算。

4.6.2 基于可靠度的管道震害评估

影响管道破坏的因素很多,其中主要包括地震动参数、场地条件、管材、管径、接口形式、管龄等。由历次震害调查结果表明,在地震烈度为8度的地区,地下供水管道都会遭到明显的破坏。考虑到地震的发生以及对地下管道的破坏影响具有随机不确定性,因而评估管道震害更好的方法是考虑不确定性的概率方法。

目前城市供水管道震害评估的方法主要有两类,一类是理论分析法,另一类是经验分析法,两类方法各有利弊。

理论分析方法是建立一定的力学计算模型,得出地震动与地下管道反应的传递关系，并以某一参数判别管道的震害程度。计算模型一般都是假定管道处于理想状态，并把水平剪切波作为引起管道破坏的主要原因，管道的轴向变形作为主要受力状态，接口受损作为主要破坏模式。对于管道刚性接口，假定变形由接口和管体共同承担，对柔性接口，变形主要由接口吸收，而且主要考虑接口的拉伸破坏，不考虑管道内动水压力的影响。

管道接口的破坏状态可分为三类，基本完好状态、中等破坏状态和严重破坏状态。以管道接口在地震中的变形反应 S、管道接口允许开裂变形 R_1 和接口允许渗漏变形 R_2 的相对关系来判别管道的破坏状态。

三种破坏状态的划分一般采用以下模式：① 当 $S \leq R_1$ 时，管道处于基本完好状态，接头可能有少量细微裂痕，可能有轻微的渗漏；② 当 $R_1 < S < R_2$ 时，管道处于中等破坏状态，多数接头产生裂缝，有漏损现象，管道压力下降；③ 当 $S \geq R_2$ 时，管道处于严重破坏状态，管道出现严重渗漏，基本丧失供水能力。

取管道接口变形 S 和接口允许变形的 R 为功能函数的变量，考虑极限状态方程为线性方程，得到功能函数如下：

$$Z = f(R,S) = R - S \tag{4-25}$$

当 $R > S$ 时，结构处于可靠状态；当 $R < S$ 时，结构处于失效状态；当 $R = S$ 时，结构处于极限状态。考虑三种管道震害状态时，可以得到以下两个方程：

$$Z_1 = R_1 - S \tag{4-26}$$
$$Z_2 = R_2 - S \tag{4-27}$$

当 $Z_1 > 0$ 时，管道接口处于基本完好状态；当 $Z_2 < 0$ 时，管道接口处于严重破坏状态；当 $(Z_1 < 0) \cap (Z_2 > 0)$ 时，管道接口处于中等破坏状态。

在理论分析过程中，假定 R_1、R_2 和 S 都服从正态分布，由概率论知识可知，Z 也服从正态分布，则：

$$P(Z<0) = \frac{1}{\sqrt{2\pi}\sigma} \int_{-\infty}^{0} e^{-\frac{(z-\mu)^2}{2\sigma^2}} dz \tag{4-28}$$

令 $x = \frac{z-\mu}{\sigma}$，代入式（4-28），可得：

$$P(Z<0) = \frac{1}{\sqrt{2\pi}\sigma} \int_{-\infty}^{\frac{z-\mu}{\sigma}} e^{-\frac{x^2}{2}} dx = \Phi(*) \tag{4-29}$$

利用上式，管道接口三种震害状态的判别关系可以进一步用概率进行如下描述：

第 4 章 输配水工程

$$P_{f1} = P(S \leqslant R_1) = \Phi\left(\frac{\mu_{R_1} - \mu_S}{\sqrt{\sigma_{R_1}^2 + \sigma_S^2}}\right) \quad (4\text{-}30)$$

$$P_{f3} = P(S \geqslant R_2) = 1 - \Phi\left(\frac{\mu_{R_2} - \mu_S}{\sqrt{\sigma_{R_2}^2 + \sigma_S^2}}\right) \quad (4\text{-}31)$$

$$P_{f2} = 1 - P_{f1} - P_{f3} \quad (4\text{-}32)$$

式中：P_{f1}、P_{f2}、P_{f3} 分别表示接口基本完好、中等破坏、严重破坏三种情况的概率，μ_{R_1}、μ_{R_2}、μ_S 和 σ_{R_1}、σ_{R_2}、σ_S 分别为 R_1、R_2、S 的均值和方差，Φ 为标准正态分布函数。

表 4-2 管道接口界限变形

管材	接口做法	R_1/mm		R_2/mm	
		平均值	标准差	平均值	标准差
普通铸铁	石棉水泥	0.32	0.18	2.65	1.08
普通铸铁	自应力水泥	0.58	0.11	2.88	1.19
普通铸铁	胶圈石棉灰	4.50	1.88	25.68	3.62
普通铸铁	胶圈自应力灰	5.59	0.76	24.98	4.26
钢筋混凝土	水泥砂浆	0.42	0.29	3.00	1.38
预应力混凝土	橡胶圈	5.00	2.00	38.6	4.13

R_1、R_2 可以通过试验资料统计得出（见表 4-2），而接口变形 S 则可采用《室外给水排水和燃气热力工程抗震设计规范》（GB50032—2003）中的简化算法计算得到。也可以通过其他更为精确的动力分析方法（如波动法、边界元法，有限元法等）得到。

求出上述 S 后，可通过一次二阶矩法（FOSM）确定 S 的均值 μ_S 和方差 σ_S，然后计算管道单元不同破坏状态的概率。

对于考虑液化的场地，上述三种概率可以进行修正：

$$P_{3L} = 1 - (P_{f1} + P_{f2})^k \quad (4\text{-}33)$$

$$P_{1L} = P_{f1} - k(P_{3L} - P_{f3}) \quad (4\text{-}34)$$

$$P_{2L} = 1 - P_{1L} - P_{3L} \quad (4\text{-}35)$$

式中：P_{1L}、P_{2L} 和 P_{3L} 分别表示液化场地中管道接口基本完好、中等破坏、严重破坏三种情况的概率，k 为液化修正系数，无液化区 $k=1$，轻微液化区 $k=2$，中等液化区 $k=5$，严重液化区 $k=10$。

考虑到管线的施工工艺、施工人员、施工时间等要素的影响，可以认为管线可以分为若干段，每段管线的管线接口破坏是完全统计相关的。若认为一个标准计算单元内的接口破坏完全统计相关，则对位于同一场地、管道特性一样、长度为 l 的管线，可以假定震害服从泊松分布，管线 l 处于基本完好状态、中等破坏状态和严重破坏状态的概率分别如下：

$$P_a = \exp[-(1-P_{1L})m] \quad (4-36)$$

$$P_m = 1 - P_a - P_f \quad (4-37)$$

$$P_f = 1 - \exp(-P_{3L}m) \quad (4-38)$$

式中：m 为管线 l 内标准计算单元的个数。

4.6.3 考虑地面永久变形的管道震害评估

地震引起的永久变形一般是指土体的侧向位移（如滑坡、液化）和断层的错动。除了断层、不均匀沉陷、地基土液化能引起较大的永久地面变形之外，还有其他的一些原因也能引起地面大变形，比如滑坡、土体的横向扩展等。

地震会引起部分土在一定区域的永久位移，如果这部分区域有地下管道，则这样的土体运动会迫使地下管道做同样的运动，使管道造成相应的变形，并对地下管道造成损害。管道埋置方向与土体运动方向的相对关系决定了地下管道的变形响应，如图 4-37 所示。

管道埋置方向与土体运动方向的相对关系决定了地下管道的变形响应：① 当管道埋置方向与土体运动方向平行，认为管道遭受纵向变形；② 当管道埋置方向与土体运动方向垂直，认为管道遭受横向变形；③ 当管道埋置方向与土体运动方向成任意角度时，管道变形可由上述两种情况叠加得到。通常来说，因为管道遭受横向变形时比遭受纵向变形时更具有柔性，纵向变形而造成的管道破坏率是横向变形造成的管道破坏率的 5 到 10 倍。

管线破坏取决于地面永久变形（PGD）带的空间范围，PGD 的大小和 PGD 的类型（横向或纵向），横向的 PGD 一般造成直管及接口的弯曲、拉开和断裂，而纵向的 PGD 则造成管段的压缩和拉伸变形，一般来说纵向 PGD 比横向 PGD 更易使管道破坏。

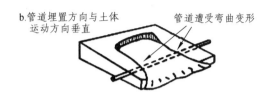

图 4-37　地下管道埋置方向与土体运动方向相对关系的影响

对于土体运动的方向，我们假定土体发生滑坡时的方向为下坡方向，而发生液化时的方向如下所示：① 当液化发生地点离河岸（湖岸、海岸等）自由边界距离小于等于 300 m 时，土体运动方向朝向自由边界；② 当液化发生地点离河岸（湖岸、海岸等）自由边界距离大于 300 m 并且当地有大于 1%时，土体运动方向朝向下坡方向；③ 当液化发生地点不符合上述情况时，土体运动方向为任意。

经验评估方法在建立经验公式时选用的震害资料应该说已经包含了各种由于地面永久变形而引起的震害，所以我们可以认为它是已经包含了地面永久变形对地下管道破坏的因素的。特别是美国生命线工程联合会（ALA）提出的经验公式中便有基于地面峰值位移计算的震害率。

管道埋置方向与土体运动方向的相对关系决定了地下管道的变形响应。一般情况下管道埋置方向与土体运动方向成任意角度，这种情况可以由另外两种情况叠加得到。在进行可靠度评估之前也可以先确定管道埋置方向与土体运动方向的相对关系，并将其分解为垂直和平行两个方向上的变形，再进行可靠度的计算，这样就可以分为管道纵向变形的可靠度评估和管道横向变形的可靠度评估。

当地下埋置管道遭受由于地震引起的土体滑坡或液化的纵向变位时，主要考虑管道遭受纵向的拉压作用，一般情况下在土体运动的上下边缘处管道受力和变形最大。地面土体的运动位移被管道各个接口的受拉或受压变形吸收，接口发生的轴向变形即为进行地震可靠度评估的主要指标。

滑坡、液化等土体的横向变位作用对地下埋管的影响的另一方面体现在当土体运动方向与管道轴线方向垂直而使管道产生的横向变形上。对于这种形式的管土相互作用时，将管道看作是受到侧向作用的梁，侧向作用的形式为跨中位移最大，两端最小。横向 PGD 对于管道的作用包括管段的弧长效应和管道弯曲变形引起的接口的旋转。最终造成的管道的拉伸是由于管段的轴向受拉作用和接口受弯转动的相对轴向位移综合而成，以此为可靠度评估的主要指标。

对于与基于地震波动的可靠度分析的结合，认为一旦发生地面永久变形，一般情况下是在地震波动以后发生的，所以可以计算永久变形条件下的管道破坏概率，并将仅考虑瞬态运动时管道安全的概率与考虑地面永久变形条件下的管道安全概率相乘得到的条件概率，作为最后管道安全的概率。

$$P_a = P_{a1} \times P_{a2} \tag{4-39}$$

式中：P_a——最后管道安全的概率；

P_{a1}——管道经仅考虑地震波动效应的可靠度评价方法计算得到的管道安全概率；

P_{a2}——管道经考虑地面永久变形的可靠度评价方法计算得到的管道安全概率。

4.6.4 管道抗震设计及与施工技术要求

鉴于目前大规模市政建设急速发展的现状，有必要从确保管道地震安全性的角度，参照国家标准《给水排水管道工程施工及验收规范》(GB50268—2008)，对常规开槽施工的新建、扩建和改建的城镇供水管道工程的材料、构造以及施工质量提出抗震设计上的要求。

（1）给水管道工程所用的原材料、半成品、成品等产品的品种、规格、性能必须符合国家有关标准的规定和设计要求。应具有质量合格证书、性能检验报告、使用说明书、进口产品的商检报告及证件等，并按国家有关标准规定进行复验，验收合格后方可使用，以确保产品质量符合抗震要求。

（2）给水管道的管材和管件，一般推荐使用金属类和化学建材类的材料，管件一般以柔性连接为好，应符合下列要求：① 管材应具有较好的延性；管件应具有较好的水密性、伸缩性、可挠性和易安装性；② 承插式连接的管道，接头填料宜采用柔性材料；③ 过河倒虹吸管或架空管应采用焊接钢管；④ 穿越铁路或其他主要交通干线以及位于地基土为液化土地段的管道，宜采用焊接钢管。

（3）地下直埋承插式圆形管道和矩形管道，在下列部位应设置柔性接头及变形缝：① 地基土质突变处；② 穿越铁路及其他重要的交通干线两端；③ 承插式管道的三通、四通、大于45°的弯头等附件与直线管段连接处。

（4）当设防烈度为7度且地基土为可液化地段或设防烈度为8度、9度时，泵及压送机的进、出管上宜设置柔性连接。

（5）当设防烈度为7度、8度且地基土为可液化土地段或设防烈度为9度时，管网的阀门井、检查井等附属构筑物不宜采用砌体结构。

（6）当埋地管道不能避开活动断裂带时，应采取下列措施：① 管道宜尽量与断裂带正交；② 管道应敷设在套筒内，周围填充砂料；③ 管道及套筒应采用钢管；④ 断裂带两侧的管道上（距断裂带有一定的距离）应设置紧急关断阀。

（7）管道地基是影响管道地震安全性的重要因素，应符合设计要求，管道天然地基的强度不能满足设计要求时应按设计要求加固。

（8）槽底局部超挖或发生扰动时，处理应符合下列规定：① 超挖深度不超过150mm时，可用挖槽原土回填夯实，其压实度不应低于原地基土的密实度；② 槽底地基土壤含水量较大，不适于压实时，应采取换填等有效措施。

（9）原状地基为岩石或坚硬土层时，管道下方应铺设砂垫层。其厚度应符合表4-3的规定。

表4-3 砂垫层厚度

管道种类/管外径	垫层厚度/mm		
	$D_0 \leqslant 500$	$500 < D_0 \leqslant 1000$	$D_0 > 1000$
柔性管道	≥100	≥150	≥200
柔性接口的刚性管道	150~200		

（10）沟槽回填质量也是影响管道地震安全的重要因素，沟槽回填时采取防止管道发生位移或损伤的措施；化学建材管道或管径大于900 mm的钢管、球墨铸铁管等柔性管道在沟槽回填前，应采取措施控制管道的竖向变形。

下篇 城市排水工程

第 5 章 城市排水工程概论

5.1 概 述

5.1.1 排水工程及其任务

在城镇生产和生活中产生的大量污水，如从住宅、工厂和各种公共建筑中不断排出的各种各样的污水和废弃物，需要及时妥善地排除、处理或利用。对这些污水如不加控制，任意直接排入水体或地下土体，使水体和土壤受到污染，将破坏原有的生态环境，而引起各种环境问题。为保护环境和提高城市生活水平，现代城镇需要建设一整套工程设施来收集、输送、处理和处置雨水与污水。这种工程设施称为排水工程。

大规模的城市建设，实现了城市的现代化。城市规模变得越来越大，城市道路硬面化提高，雨水的收集、排除和利用也是城市排水工程的基本内容。

排水工程的基本任务是保障城市生活、生产正常运转，保护环境免受污染，解决城市雨水的排除和利用，促进城市经济和社会发展。其主要内容包括：① 收集各种污水并及时输送至适当地点；② 将污水妥善处理后排放或再利用；③ 收集城市屋面、地面雨水并排除或利用。

排水工程是城市基础设施之一，在城市建设中起着十分重要的作用。

第一，排水工程的合理建设有助于保护和改善环境，消除污水的危害，为保障城市健康运转起着重要的作用。随着现代工业的发展和城市规模的扩大，污水量日益增加，污水成分也日趋复杂，城镇建设必须注意经济发展过程中造成的环境污染问题，并协调解决好污水的污染控制、处理及利用问题，以确保环境不受污染。

第二，排水工程还作为国民经济和社会发展的一个功能发挥着重要的作用。水是非常宝贵的自然资源，它在人民日常生活和工农业生产中都是不可缺少的。许多河川的水都不同程度地被其上下游的城市重复使用着，甚至有的河段已超过了水体自净能力，当水体受到严重污染，势必降低淡水水源的使用价值或增加城市给水处理的成本。为此，通过建设城市排水工程设施，以达到保护水体免受污染，使水体充分发挥其经济和社会效益。同时，运用排水工程的技术，使城市污水资源化，可重复用于城市生活和工业生产，这是节约用水和解决淡水资源短缺的一种重要途径。

第三，随着气候的变化，强降雨导致城镇水害日益严重，如何解决城市雨雪水的及时排除，是城市未来建设的课题；另一方面，对于我国淡水资源匮乏的城市，雨水的收集与利用也将成为我国城市建设不可忽视的问题之一。

总之，在城市建设中，排水工程对保护环境、促进城镇化建设具有巨大的现实意义和深远的影响。应当充分发挥排水工程在我国经济建设和社会发展中的积极作用，使经济建设、城镇建设与环境建设同步规划、同步实施、同步发展，以达到经济效益、社会效益和环境效益的统一。

5.1.2 废水及分类

城市生活和生产活动都要使用大量的水，水在使用过程中会受到不同程度的污染，改变了原有的化学成分和物理性质，并由完整管渠系统进行收集和输送，成为污水或废水。废水也包括雨水和冰雪融化水。

废水按其来源的不同，可分为生活污水、工业废水和雨水等3类。

（1）生活污水：人们在日常生活中用过的水，包括从厕所、浴室、盥洗室、厨房、食堂和洗衣房等处排出的水。它来自住宅、公共场所、机关、学校、医院、商店以及工厂中的生活区部分。

生活污水含有大量腐败性的有机物，如蛋白质、动植物脂肪、碳水化合物、尿素等，还含有许多人工合成的有机物，如各种肥皂和洗涤剂等，以及粪便中出现的病原微生物，如寄生虫卵和肠系传染病菌等。此外，生活污水中也含有为植物生长所需要的氮、磷、钾等肥分。这类污水需要经过处理后才能排入水体、灌溉农田或再利用。

从建筑排水工程来看，建筑内用于淋浴、盥洗和洗涤废水，由于污染比粪便污水轻，经过处理可以作为中水系统回用。因此，现在有的建筑排水将粪便污水和洗涤废水独立设置，把建筑内的生活排水分成生活污水和生活废水，这是未来的发展方向。

（2）工业废水：在工业生产中排出的废水。由于各种工业企业的生产类别、工艺过程、使用的原材料以及用水成分的不同，工业废水的水质变化很大。工业废水按照污染程度的不同，可分为生产废水和生产污水两类。

生产废水是指在使用过程中受到轻度污染或水温稍有增高的水。如冷却水便属于这一类，通常经简单处理后即可在生产中重复使用，或直接排放水体。

生产污水是指在使用过程中受到较严重污染的水。这类污水多具有危害性。例如，有的含大量有机物，有的含氰化物、铬、汞、铅、镉等有害和有毒物质，有的含多氯联苯、合成洗涤剂等合成有机化学物质，有的含放射性物质等。这类污水大都需经适当处理后才能排放，或生产中重复使用。废水中有害或有毒物质往往是宝贵的工业原料，对这种废水应尽量回收利用，为国家创造财富，同时也减轻污水的污染。

工业废水按所含污染物的主要成分分类，如酸性废水、碱性废水、含氰废水、含铬废水、含汞废水、含油废水、含有机磷废水和放射性废水等。这种分类明确地指出了废水中主要污染物的成分。

在不同的工业企业，由于产品、原料和加工过程不同，排出的是不同性质的工业废水。

（3）雨水：大气降水，也包括冰雪融化水。雨水一般比较清洁，但其形成的径流量大，若不及时排泄，则将积水为害，妨碍交通，甚至危及人们的生产和日常生活。目前，在我国的排水体制中，认为雨水较为洁净，一般不需处理，直接就近排入水体。

天然雨水一般比较清洁，但初期降雨时所形成的雨水径流会挟带大气中、地面和屋面上的各种污染物质，使其受到污染，所以初期径流的雨水，往往污染严重，应予以控制排放。有的国家对污染严重地区雨水径流的排放作了严格要求，如工业区、高速公路、机场等处的暴雨雨水要经过沉淀、撇油等处理后才可以排放。近年来由于水污染加剧，水资源日益紧张，雨水的作用被重新认识。长期以来雨水直接径流排放，不仅加剧水体污染和城市洪涝灾害，同时也是对水资源的一种浪费。为此国内外许多城市已经或正在重视城市雨水的管理和综合利用的建设和研究，相关内容详见第6章6.6节。

在城镇的排水管道中接纳的既有生活污水也有工业废水，由于工业企业的废水水质差别较大，我国规范《污水排入城市下水道水质标准》（CJ343—2010），对工业企业污（废）水或其他废水排入城市排水系统的排水水质进行了限定，通常把这种混合污水称之为城市污水，在合流制排水系统中，还包括生产废水和截流的雨水。城市污水由于是一种混合污水，其性质变化很大，随着各种污水的混合比例和工业废水中污染物质的特性不同而异。在某些情况下可能是生活污水占多数，而在另一些情况下又可能是工业废水占多数。这类污水需经过处理后才能排入水体或再利用。

5.1.3 废水、污水的处理及处置

在城市和工业企业中，应当有组织地、及时地收集、处理、排除上述废水和雨水，否则有可能影响和破坏环境，影响生活和生产，威胁人民健康。排水的收集、输送、处理和排放等工程设施以一定的方式组合成的总体称为排水系统。排水系统通常是由管道系统（或称排水管网）和污水处理系统（即污水处理厂）两大部分组成。管道系统是收集和输送废水的设施，把废水从产生处输送至污水厂或出水口，它包括排水设备、检查井、管渠、泵站等工程设施。污水处理系统是处理和利用废水的设施，它包括城市及工业企业污水处理厂（站）中的各种处理构筑物及利用设施等。

城市排水一般包含生活污水和生产污（废）水，由于工业企业的废水水质差别较大，大多数工业企业有特殊的生产污（废）水需要单独处理，因工业企业排放的生产污（废）水质差别大，处理工艺也不完全相同。对于城市排水，其水质比较稳定，处理工艺总体接近，本书主要阐述城市污水的处理工艺，详见第 8 章内容。

污水经处理后的最终去向有：① 排放水体；② 灌溉农田；③ 重复利用。

污水经达标处理后大部分可以直接排入水体，水体具有一定的稀释能力和净化恢复能力，所以排入水体是城市污水的自然回归，是城市水循环的正常途径。灌溉农田也是利用土地净化功能的一种方法。污水经处理达到无害化后排放并重复利用，是控制水污染、保护水资源的重要手段，也是节约用水的重要途径。城市污水重复利用的方式有以下几种：

（1）自然复用。一条河流往往既作给水水源，也受纳沿河城市排放的污水。流经下游城市的河水中，总是掺杂有上游城市排入的污水。因而地面水源中的水，在其最后排入海洋之前，实际已被多次重复使用。

（2）间接复用。将处理后的排水或雨水注入地下补充地下水，作为给水的间接水源，也可防止地下水位下降和地面沉降。

（3）直接复用。城市污水经过人工处理后直接作为城市用水水源，这对严重缺水地区来说可能是必要的。近年来，我国也提倡采用中水及收集利用雨水，而且已有不少工程实例。如处理后的水经提升送至城市河道上游进行补水，改善城市河道水体水质，处理后的水排至城市"亲水"公园或人工湿地公园等。

5.2 排水系统的体制及其选择

5.2.1 排水系统的体制

如前所述，在城镇和工业企业中通常有生活污水、工业废水和雨水。这些废水既可采用一个管渠系统来收集与排除，又可采用两个或两个以上各自独立的管渠系统来收集和排除。废水的这种不同收集与排除方式所形成的排水系统，称作排水系统的体制。排水系统的体制，一般分为合流制和分流制等两种类型。

1. 合流制排水系统

当采用一个管渠系统来收集和排除生活污水、工业废水和雨水，则称为合流制排水系统，也称为合流管道系统，其排水量称为合流污水量。合流制排水系统又分为直排式和截流式。直排式合流制排水系统，是将排除的混合污水不经处理直接就近排入水体，国内外很多城镇的老城区仍保留这种排水方式。但这种排除形式因污水未经处理就排放，使受纳水体遭受严重污染，所以，这也是目前乃至今后很长一段时间内，老城镇改造中的重要工程。

随着城市化的推进和对水域环境保护的重视，对老城区及小城镇需进行基础设施改造，除了采用分流制排水系统外，最常见的排水系统改造是采用截污工程，即称为截流式合流制排水系统，如图 5-1 所示。这种系统是在临河岸边建造一条截流干管，同时在合流干管与截流干管相交前或相交处设置溢流井，并在截流干管下游设置污水厂。晴天和初期降雨时所有污水都送至污水厂，经处理后排入水体，随着降雨量的增加，雨水径流也增加，当混合污水的流量超过截流干管的输水能力后，就有部分混合污水经溢流井溢出，直接排入水体。截流式合流制排水系统比直排式排水系统在污水管理上有了很大提高，但仍有部分混合污水未经处理就直接排放，从而使水体遭受污染，这是它的不足之处。

2. 分流制排水系统

当采用 2 个或 2 个以上各自独立的管渠来收集或排除生活污水、工业废水和雨水，则称为分流制排水系统，如图 5-2 所示。收集并排除生活污水、工业废水的系统称为污水排水系统，收集或排除雨水的系统称为雨水排水系统，这就是常说的雨污分流形式。

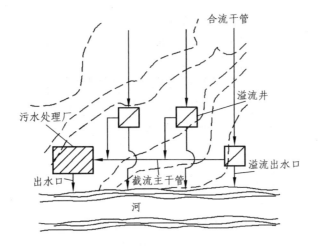

图 5-1 截流式合流制排水系统

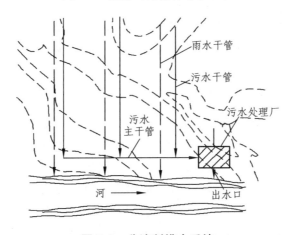

图 5-2 分流制排水系统

由于排除雨水方式的不同，分流制排水系统又分为完全分流制和不完全分流制两种排水系统。完全分流制排水系统是同时建设有独立的污水排水管道和雨水排水管道，而且一般建有污水处理厂（站）。而不完全排水系统只建有污水排水系统，未建雨水排水系统，雨水沿天然地面、街道边沟、水渠等原有渠道系统排泄，或者采用对原有雨水排洪沟道的整治，来提高排水渠道系统输水能力，待城市进一步发展再修建完整的雨水排水系统。

在工业企业中，一般采用分流制排水系统，然而，由于工业废水的成分和性质往往很复杂，不但与生活污水不宜混合，而且彼此之间也不宜混合，否则将加大污水厂污水和污泥处理的难度，并给废水重复利用和回收有用物质造成很大困难。所以，在多数情况下，采用分质分流、清污分流的几种管道系统来分别排除。但如生产污水的成分和性质同生活污水类似时，可将生活污水和生产污水用同一管道系统排放。

大多数城市，尤其是较早建成的城市，往往是混合制的排水系统，既有分流制也有合流制。在大城市中，各区域的自然条件以及修建情况可能相差较大，因此应因地制宜地采用不同的排水体制。

5.2.2 排水系统体制的选择

合理地选择排水系统的体制，是城市排水系统规划和设计的重要问题。它不仅从根本上影响排水系统的设计、施工、维护管理，而且对城市发展和环境保护影响深远，同时也影响排水系统工程的总投资、初期投资以及维护管理费用。通常，排水系统体制的选择应满足环境保护的需要，根据当地条件，通过技术经济比较确定。而环境保护应是选择排水体制时所考虑的主要问题。

1. 环境保护方面

如果采用合流制将城市生活污水、工业废水和雨水全部截流送往污水厂进行处理，然后再排放，从控制和防止水体的污染来看，是较理想的；但按照全部截留污水量计算，则截流主干管尺寸很大，污水厂处理规模也会成倍增加，整个排水系统建设费用和运营费用也相应提高。所以采用截流式合流制时，截留倍数的确定是均衡水体环境保护和处理费用两个因素的重要指标。《室外排水设计规范》（GB50014—2006）关于截流倍数的规定是：应根据旱流污水的水质、水量、排放水体的卫生要求、水文、气候、经济和排水区域大小等因素经计算确定，宜采用1～5倍。

采用截流式合流制时，在暴雨径流之初，原沉淀在合流管渠的污泥被大量冲起，经溢流井溢入水体。同时雨天时有部分混合污水溢入水体。实践证明，采用截流式合流制的城市，水体污染日益严重。应考虑将雨天时溢流出的混合污水予以储存，待晴天时再将储存的混合污水全部送至污水厂进行处理，或者将合流制改建成分流制排水系统等。

分流制通过独立设置的污水管道系统将城市污水全部送至污水厂处理，是城市排水系统较为理想的做法，但分流制雨水排水系统，由于初期雨水未加处理就直接排入水体，对城市水体也会造成污染，这是它的缺点。近年来，国内外对雨水径流水质的研究发现，雨水径流特别是初期雨水径流对水体的污染相当严重。分流制虽然具有这一缺点，但它比较灵活，比较容易适应社会发展的需要，一般又能符合城市卫生的要求，所以在国内外获得了广泛的应用，而且也是城市排水体制的发展方向。

2. 工程造价方面

国外有的经验认为合流制排水管道的造价比完全分流制一般要低 20%～40%，但合流制的泵站和污水厂的造价却比分流制高。从总造价来看完全分流制比合流制可能要高。从初期投资来看，不完全分流制因初期只建污水排水系统，因而可节省初期投资费用，又可缩短工期，发挥工程效益也快。而合流制和完全分流制的初期投资均大于不完全分流制。

3. 维护管理方面

在合流制管渠内，晴天时污水只是部分充满管道，雨天时才形成满流，因而晴天时合流制管内流速较低，易于产生沉淀。但经验表明，管中的沉淀物易被暴雨冲走，这样合流管道的维护管理费用可以降低。但是，晴天和雨天时流入污水厂的水量变化很大，增加了合流制排水系统污水厂运行管理中的复杂性。而分流制排水系统可以保持管内的流速，不致发生沉淀；同时，流入污水厂的水量和水质比合流制变化小得多，污水厂的运行易于控制。

总之，排水系统体制的选择是一项既复杂又很重要的工作。应根据城镇及工业企业的规划、环境保护的要求、污水利用情况、原有排水设施、水量、水质、地形、气候和水体状况等条件，在满足环境保护的前提下，通过技术经济比较综合确定。新建地区一般应采用分流制排水系统。但在特定情况下采用合流制可能更为有利。

5.3 排水系统的主要组成

从上节所述可知，城市排水系统因采用的体制不同，排水系统分为合流式和污水、雨水独立排放的分流式，下面就常见的城市污水排水系统和雨水排水系统的主要组成部分分述如下。

5.3.1 城市污水排水系统的主要组成

城市污水包括排入城镇污水管道的生活污水和工业废水。将工业废水排入城市生活污水排水系统，就组成城市污水排水系统，如图 5-3 所示，它由以下几个主要部分组成：① 室内污水管道系统及设备；② 室外污水管道系统；③ 污水泵站及压力管道；④ 污水处理厂；⑤ 出水口。

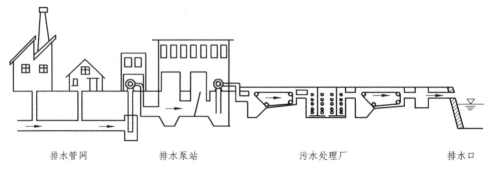

图 5-3　城市排水系统示意图

1. 室内污水管道系统及设备

室内污水管道系统及设备的作用是收集生活污水，并将其送至室外居住小区的污水管道中，如图 5-4 所示。

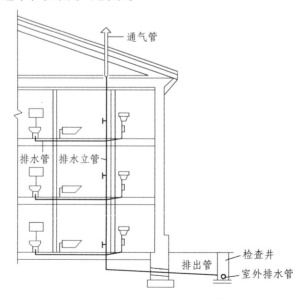

图 5-4　室内污水管道系统示意

在住宅及公共建筑内，各种卫生设备既是人们用水的器具，也是承接污水的容器，还是生活污水排水系统的起端设备。生活污水从这里经水封管、支管、立管和出户管等室内管道系统排入室外街坊或居住小区内的排水管道系统。

2. 室外污水管道系统

室外污水管道系统是分布在地面下，依靠重力流输送污水至泵站、污水厂或水体的管道系统。它又分为街坊或居住小区管道系统及街道管道系统。

（1）街坊或居住小区污水管道系统。敷设在一个街坊或居住小区内，并连接一群房屋出户管或整个小区内房屋出户管的管道系统称街坊或居住小区管道系统。

（2）街道污水管道系统。敷设在街道下，用以排除从居住小区管道流来的污水。在一个市区内它由支管、干管、主干管等组成。支管承受街坊或居住小区流来的污水。在排水区界内、常按分水线划分成几个排水流域。在各排水流域内，干管是汇集输送由支管流来的污水，也常称流域干管。主干管是汇集输送由两个或两个以上干管流来的污水，并把污水输送至总泵站、污水处理厂或出水口的管道。

（3）管道系统上的附属构筑物。如检查井、跌水井、倒虹管、溢流井等。

3. 污水泵站及压力管道

城市污水的输送一般采用重力流形式，重力流污水管道需要有足够大的敷设坡度，随着管道的延伸，排水管道埋深会逐渐增加，当埋深过大时，不仅无法排至污水处理厂或水体，还会增加管道敷设难度及施工费用，这时就需要设置排水泵站。从泵站至高地自流管道或至污水厂的承压管段，被称为污水压力管道。

4. 污水处理厂

污水处理厂由处理和利用污水与污泥的一系列构筑物及附属设施组成。城市污水厂一般设置在城市河流的下游地段，并与居民点和公共建筑保持一定的卫生防护距离。城市污水厂采用集中或分散建设应在全面的技术经济比较的基础上合理确定，一般宜建设集中的大型污水处理厂。

城市污水处理厂建设规模，一般根据城市规划，确定服务区域的服务面积、服务人口和用水量标准等有关资料再适当考虑特殊情况（如工厂等排污大户的情况），即可求出污水处理厂的建设规模。

我国现行的《城镇污水处理厂污染物排放标准》（GB18918—2002），对城镇污水厂出水水质设定了三级标准，其中一级标准分为 A 标准和 B 标准，污水处理厂处理标准应根据城镇污水处理厂排入地表水域环境功能和保护目标来确定，部分标准值详见本书附录 2。城市污水处理厂应选择经济技术可行的处理工艺，并根据当地的经济条件一次建成，当条件不具备时，可分期建设，分期投产。

5. 出水口

污水排入水体的渠道和出口称为出水口，它是整个城市污水排水系统的终点设施。事故排出口是指在污水排水系统的中途，在某些易于发生故障的组成部分前面，例如在总泵站的前面，所设置的辅助性出水渠，一旦发生故障，污水就通过事故排出口直接排入水体。

5.3.2 雨水排水系统的主要组成

城市雨水排水系统是收集建筑屋面、庭院、街道地面等处的降雨及雪融水，通过排水管渠就近排至城市自然水体，雨水排水系统由下列几个主要部分组成：

（1）建筑物的雨水管道系统和设备，主要是收集工业、公共或大型建筑的屋面雨水，并将其排入室外的雨水管渠系统中。

（2）街坊或厂区雨水管渠系统。

（3）街道雨水管渠系统。

（4）排洪沟。

（5）出水口。

收集屋面的雨水由雨水口和天沟，并经水落管排至地面；收集地面的雨水经雨水口流入街坊或厂区以及街道的雨水管渠系统。从建设和设计界限来看，前述雨水排水属于建筑排水工程范畴。而这里讲的城市雨水排水系统也称室外雨水排水系统，是指雨水口、连接管、雨水排水主管渠及检查井等附属构筑物，还包括城市排洪河道等构成的系统。

合流制排水系统的组成与分流制相似，同样有室内排水设备、室外居住小区以及街道管道系统。雨水经雨水口进入合流管道。在合流管道系统的截流干管处设有溢流井。

近年来，随着城镇化进程的加快，城市规模变得越来越大，地面径流条件改变，城市雨水排水系统负荷加大，城市洪涝灾害显著。另一方面，城市用水量增长，水资源紧缺，城市雨水作为低质水源利用已成为城市规划与建设的一个重要策略。强降雨引起的地面径流,同时将地面污染物带入城市水体,造成水体的污染。为解决传统城市排水系统的弊端,国内外许多城市开始或已经提出了许多工程和非工程措施,详细内容参见第 6 章 6.6 节。

5.4 城市排水系统的规划设计

排水工程是城市和工业企业基本建设的一个重要组成部分,同时也是控制水污染、改善和保护环境的重要措施。排水工程的规划设计应在区域规划以及城市和工业企业的总体规划基础上进行。排水系统的设计规模、设计期限的确定以及排水区界的划分,应根据区域、城市和工业企业的规划方案而定。作为总体规划的组成部分,应符合总体规划所遵循的原则,并和其他工程建设密切配合。如城市道路规划、建筑物分布、竖向规划、地下设施、城市防洪规划等都对排水工程规划设计产生影响。

5.4.1 排水工程规划设计的原则

排水工程规划设计应遵循下列原则:
(1)符合城市总体规划,并应与城市和工业企业中其他单项工程建设密切配合,互相协调。
(2)城市污水应以点源治理与集中处理相结合,以城市集中处理为主。
(3)城市污水、雨水是重要的水资源,应考虑再生回用。
(4)所设计排水区域的水资源应考虑综合处置与利用,如排水工程与给水工程、雨水利用与中水工程等协调,以节省总投资。
(5)排水工程的设计应全面规划,按近期设计,同时为远期发展留出扩建的可能。
(6)在规划和设计排水工程时,应按照国家和地方制定的有关规范和标准进行。

5.4.2 城市排水规划的主要任务

根据城市用水状况和自然环境条件,确定规划期内污水处理量,污水处理设施的规模与布局，布置各级污水管网系统；确定城市雨水排除与利用系统规划标准、雨水排除出路、雨水排放与利用设施的规模与布局。

5.4.3 城市排水规划的主要内容

城市排水规划设计内容，根据不同阶段有不同的要求，在城市总体规划中的主要内容有：

（1）确定排水体制。
（2）划分排水区域，估算雨水、污水总量，制定不同地区污水排放标准。
（3）进行排水管渠系统规划布局，确定雨水、污水主要泵站数量、位置，以及水闸位置。
（4）确定污水处理厂数量、分布、规模、处理排放等级以及用地范围。
（5）确定排水干管渠的走向和出口位置。
（6）提出雨水、污水综合利用措施。

在城市详细规划中的主要内容有：

（1）对污水排放量和雨水量进行具体的统计计算。
（2）对排水系统的布局、管线走向、管径进行计算复核，确定管线平面位置、主要控制点标高。
（3）对污水处理工艺提出初步方案。
（4）提出雨水管理与综合利用方案。

5.5 排水工程建设和设计的基本程序

城市排水工程是市政工程的一个内容，建设程序应符合我国工程建设基本程序，可归纳为下列几个主要阶段：

1）项目建议书阶段

项目建议书是工程建设程序的最初阶段，是投资决策前对拟建项目的轮廓设想，也称为立项阶段。排水工程项目建议书是由城市建设主管单位，根据城市总体规划要求，经过调查、预测分析后，提出的具体排水工程建设项目的建议文件，是可行性研究的依据。

2）可行性研究阶段

可行性研究是对排水工程项目在技术上是否可行和经济上是否合理进行科学的分析和论证。通过对建设项目在技术、工程和经济上的合理性进行全面分析论证和多种方案比较，提出评价意见。

3）设计阶段

设计阶段又分为初步设计阶段和施工图设计阶段。设计是对拟建排水工程的实施在技术上和经济上所进行的全面而详尽的安排，是排水工程建设计划的具体化，是把先进技术和科研成果引入到建设的渠道，是整个工程的决定性环节，是组织施工的依据。它直接关系着工程质量和将来的使用效果。

当可行性研究报告经批准后，一般通过委托或通过招标选定设计单位，按照批准的可行性研究报告的内容和要求进行设计，编制设计文件。

4）组织施工阶段

建设单位采用施工招标或其他形式落实施工工作。

5）竣工验收交付使用阶段

建设项目建成后，竣工验收交付生产使用是工程施工的最后阶段。

排水工程设计应按设计任务书，全面了解项目可行性研究报告所提出的建设方案和主要技术经济指标，依据排水规划布置排水管道和排水提升泵站，计算排水设计流量，进行排水管道水力计算，编制排水设计说明书及概算书。污水处理厂设计应包括厂址选择及布置，污水处理工艺分析与设计等。排水工程设计应考虑近远期的结合，一般排水管道和排水泵站按远期设计，排水泵选择可按近期配置；污水厂布置应考虑按远期发展的可能性，构筑物及设备按近期设计和选定，但应按远期预留场地。

第 6 章 排水管渠及其设计

6.1 排水管渠系统及其设计

城镇排水管渠系统分为污水管道系统和雨水管渠系统,污水管道系统是收集和输送城镇或工业企业污水的管道及其附属构筑物,雨水管渠系统是收集和排除屋面、地面径流雨水的系统。城镇排水管渠的建设大部分是与城市道路等基础设施建设或综合改造工程建设同步进行,排水管渠系统的设计是建立在当地城镇和工业企业总体规划以及排水工程规划基础上的。排水管渠系统的设计一般根据工程项目的重要性和投资大小可划分不同设计阶段进行,污水管道系统和雨水管道系统收集的水质不同、设计流量计算方法不同,但总的设计内容相近,这就是:在总体平面布置图上,划分排水流域,布置管道系统,确定排水管渠设计流量,进行排水管道水力计算,确定管道管径、敷设坡度和平面位置,绘制排水管道平面图和纵断面图。

6.1.1 排水管道工程方案设计

排水工程设计工作可划分为三阶段设计或两阶段设计。三阶段设计包括初步设计、技术设计和施工图设计,两阶段设计由三阶段设计简化为初步设计(或扩大初步设计)和施工图设计。大中型建设项目一般采用两阶段设计;重大项目和特殊项目,根据需要,可增加技术设计阶段。

初步设计又称为方案设计,主要解决设计原则和标准,选定设计方案;施工图设计全面解决施工、安装等具体工程问题。

1. 排水管道工程方案设计的目的和内容

(1)方案设计的目的:方案设计的目的是解决管道工程设计中重大的、

原则性的问题,以保证设计方案技术上可行、合理,同时经济上又比较节省。

(2)方案设计的内容:主要包括明确拟设计管道系统的服务范围、所应采用的排水系统体制、设计标准、污水(雨水)的出路、确定管道所在的位置以及污水的走向、近期和远期结合等问题等。

2. 排水管道工程方案设计的步骤

(1)明确设计任务。

(2)设计资料的调查。

污水管道系统的设计必须以可靠的资料为依据。设计人员接受设计任务后一般应先了解、研究设计任务书或批准文件的内容,弄清本工程的范围和要求,然后赴现场踏勘,分析、核实、收集、补充有关的基础资料。进行排水管道工程设计时,通常需要有以下几个方面的基础资料。

① 有关城镇规划资料:进行城镇或工业企业的排水工程新建、改建和扩建工程的设计,一般需要了解与本工程有关的城镇或工业企业的总体规划以及道路交通、建筑占地、给水排水、电力电信、防洪、燃气、园林绿化等各项专业工程的规划。这样可进一步明确本工程的设计范围、设计期限、设计人口数;确定排水体制、排水方式;掌握受纳水体的位置及防治污染的要求;掌握现有和规划的排水管道布置、流向、控制点高程;了解各类污水量标准及其主要水质指标;了解与给水、电力电信、防洪等其他工程设施可能的交叉等以及工程投资情况。

② 有关自然因素方面的资料:

a. 地形图:进行大型排水工程设计时,在方案设计阶段要求有设计地区和周围 25~30 km 范围的总地形图,比例尺为 1:10 000~1:25 000,等高线间距 1~2 m;或带地形、地物、河流等的地区总体布置图,比例尺为 1:5 000~1:10 000。

b. 气象资料:包括设计地区的气温、风向和风速、降雨量资料或当地的暴雨强度公式等。

c. 水文资料:包括河流的流量、流速、设计标准对应的洪水位,洪水情况等。

d. 地质资料:主要包括设计地区的土壤性质和构成、土壤冰冻深度及其承载力、地下水水位和水质、地震等级等。

③ 有关工程情况的资料:道路等级、路幅宽度及路面材料;地面建筑物和地铁以及其他地下建筑的位置和高程;给水排水管线、电力电信电缆、燃气管线和热力管线等各种地下管线的位置;本地区建筑材料、管道制品、电

力供应的情况和价格；本地区施工技术及装备情况等。

排水管道系统设计所需的资料范围比较广泛，其中有些资料虽然可由建设单位提供，但为了取得准确可靠充分的设计基础资料，设计人员必须到现场进行实地调查勘测，必要时还应去提供原始资料的气象、水文、勘测等部门查询。将收集到的资料进行整理分析、补充以至修改。

（3）设计方案的确定。

在掌握了较为完整可靠的设计基础资料后，设计人员根据工程的要求和特点，对工程中一些原则性的、涉及面较广的问题提出解决办法，这样就构成了不同的设计方案。这些方案除满足相同的工程要求外，在技术经济上有时是互相补充的，有时是互相对立的。因此必须对各设计方案深入分析其利弊和将产生的各种影响。分析时，对一些方针政策性的问题，必须从社会及国民经济发展的总体利益出发进行考虑。比如：雨水可利用问题，雨污水系统源头削减的措施等问题；城市污水是分散成若干个污水厂还是集中成一个大型污水厂进行处理的问题；城市排水管网建设与改造中体制的选择问题；污水处理程度和污水排放标准问题；设计期限的划分等。这些问题都直接影响排水管网的布置、管径大小、敷设长度、排水管道的走向、建设规模和投资等。

6.1.2 排水管道工程施工图设计

1. 施工图设计的目的

排水管道施工图设计的目的是把前阶段完成的方案设计的成果工程化、细部化，是工程施工和工程预算的主要依据。为了加强排水工程施工图设计的质量，除了充分掌握排水工程的设计方法和理论外，还要熟悉市政公用工程中关于排水工程设计文件编制深度的要求，并按此进行设计文件的审核审查工作。

2. 施工图设计的内容与步骤

排水管道系统施工图设计是在初步（方案）设计文件审查批准以后进行，接受设计任务后应尽快熟悉初步设计文件，包括初步设计审查意见，再充分了解排水工程设计范围、技术标准等原则性问题之后，按排水工程施工图设计内容及设计深度开展设计，其设计内容与步骤如下。

（1）设计资料的进一步补充与完善，内容包括：

市政工程总平面图1∶2 000～1∶5 000；平面条图1∶500～1∶1 000（郊

第 6 章 排水管渠及其设计

区 1∶2 000）；地下已建各种管线、构筑物位置和埋深等；水文地质资料；管线交叉点测量，排水管接入处的管径和管底高程等。

（2）管网定线（反映管线在道路上的准确位置）、检查井布置，流域边界线划分。

（3）确定管网高程控制点及其埋深。

（4）管段设计流量确定。

（5）进行管道水力、高程计算。

（6）绘制排水管道总平面图、平面条图、纵断面图。

（7）选择附属构筑物形式（一般可选用国标图和通用图）等。

（8）统计主要工程量。

排水管道工程施工图设计文件以设计图纸为主，主要包括施工图设计总说明，排水管网总平面图，雨污水管道服务面积图，管线横断面布置图，排水管道平面图，管道纵断面图，附属构筑物大样图或采用标准图、通用图，管道特殊施工图，主要工程数量表等。

（1）施工图设计总说明。施工图设计总说明是施工图的重要内容之一，其内容主要包含设计依据（摘要说明初步设计文号、日期及审批内容；施工图设计资料依据，采用的规范、标准等），设计内容概述，采用的管材及接口、基础形式等说明，管道施工安装注意事项及质量验收要求、运营管理注意事项、排水下游出路说明等。

（2）排水管网总体布置图。采用比例 1∶2 000 ~ 1∶5 000，主要反映地形、地物、河流、道路、风玫瑰、坐标网；现有和设计的排水管网、流域范围、排出口等，如图 6-1 所示。

（3）管线横断面布置图。为了表达排水管道在道路上的位置关系，应绘出排水管道横断面图，图中表达道路中心线、路边线、道路红线，除了表达排水管道的位置外，还应绘出其他市政管线位置、埋深等，如图 6-2 所示。

（4）排水管道平面图。采用比例 1∶500 ~ 1∶1 000，应表达排水管道的详细布置位置，一般以道路中心线和道路桩号为其基准，图中还表达检查井、雨水口的位置及编号、管道长度、管径、坡度等，如图 6-3 所示。

（5）排水管道纵断面图。一般采用比例：横向 1∶500 ~ 1∶2 000，纵向 1∶100 ~ 1∶200，图中包括排水管道纵向敷设坡度、管线埋深、检查井位置、管径、地面坡度等施工信息，如图 6-4 所示。

（6）排水管线附属构筑物图。除特殊设计外，排水管道附属构筑物已有国标图，如排水检查井、雨水口、溢流井、跌水井等，一般可选用国标图或通用图。对排水泵站，需要单独进行绘制施工图，包括工艺设计图、设备安装图和泵站结构设计图等。

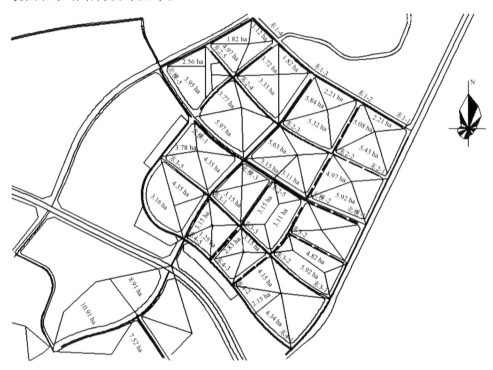

图 6-1　排水管网总平面图

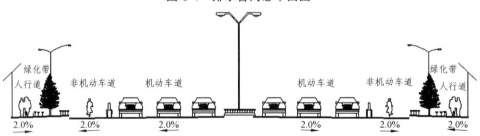

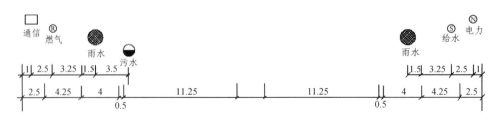

图 6-2　管线横断面布置图

第 6 章 排水管渠及其设计

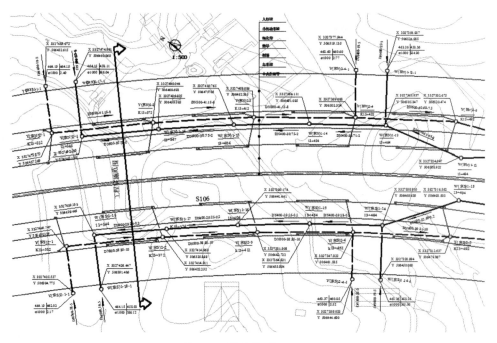

图 6-3 排水管道平面图

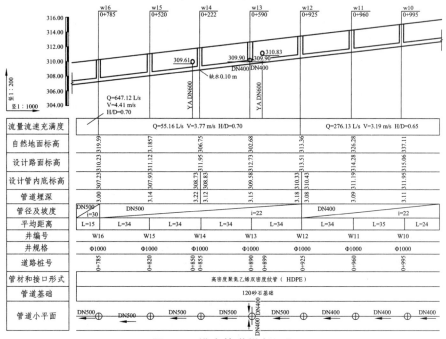

图 6-4 排水管道纵断面图

6.2 污水设计流量的确定

污水管道及其附属构筑物能保证通过的污水最大流量称为污水设计流量。进行污水管道系统设计时常采用最大日最大时流量为设计流量,其单位为 L/s。合理确定设计流量是污水管道系统设计的主要内容之一,也是做好设计的关键。污水设计流量 Q_d 包括生活污水流量 Q_s 和工业废水流量 Q_m 两部分。

$$Q_d = Q_s + Q_m \tag{6-1}$$

6.2.1 生活污水设计流量

生活污水流量包括居住区生活污水流量 Q_1、公共建筑生活污水流量 Q_2 和工业企业生活污水流量 Q_3 三部分,即:

$$Q_s = Q_1 + Q_2 + Q_3 \tag{6-2}$$

1. 居住区生活污水设计流量

居住区生活污水设计流量按下式计算:

$$Q_1 = \frac{q_n N K_z}{86\,400} \tag{6-3}$$

式中:Q_1——居住区生活污水设计流量,L/s;

　　　q_n——为居住区生活污水定额,L/(人·d);

　　　N——设计人口数;

　　　K_z——生活污水量总变化系数。

(1)居住区生活污水定额:居住区生活污水定额可采用居民生活污水定额或综合生活污水定额。居民生活污水定额是指居民每人每天日常生活中洗涤、冲厕、洗澡等产生的污水量[L/(人·d)]。综合生活污水定额是指居民生活污水和公共设施(包括娱乐场所、宾馆、浴室、商业网点、学校和机关办公室等地方)排出污水等两部分的总和[L/(人·d)]。

根据《室外排水设计规范》(GB50014—2006)规定,居民生活污水定额和综合生活污水定额应根据当地采用的用水定额,结合建筑内部给排水设施水平确定,可按当地相关用水定额的 80%~90% 采用。

(2)设计人口:污水排水系统设计期限终期的规划人口数,是计算污水设计流量的基本数据。该值是由城镇和工业企业的总体规划确定的。在计算污水管道服务的设计人口时，常用下式计算：

$$N = pF \tag{6-4}$$

式中：N——设计人口数，人；
　　　p——人口密度，人/ha 或人/$10^4 m^2$；
　　　F——污水管道服务面积，ha。

（3）生活污水量总变化系数：由于居住区的生活污水量标准是平均值，因此根据设计人口和生活污水量标准计算所得的是污水平均流量。而实际上流入污水管道的污水量时刻都在变化。夏季与冬季污水量不同；一天中，日间与晚间污水量不同；而且各个小时的污水量也有很大的差异。污水量的变化程度一般用变化系数表示。变化系数分为日、时、总变化系数。一年中最大日污水量与平均日污水量的比值称为日变化系数（K_d），最大日最大时污水量与该日平均时污水量的比值称为时变化系数（K_h）。

最大日最大时污水量与平均日平均时污水量的比值称为总变化系数（K_z）。并有

$$K_z = K_d K_h \tag{6-5}$$

通常，城市污水管道的设计计算是根据最大日最大时污水流量确定，因此需要求出总变化系数。其值可按表 6-1 采用，当污水平均日流量为中间数值时，总变化系数可用内插法求得。

表 6-1　综合生活污水量总变化系数

污水平均日流量/（L/s）	5	15	40	70	100	200	500	≥1 000
总变化系数 K_z	2.3	2.0	1.8	1.7	1.6	1.5	1.4	1.3

2. 公共建筑生活污水设计流量

某些公共建筑的生活污水量是比较大的，如公共浴室、洗衣房、医院、饭店、学校等。在设计时，常将这些建筑的污水量作为集中污水量单独计算。公共建筑生活排水定额和小时变化系数与公共建筑生活给水定额和小时变化系数相同，参考《建筑给排水设计规范》（GB50015—2003）及相关设计手册。

3. 工业企业生活污水设计流量

由于工业企业生活污水定额的不同，计算时需分别计算，即一般车间和热车间生活污水量、淋浴污水量，可按下式计算：

$$Q_3 = \frac{A_1B_1K_1 + A_2B_2K_2}{3\,600T} + \frac{C_1D_1 + C_2D_2}{3\,600} \qquad (6\text{-}6)$$

式中：Q_3——工业企业生活污水及淋浴污水的设计流量，L/s；
　　　A_1，A_2——普通车间、热车间最大班职工人数，人；
　　　B_1，B_2——普通车间、热车间职工生活污水量标准，L/（人·班）；
　　　K_1，K_2——普通车间、热车间生活污水量时变化系数；
　　　C_1，C_2——普通车间、热车间最大班使用淋浴的职工人数，人；
　　　D_1，D_2——普通车间、热车间的淋浴污水量标准，L/（人·班）；
　　　T——每班工作时间，h。

6.2.2 工业废水设计流量

工业废水主要是指生产污（废）水，工业废水排入城市污水管网必须符合现行的《污水综合排放标准》（GB8978）、《污水排入城市下水道水质标准》（CJ343—2010）等有关标准的规定，作为污水排水管道设计，工业废水的设计流量一般按下式计算：

$$Q_m = \frac{mMK_z}{3\,600T} \qquad (6\text{-}7)$$

式中：Q_m——工业废水设计流量，L/s；
　　　m——生产过程中每单位产品的废水量标准，L/单位产品；
　　　M——产品的平均日产量；
　　　T——每日生产时间，h；
　　　K_z——总变化系数。

工业废水量标准是指生产单位产品或加工单位数量原料所排出的平均废水量，也称作生产过程中单位产品的废水量定额。该定额可用工业用水量标准或参考与其生产工艺过程相似的已有工业企业的数据来确定。各个工厂的工业废水量标准有很大差别，主要与生产的产品及所采用的工艺过程有关。为了保护水资源，从源头上控制污染物的排放总量，各工厂应改革生产工艺、提高水的循环利用率，这是我国节能减排长期的、重要的目标。

在不同的工业企业中，工业废水的排放情况很不一致。工业废水量的变化取决于工厂的性质和生产工艺过程。一般工业废水量的日变化较小，其日变化系数为 1。

6.2.3 污水设计流量的简化计算

在污水管道设计计算时,按以上方法计算设计流量较为繁琐,为了简化计算,除将排水量特别大的工业企业单独计算外,对市区内居住区(包括公共建筑、小型工厂在内)的污水量,可按面积比流量计算。比流量是指从单位面积上排出的日平均污水流量,以 L/(s·10^4 m²)或 L/(s·ha)表示。该值是根据人口密度、卫生设备等情况定出的一个综合性的污水量标准。通常由各地设计部门根据城镇布局及设施情况采用经验值,也可由如下公式确定。

$$q = \frac{q_\text{d} P}{24 \times 3\,600} \tag{6-8}$$

式中: q——比流量,L/(s·ha);
q_d——排水定额,L/(人·日);
P——人口密度,人/ha。

确定了面积比流量,则污水管道设计流量也可用下式简化计算:

$$Q_\text{d} = qFK_\text{z} \tag{6-9}$$

式中: Q_d——污水管道设计流量,L/s;
F——污水管道服务面积,ha;
K_z——总变化系数,可参考表 6-1 取值。

6.3 污水管道的水力计算

污水管道水力计算的目的在于合理、经济地选择管道断面尺寸、坡度和埋深,由于这种计算是根据水力学原理,所以称作管道的水力计算。

6.3.1 污水管道中污水流动的特点

与给水管网的环流贯通情况不同,污水管道呈树枝状分布。沿支管、干管流入主干管,最终流向污水处理厂。大多数情况下污水在管道中靠重力流动。
排水管道沿程流量不同,管道坡度、过流断面均有变化,导致流速沿程不同。因此严格上讲,排水管道内水流流动是非恒定非均匀流。但为了方便计算,将管内流动简化为恒定均匀流。

6.3.2 水力计算的基本公式

如前所述,为了简化计算工作,目前在排水管道的水力计算中广泛采用明渠均匀流公式。常用的均匀流基本公式如下:

流量公式为:

$$Q = Av \tag{6-10}$$

流速公式采用谢才公式为:

$$v = C\sqrt{RJ} \tag{6-11}$$

谢才系数一般采用曼宁公式:

$$C = \frac{1}{n}R^{\frac{1}{6}} \tag{6-12}$$

式中:Q——污水设计流量,m^3/s;

A——过水断面面积,m^2;

v——流速,m/s;

R——水力半径,m;

J——水力坡度(均匀流时,也等于管底坡度);

C——谢才系数;

n——管壁粗糙系数,其值根据管壁材料确定,可参照表 6-2 取值。

表 6-2 排水管渠粗糙系数

管渠类别	n 值	管渠类别	n 值
UPVC 管、PE 管、玻璃钢管	0.009~0.011	浆砌砖渠道	0.015
混凝土管、钢筋混凝土管	0.013~0.014	浆砌块石渠道	0.017
石棉水泥管、钢管	0.012	干砌块石渠道	0.020~0.025
陶土管、铸铁管	0.013	土明渠	0.025~0.030
水泥砂浆抹面渠道	0.013~0.014		

6.3.3 污水管道水力计算的控制参数

从水力计算公式可知,设计流量与设计流速和过水断面积有关。而流速则是管壁粗糙系数、水力半径和水力坡度的函数。为了保证污水管道的正常运行，在《室外排水设计规范》(GB50014—2006)中对这些因素做了以下规定。

1. 设计充满度

在设计流量下，污水在管道中的水深 h 和管道直径 D 的比值称为设计充满度。如图 6-5 所示，当 $h/D=1$ 时称为满流，$h/D<1$ 时称为不满流。

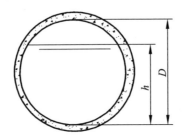

图 6-5　污水管道充满度示意图

污水管道的设计有按满流和不满流两种方法。我国按不满流进行设计，其最大设计充满度的规定如表 6-3 所示。

表 6-3　最大设计充满度

管径（D）或暗渠高 H/mm	最大设计充满度（h/D）或（h/H）	管径（D）或暗渠高 H/mm	最大设计充满度（h/D）或（h/H）
200～300	0.55	500～900	0.70
350～450	0.65	≥1 000	0.75

这样规定的原因如下：

（1）确保流量变化的安全。污水流量时刻在变化，很难精确计算，而且雨水或地下水可能通过检查井或管道接口渗入污水管道。因此有必要保留一部分管道断面，为未预见水量的增长留出余地，避免污水溢出妨碍环境卫生。

（2）有利于管道通风。污水管道内沉积的污泥可能分解析出一些有害气体。此外，污水中如含有汽油、苯、石油等易燃气体时，可能形成爆炸性气体。故需流出适当的空间，以利管道的通风，排除有害气体，对防止管道爆炸有良好效果。

（3）改善水力条件。管道部分充满时，管道内水流速度在一定条件下比满流时大一些。例如，$h/D=0.813$ 时，流速 v 达到最大值。

（4）便于管道的疏通和维护管理。

2. 设计流速

与设计流量、设计充满度相应的水流平均速度称为设计流速。污水在管内流动缓慢时，污水中所含杂质可能下沉，产生淤积；当污水流速增大时，可能产生冲刷现象，甚至损坏管道。为了防止管道中产生淤积或冲刷，设计流速不宜过小或过大，因此有最大和最小设计流速的规定。

（1）最小设计流速是保证管道内不致发生淤积的流速。这一最低的限值与污水中所含悬浮物的成分和粒度有关，也与管道的水力半径、管壁的粗糙系数有关。根据国内污水管道实际运行情况的观测数据并参考国外经验，污水管道的最小设计流速定为 0.6 m/s。

（2）最大设计流速是保证管道或接口不被冲击损坏的流速。该值与管道材料有关，通常金属管道的最大设计流速为 10 m/s，非金属管道的最大设计流速为 5 m/s。

3. 最小设计坡度

在设计污水管道系统时，通常使管道埋设坡度与设计地区的地面坡度一致，但管道坡度造成的流速应等于或大于最小设计流速，以防止管道内产生沉淀。这一点在地势平坦或管道走向与地面坡度相反时尤为重要。因此，将相应于最小设计流速时的管道坡度称作最小设计坡度。为了减小整个排水管网的埋深，降低施工费用和减少设置污水提升泵站的需要，污水管道设计坡度应尽可能采用较小值，但不能低于最小设计坡度。

根据水力计算公式，在给定设计充满度的情况下，管径越大，相应的最小设计坡度值也就越小。所以只需规定最小管径的最小设计坡度值即可。市政污水系统最小管径为 300 mm，对应最小设计坡度：塑料管为 0.002，其他管材为 0.003。

4. 最小管径

一般在污水管道系统的上游部分，设计污水流量很小，若根据流量计算，则管径会很小。但为减少堵塞，便于养护，常规定一个允许的最小管径。在街坊和厂区内最小管径为 200 mm，在街道下为 300 mm。实际工程设计中，常考虑到泥沙的淤积引起管道过水断面的减小的可能性，以及排水管道养护的方便性，许多城市把市政污水最小管径取为 d400。

当污水管道系统上游管段由于服务面积小，因而计算设计流量小于最小管径在最小设计坡度、充满度为 0.5 时可以通过的流量时，这个管段可以不进行水力计算，而直接采用最小管径和最小坡度，这种管段称为不计算管段。

6.3.4 污水管道的埋设深度及其衔接方式

1. 埋设深度

通常，污水管网占污水工程总投资的 50%～70%，而构成污水管道造价的沟槽开挖、沟槽支撑、施工降水措施、管沟回填、管道基础、管道铺设等各部分的造价比重，与管道的埋设深度及施工方式有很大关系。因此，合理地确定管道埋深对于降低工程造价是十分重要的。

（1）管道覆土厚度和管道埋深：覆土厚度是指管道外壁顶部到地面的距离。管道埋设深度是指管道内壁底部到地面的距离。

（2）最小覆土厚度：为了降低造价，缩短工期，管道埋设深度越小越好，但覆土厚度应有一个最小的限值，这个最小限值称为最小覆土厚度。最小覆土厚度应满足以下 3 方面的要求：

① 必须防止管道内污水冰冻和因土壤冻胀而损坏管道。

一般情况下，排水管道宜埋设在冰冻线以下。当该地区或条件相似地区有浅埋经验或采取相应措施时，也可埋设在冰冻线以上，其埋设深度应根据该地区经验确定，但应保证排水管道运行安全。

② 必须防止管壁因地面荷载而受到破坏。埋设在地面下的污水管道承受着其上部土体的静荷载和地面上车辆运行产生的动荷载。为了防止管道因外部荷载影响而损坏，首先要注意管材质量，其次必须保证管道有一定的覆土厚度，因为车辆运行对管道产生的动荷载，其垂直压力随着土层深度增加而向管道两侧传递，最后只有一部分集中的轮压力传递到地下管道上。从这一因素考虑并结合各地埋管经验，车行道下污水管最小覆土厚度宜取 0.7 m，人行道下最小覆土厚度宜取 0.6 m。当在车行道下敷设管道而不能满足承载力要求时常采用管道加固措施，如混凝土满包基础等。

③ 必须满足街坊污水连接管衔接的要求。城镇住宅、公共建筑内产生的污水要能顺畅排入街道污水管网，就必须保证街道污水管网起点的埋深大于或等于街坊污水管终点的埋深。而街坊污水管起点的埋深又必须大于或等于建筑物污水出户管的埋深。从安装技术方面考虑，要使建筑物首层卫生设备的污水能顺利排出，污水出户管的最小埋深一般采用 0.5～0.7 m，所以街坊污水管道起点最小埋深应为 0.6～0.7 m。

（3）最大埋深：在管道工程中，埋深愈大，则造价愈高，施工工期也愈长。因此除考虑管道最小埋深外，还应考虑管道最大埋深问题。污水在管道中依靠重力从高处流向低处，当管道的坡度大于地面坡度时，管道的埋深就愈来愈大，尤其在地形平坦地区更为突出。管道埋深允许的最大值为最大允许埋深。该值应根据技术经济指标及施工方法来确定，一般在干燥土壤中，最大埋深不超过 7~8 m；在多水、流砂、石灰岩地层中，一般不超过 5 m。当超过最大埋深时，应设置泵站以减小管道埋深。近年来，随着管道施工技术的提高，对于局部埋深较深的管道，采用了顶进施工法，使管道的埋深超过了这个限定。所以管道最大埋深值，应将施工技术水平和设置提升泵站的可行性等因素，经综合分析来确定。

2. 污水管道控制点及衔接方式

（1）控制点的确定和泵站的设置地点：在污水排水区域内，对管道系统的埋深起控制作用的点称为控制点，如各条管道的起点大都是这条管道的控制点。这些控制点中离出水口最远的一点，通常就是整个排水系统的控制点。具有相当深度的工厂排出口或某些低洼地区的管道起点，也可能成为整个管道系统的控制点。这些控制点的管道埋深，影响整个污水管道系统的埋深。

确定控制点的标高时，一方面，应根据城市的竖向规划，保证排水区域内各点的污水都能够排出，并考虑未来发展，在埋深上适当留有余地；另一方面，不能因照顾个别控制点而增加整个管道系统的埋深。为此通常采用一些措施，例如：加强管材强度，填土提高地面高程以保证最小覆土厚度；采用支墩架空敷设以解决局部低洼处管道通过限制条件；设置泵站提高水位等方法，减少控制点管道的埋深，从而减少整个管道系统的埋深，降低工程造价。

在排水管道系统中，由于地形条件等因素的影响，通常可能需设置中途泵站、局部泵站和终点泵站。当管道埋深接近最大埋深时，为提高下游管道的水位而设置的泵站，称为中途泵站；若是将低洼地区的污水抽升到地势较高地区管道中，或是将高层建筑地下室、地铁、其他地下建筑的污水抽送到附近管道系统所设置的泵站称局部泵站；此外，污水管道系统终点的埋深通常很大，而污水处理厂的处理构筑物因受到受纳水体水位的限制，一般需埋深很浅或设置在地面上，因此需设置泵站将污水抽升至处理构筑物，这类泵站称为终点泵站，如图 6-6 所示。设置泵站抽升污水，会增加工程建设费和常年运转管理费用，是不经济的做法。而如果不建泵站而过多地增加管道埋深，则不但施工难度大而且造价也很高。因此，在决定泵站设置与否及其具体位置时应考虑环境卫生、地质、电源和施工条件等因素，并应征询规划、环保、城建部门的意见，应进行技术经济优化比较。

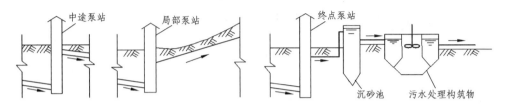

图 6-6　污水泵站的设置地点

（2）污水管道衔接方式：污水管道在管径、坡度、高程、方向发生变化及支管接入的地方都需要设置检查井。在设计时必须考虑在检查井内上下游管道衔接时的高程关系问题，应遵循以下两个原则：

① 尽可能提高下游管段的高程，以减少管道埋深，降低造价。

② 避免上游管段中形成回水而造成淤积。

管道衔接在检查井内实现，衔接方法主要有水面平接和管顶平接两种。如图 6-7 所示。

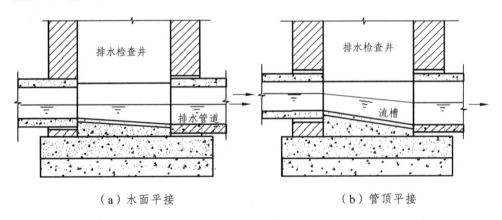

（a）水面平接　　　　　　　　（b）管顶平接

图 6-7　污水管道的衔接

水面平接是指在水力计算中，使上游管段终端和下游管段起端在指定的充满度下的水面相平，即上游管段终端和下游管段起端的水面标高相同。由于上游管段中的水面变化较大，水面平接时在上游管段内的实际水面标高有可能低于下游管段的实际水面标高，因此，在上游管段中易形成回水。

管顶平接是指在水力计算中，使上游管段终端和下游管段起端的管顶标高相同。采用管顶平接时，在上述情况下就不致于在上游管段产生回水，但下游管段的埋深将增加。这对于平坦地区或埋设较深的管道，有时是不适宜的。这时应尽可能减少埋深，而采用水面平接的方法。

6.4 雨水管渠系统及其设计

6.4.1 城市雨水排水系统的设计理念

降落在地面上的雨水，一部分积存并下渗地下土壤，另一部分沿地面流入雨水管渠和水体，这部分雨水称为地面径流。城市雨水径流随着硬化地面的增加，径流的雨水总量也呈增大趋势，而且雨水大部分常在极短的时间内降下，短时间内强度极大的暴雨，往往在很短时间内形成数十倍、上百倍于生活污水流量的雨水径流量，若得不到及时疏导，将造成巨大的危害。

为防止暴雨径流的危害，保证城镇生产、生活正常运转，需要建设完整的雨水收集与排除系统，以便有组织地及时将暴雨径流排入水体。当然，这种雨水排除的指导思想是降低雨洪可能造成的危害，保障城市的生活、生产安全。但随着城市化进程加快，水体污染日益严重，雨水直接排除体制带来了新的问题，如水体污染加剧、洪峰流量对水体下游的威胁、土壤涵养水量的减少以及水资源的日益紧张等。如果将雨水作为水资源加以合理利用可能是雨水更好的出路。这就是传统雨水排水系统向新型城市排水系统转变的必然性。

6.4.2 雨水管渠系统及其布置原则

雨水管渠系统是由雨水口、雨水管渠、检查井、出水口等构筑物所组成的一整套工程设施。按我国传统雨水排除方式，雨水管渠系统布置的主要任务，是要使雨水顺利地从建筑物、工厂区或居住区、街道及广场等地排泄出去，既不影响生产，又不影响人民生活，达到既合理又经济的要求。按照这样的设计理念，雨水管渠布置应遵循下列原则。

（1）充分利用地形，就近排入水体。

为了有效收集雨水，顺应自然径流规律，在排水规划阶段，首先按地形划分排水区域，再按地形变化布置管线。为减少雨水干管的管径和长度，降低建设费用，雨水管应采用分散和就近排放的原则布置。雨水管渠布置一般都采用正交式布置，保证雨水管渠以最短路线，较小的管径把雨水就近排入水体。

（2）尽量避免设置雨水泵站。

由于暴雨形成的径流量大，雨水泵站的投资也很大，而且雨水泵站一年中运转时间短，利用率很低。因此，应尽可能利用地形，使雨水靠重力流排入水体，而不设置泵站。但在某些地势平坦、区域较大或受潮汐影响的城市，不得不设置雨水泵站的情况下，要把经过泵站排泄的雨水径流量减少到最小限度。

（3）结合街区及道路规划。

街区内部的地形、道路布局和建筑物的布置是确定街区内部雨水地面径流分配的主要因素。雨水管渠常常沿街道敷设，但是干管（渠）不宜设在交通量大的干道下，以免积水时影响交通。雨水干管（渠）应设在排水区的低处道路下。干管（渠）在道路横断面上的位置最好位于人行道下或慢车道下，以便检修。

（4）结合城市竖向规划。

城市竖向规划的主要任务之一，就是研究在规划城市各部分高度时，如何合理地利用自然地形，使整个流域内的地面径流能在最短时间内，沿最短距离流到街道，并沿街道边沟排入最近的雨水管渠或天然水体。

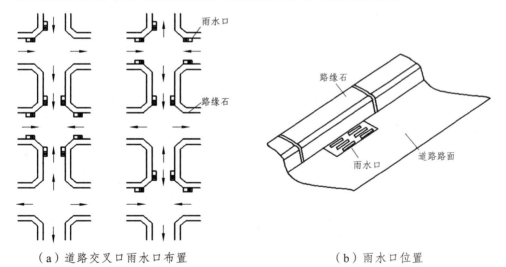

（a）道路交叉口雨水口布置　　　　　　（b）雨水口位置

图 6-8　道路上雨水口布置

（5）合理设置雨水口。

城市道路和街道担负着城市的主要交通功能，在道路两侧设置雨水口，是为了及时收集和排除道路的降雨积水，保证城市交通的安全畅通。道路或街道两侧雨水口的纵向间距，主要取决于街道纵坡、路幅宽度、路面积水情况以及雨水口的进水量，一般为 25~50 m，当道路纵坡大于 0.02 时，雨水口的间距可大于 50 m，其形式、数量和布置应根据具体情况计算确定。

道路或街道交汇处雨水口设置的位置应根据交叉口竖向设计结果确定，一般可按道路路面的倾斜方向来决定，如图 6-8 所示。

位于山坡下或山脚下的城镇，应按城市排洪沟设计原则规划建设截洪沟，以拦集坡上径流，保护市区。截洪沟的雨水一般应通过独立的排洪沟直接排入下游河道，不应进入普通雨水管渠，因为普通市政排水管道服务面积仅考虑市区范围，市政排水设计流量与排洪沟设计流量计算体系是不一样的，因而所确定的建设规模完全不同。

6.4.3 雨水管渠设计流量

雨水设计流量是确定雨水管渠断面尺寸的重要依据。城镇雨水设计流量按下式计算：

$$Q = \psi q F \quad (6-13)$$

式中：Q——雨水设计流量，L/s；
ψ——地表径流系数，其数值小于 1.0；
F——汇水面积，10^4 m^2 或 ha；
q——设计暴雨强度，$L/(s \cdot 10^4 \text{ m}^2)$ 或 $L/(s \cdot ha)$。

这一公式是根据一定的假设条件，由雨水径流成因加以推导得出的半经验半理论的公式。该公式适用于小流域暴雨设计流量的计算，也是我国室外排水设计常采用的公式。

1. 径流系数 ψ 的确定

降落在地面上的雨水，一部分被植物和地面的洼地截留，一部分渗入土壤，余下的雨水沿地面流入雨水管渠，这部分进入雨水管渠的雨水量称作径流量。径流量与降雨量的比值称径流系数 ψ。径流系数的大小显然与城市地面覆盖情况、地面坡度、地貌、建筑密度的分布、路面铺砌等情况有关，但影响 ψ 值的主要因素则为地面覆盖种类的透水性，取值参考表 6-4。此外，还与降雨历时、暴雨强度及暴雨雨型有关。如降雨历时较长，地面已经湿透，地面进一步渗透减少，ψ 就大些；暴雨强度大，ψ 值也大。

综上所述，影响地表径流的因素很多，这些因素有的也无法量化，因此在传统设计中，只有采用经验值，由于规划时考虑的范围较大，也可采用区域综合径流系数。一般城镇建筑密集区，综合径流系数 ψ 取 0.6~0.7；城镇建筑较密集区，ψ 取 0.45~0.6；城镇建筑稀疏区，ψ 取 0.20~0.45。随着城市化进程的加快，不透水面积相应增加，为适应这种变化对径流系数产生的影响，设计时径流系数 ψ 值可取较大值。但是，为了推进城市雨洪控制措施的实施，现行排水设计规范规定综合径流系数高于 0.7 的地区应采用渗透、调蓄等措施，以减小雨水排水系统的雨洪流量，降低城市内涝的发生。

表 6-4 径流系数

地面种类	ψ
各种屋面、混凝土或沥青路面	0.85~0.95
大块石铺砌路面或沥青表面处理的碎石路面	0.55~0.65
级配碎石路面	0.40~0.50
干砌砖石或碎石路面	0 35~0.40
非铺砌土路面	0.25~0.35
公园或绿地	0.10~0.20

2. 设计暴雨强度的确定

1）暴雨强度公式

对某场降雨而言，用于描述降雨特征的指标主要包括降雨量、降雨历时、暴雨强度、重现期等。

我国常用的暴雨强度公式形式为：

$$q = \frac{167A_1(1+c\lg P)}{(t+b)^n} \tag{6-14}$$

式中：q——设计暴雨强度，L/(s·ha)；

P——设计重现期，a；

t——降雨历时，min；

A_1，c，b，n——地方参数，是根据各地降雨资料通过统计方法计算确定。

2）设计降雨历时

通常用汇水面积最远点雨水流到排水管渠设计断面时的集流时间作为设计降雨历时。对雨水管道某一设计断面来说，集流时间由两部分组成，可用下式表达：

$$t = t_1 + t_2 \tag{6-15}$$

式中：t_1——从汇水面积最远点流到第一个雨水口的地面集流时间，min；

t_2——雨水在管道内流到设计断面所需的流动时间，min。

（1）地面集水时间 t_1 的确定。地面集水时间是指雨水从汇水面积上最远点流到第一个雨水口的时间。它受到地形坡度、地面铺砌、地面覆盖情况、道路纵坡和宽度等因素的影响，此外也与暴雨强度有关。但在上述各因素中，地面集水时间的长短主要取决于水流距离的长短和地面坡度。实际应用时，要准确地计算 t_1 是困难的，一般采用经验数值。根据《室外排水设计规范》规定，地面集水时间视距离长短和地形坡度及地面覆盖情况而定，一般采用 t_1=5~15 min。

按照经验，一般在建筑密度较大、地形较陡、雨水口分布较密的地区，或街坊内设置有雨水暗管时，宜采用较小的 t_1 值，可取 t_1=5~8 min；而在建筑密度较小、汇水面积较大、地形较平坦、雨水口布置较稀疏的地区，宜采用较大值，一般可取 t_1=10~15 min。按照这些经验数值，在划分排水区域时，排水管起点汇入井上游地面流行距离以不超过 120~150 m 为宜。

（2）管渠内雨水流行时间 t_2 的确定。t_2 是指雨水在管渠内的流行时间，即：

$$t_2 = \sum \frac{l}{60v} \qquad (6\text{-}16)$$

式中：l——各管段的长度，m；

v——各管段满流时的水流速度，m/s。

3）设计重现期 P

从暴雨强度公式可知，暴雨强度随着重现期的不同而不同。在雨水管渠设计中，若选用较高的设计重现期，计算所得设计暴雨强度大，管渠的断面相应也大，对防止地面积水是有利的，但经济上则因管渠设计断面的增大而增加了工程造价；若选用较低的设计重现期，管渠断面可相应减小。这样投资少，但安全性差，可能发生排水不畅和地面积水等情况。

因此雨水管渠设计重现期的选用，应根据所在区域的重要性、地形特点、汇水面积和气象特点等因素确定，一般选用 2~5 年；对于重要干道、重要地区或短期积水即能引起较大损失的地区，宜采用较高的设计重现期，应选用 3~5 年，并应和道路设计协调；对于特别重要的地区可采用 10 年或以上。此外在同一排水系统中（如立交道路）也可采用同一设计重现期或不同的设计重现期。

对雨水管渠设计重现期规范规定的选用范围，是根据我国各地目前实际采用的数据，经归纳综合后确定的。我国地域辽阔，各地气候、地形条件及排水设施差异较大。因此，在选用雨水管渠的设计重现期时，必须根据当地的具体条件合理选用。

我国《室外排水设计规范》(GB50014—2006) 2014 年版，对雨水设计重现期推荐取值见表 6-5。

表 6-5　雨水管渠设计重现期（年）

城镇类型＼城区类型	中心城区	非中心城区	中心城区的重要地区	中心城区地下通道和下沉式广场等
特大城市	3～5	2～3	5～10	30～50
大城市	2～5	2～3	5～10	20～30
中等城市和小城市	2～3	2～3	3～5	10～20

注：（a）表中所列设计重现期，均为年最大值法。
　　（b）雨水管渠应按重力流、满管流计算。
　　（c）特大城市指市区人口在 500 万以上的城市；大城市指市区人口在 100 万～500 万的城市；中等城市和小城市指市区人口在 100 万以下的城市。

6.4.4　雨水管渠水力计算

1. 雨水管渠水力计算公式

雨水管渠水力计算公式同污水管道一样，采用均匀流公式，见式（6-10）、式（6-11）和式（6-12）。但是计算的控制参数与污水管道有所不同。

2. 雨水管渠设计计算参数规定

为使雨水管渠正常工作，对雨水管渠水力计算基本参数作如下技术规定。

（1）设计充满度：在目前雨水排水方式中，认为雨水较污水清洁，加上所采用较高的设计重现期的暴雨强度对应的降雨历时一般不会很长，且从减少工程投资的角度来讲，雨水管渠允许溢流。故雨水管和合流管道的充满度按满流考虑，即 $h/D=1$，明渠则应有等于或大于 0.20 m 的超高。

（2）设计流速：

① 为避免雨水所挟带的泥砂等无机物质在管渠内沉淀下来而堵塞管道，雨水管道和合流管道的最小设计流速为 0.75 m/s；明渠内最小设计流速为 0.4 m/s。

② 为防止管壁受到冲刷而损坏，雨水管道的最大设计流速为：金属管道 10 m/s，非金属管道 5 m/s；明渠内水流深度为 0.4～1.0 m，最大设计流速按表 6-6 选择。

（3）最小管径和最小设计坡度：雨水管道和合流管道最小管径为 300 mm，相应的最小坡度是塑料管为 0.002，其他管材为 0.003；雨水口连接管最小管径为 200 mm，最小坡度为 0.01。

（4）最小埋深与最大埋深：具体规定同污水管道。

表 6-6 明渠最大设计流速

明渠种类	最大设计流速/（m/s）	明渠种类	最大设计流速/（m/s）
粗砂或低塑性粉质黏土	0.8	草皮护面	1.6
粉质黏土	1.0	干砌块石	2.0
黏土	1.2	浆砌块石或浆砌砖	3.0
石灰岩及中砂岩	4.0	混凝土	4.0

6.4.5 雨水管渠设计步骤

城市雨水排水工程的建设，大部分是与城市道路设施建设和城区综合配套改造工程建设同步实施，雨水排水工程设计也分为初步（方案）设计和施工图设计，主要内容与步骤已在 6.1 节阐述，本节则重点就雨水管渠的初步设计和施工图设计步骤阐述如下。

（1）划分排水流域与管渠定线：根据地形以及道路、河流的分布状况，结合城市总体规划图，划分排水流域，进行管渠定线，确定雨水管渠位置和走向。

（2）划分设计管段及沿线汇水面积：雨水管渠设计管段的划分应使设计管段服务范围内地形变化不大，没有大流量的交汇，一般控制在 200 m 以内，如果管段划得较短，则计算工作量增大；设计管段划得太长，则设计计算不够精确。

各设计管段汇水面积的划分应结合地面坡度、汇水面积的大小、雨水管渠布置以及雨水径流的方向等情况进行。并将每块面积进行编号，列表计算其面积。

管段划分多以街区为界或有支管接入点为节点，管段节点编号一般与检查井编号重合，一个计算管段可能包含若干个检查井，雨水检查井的设置要求详见第 7 章 7.1 节。

（3）确定设计计算基本数据，计算设计流量：根据各流域的实际情况，确定设计重现期、地面集流时间及径流系数等，列表计算各设计管段的设计流量。

（4）水力计算：在确定设计流量后，便可以从上游管段开始依次进行各设计管段的水力计算，确定出各设计管段的管径、坡度、流速，根据各管段坡度，并按管顶平接的形式，确定各点的管内底高程及埋深。

（5）绘制管道平面图和纵剖面图。

6.5 排水管渠的材料、接口及基础

6.5.1 常用管材和管件

1. 管材要求

合理地选择管渠材料，对降低排水系统的造价影响很大。选择排水管渠材料时，应综合考虑技术、经济及其他方面的因素。排水管材主要有以下几点要求：

排水管渠必须具有足够的强度，以承受外部的荷载和内部的水压，外部荷载包括土壤的重量静荷载，以及由于车辆运行所造成的动荷载。压力管及倒虹管一般要考虑内部水压。自流管道发生淤塞时或雨水管渠系统的检查井内充水时，也可能引起内部水压。此外，为了保证排水管道在运输和施工中不致破裂，也必须使管道具有足够的强度。

排水管渠应能耐受污水中杂质的冲刷和磨损的作用，并能抗腐蚀，以免在污水或地下水的侵蚀作用（酸、碱或其他）下很快破损。

输送腐蚀性污水的管渠必须采用耐腐蚀性材料，其接口及附属构筑物必须采取相应的防腐蚀措施。

排水管渠必须不透水，以防止污水渗出或地下水渗入。因为污水若从管渠渗出至土壤，将污染地下水或邻近水体，或者破坏管道、道路及房屋的基础。地下水渗入管渠，不但降低管渠的排水能力，而且将增大污水泵站及处理构筑物的负荷。

排水管渠的内壁应整齐光滑，使水流阻力尽量减小。同时应尽量就地取材，并考虑到预制管件及快速施工的可能，以便尽量降低管渠的造价及运输和施工的费用。

2. 排水管材

（1）混凝土管和钢筋混凝土管：混凝土管和钢筋混凝土管适用于排除雨

水、污水，可在专门的工厂预制，也可在现场浇筑，分为混凝土管、轻型钢筋混凝土管和重型钢筋混凝土管等3种。管口形式通常为承插式、企口式、平口式。如图6-9所示。

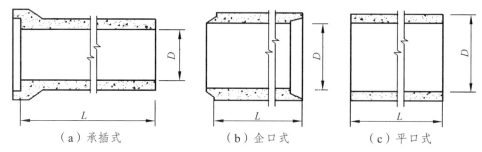

图6-9 混凝土管和钢筋混凝土管

混凝土管的管径一般小于450 mm，长度多为1m，适用于管径较小的无压管。当管道埋深较大或敷设在土质条件不良地段时，为增强抗外压能力，当直径大于400 mm时通常都采用钢筋混凝土管。国内生产的混凝土管和钢筋混凝土管的产品规格标准，详见国家标准GB/T 11836《混凝土和钢筋混凝土排水管》。

混凝土管和钢筋混凝土管便于就地取材，制造方便。而且可根据抗压的不同要求，制成无压管、低压管、预应力管等，所以在排水管道系统中得到普遍应用。混凝土管和钢筋混凝土管除用作一般自流排水管道外，钢筋混凝土管及预应力钢筋混凝土管亦可用作泵站的压力管及倒虹管。它们的主要缺点是抗酸、碱腐蚀性能及抗渗性能较差、管节短、接头多、施工复杂，在地震烈度大于8度的地区及饱和松砂、淤泥及淤泥土质、充填土、杂填土的地区不宜敷设。另外大管径管因自重大而搬运不便。

（2）金属管：常用的金属管有铸铁管和钢管。室外重力流排水管道一般很少采用金属管，只有当排水管道承受高内压、高外压或对抗渗漏要求特别高的地方，如排水泵站的进出水管、穿越铁路和河道的倒虹管，或靠近给水管道和房屋基础时，才采用金属管。在地震烈度大于8度、地下水位高或流砂严重的地区也采用金属管。

（3）塑料管：随着新型建筑材料的不断研制，用于制作排水管道的材料也日益增多。近些年，我国排水工程中也广泛采用埋地塑料排水管道，主要的管材品种有硬聚氯乙烯管（UPVC）、聚乙烯管（PE管）、高密度聚乙烯管（HDPE）、玻璃纤维增强塑料夹砂管（RAM管）。这些管材一般质量轻，管节长，施工快捷，抗腐蚀性好，内壁光滑、粗糙度小、摩阻小，抗渗漏。

由于塑料排水管的广泛应用,现行《室外排水设计规范》(GB50014—2006)对埋地塑料排水管的使用做出了如下规定:①埋地塑料排水管可采用硬聚氯乙烯管、聚乙烯管和玻璃纤维增强塑料夹砂管;②根据工程条件、材料力学性能和回填材料压实度,按环刚度复核覆土深度;③设置在机动车道下的埋地塑料排水管道不应影响道路质量;④埋地塑料排水管不应采用刚性基础。对于埋地排水管的质量要求,我国行业规程《埋地塑料排水管道工程技术规程》(CJJ143—2010)以及地方技术规程均作了详细规定。

6.5.2 管道接口形式

排水管道的接口形式应根据管道材料、连接形式、排水性质、地下水位和地质条件等确定。排水管道的不透水性和耐久性,在很大程度上取决于敷设管道时接口的质量。管道接口应具有足够的强度、不透水、能抵抗污水或地下水的侵蚀并有一定的弹性。

1. 混凝土管接口形式及适用条件

钢筋混凝土管是室外排水管道最常用的管材之一,其管口的形状有企口、平口、承插口,因其使用条件不同,则接口形式也不同,常见接口方法有如下几种。

(1)水泥砂浆抹带接口:如图 6-10 所示,企口管、平口管、承插管均可采用这种接口。施工方法是在管道的接口处用 1:2.5(重量比)水泥砂浆配比抹成半椭圆形或其他形状的砂浆带,带宽 120~150 mm,带厚 30 mm,抹带前保持管口洁净。这是一种刚性接口,一般适用于地基基础稳固,或有混凝土带形基础的雨水管道,用于地下水位以上管径较小的污水管上。

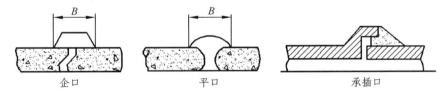

图 6-10 水泥砂浆抹带接口

(2)钢丝网水泥砂浆抹带接口:如图 6-11 所示,主要在平口或企口钢筋混凝土排水管道中使用。施工方法是将抹带范围的管外壁凿毛,抹 1:2.5(重量比)水泥砂浆一层,厚 15 mm,中间采用 20 号 10×10 钢丝网一层,两端插入基础混凝土中,上面再抹砂浆一层,厚 10 mm,带宽 200 mm。此种方法也是属于刚性接口,适用于地基土质较好,或采用混凝土满包基础的雨、污水管道和内压低于 0.05 MPa 的低压管道。

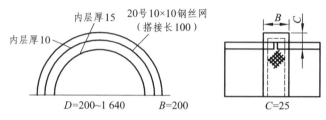

图 6-11　钢丝网水泥砂浆抹带接口

(3)橡胶圈接口:橡胶圈接口属于柔性接口,广泛应用于钢筋混凝土排水管道,特别适用于管道地基土质较差,硬度不均匀,地震多发地区。如图 6-12 所示。排水用橡胶密封圈规格及质量须满足《混凝土和钢筋混凝土排水管用橡胶密封圈》(JC/T946—2005)标准要求。

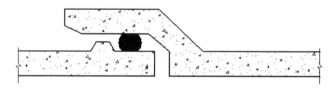

图 6-12　橡胶圈接口

(4)石棉沥青卷材接口:如图 6-13 所示。

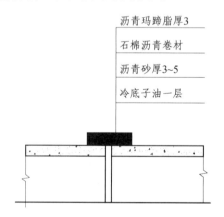

图 6-13　石棉沥青卷材接口

石棉沥青卷材接口的构造是先将沥青、石棉、细砂为 7.5∶1∶1.5 的配合比制成卷材,并将接口处管壁刷净烤干,涂冷底子油一层,再刷沥青油浆作粘合剂(厚 3~5 mm),包上石棉沥青卷材,外面再涂 3 mm 厚的沥青砂浆。

石棉沥青卷材带宽为 150~200 mm。此种接口形式也属于柔性接口，一般适用于沉陷不均匀地区。

（5）预制套环石棉水泥接口：图 6-14 表示内套环石棉水泥接口方法，施工时先将管口及套环刷净，接口用重量比为 1∶3 水泥砂浆捻缝，套环接缝处嵌入油麻（宽 20 mm），再在两边填实石棉水泥。预制套环石棉水泥接口介于柔性与刚性接口之间，称为半柔半刚性接口，适用于地基较弱、可能产生不均匀沉陷，且位于地下水位以下的排水管道。

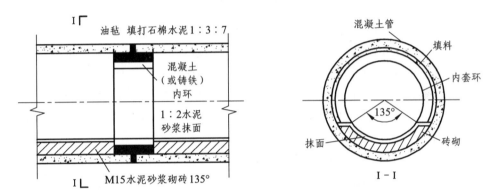

图 6-14　内套环石棉水泥接口

2. 埋地塑料管道接口形式

埋地塑料排水管的连接方式因不同的材质、管径大小、埋设条件各有不同，主要分为承插式、熔接式、粘接式和机械式四种。

承插式橡胶圈密封连接属于柔性连接，广泛应用于硬聚氯乙烯（UPVC）双壁波纹管、加筋管、平壁管、聚氯乙烯（PE）双壁波纹管、聚氯乙烯（PE）缠绕结构壁管。承插式橡胶圈密封连接施工安装方便、密封性能好；管接口允许的偏转角度大，对地基的不均匀沉降适应性好。常见形式见示意图 6-15、图 6-16。

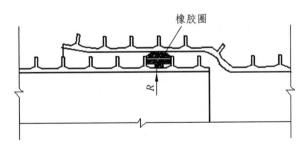

图 6-15　硬聚氯乙烯（UPVC）加筋管橡胶接口

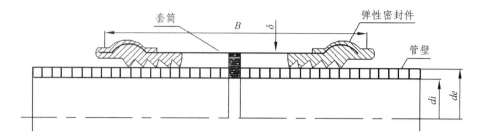

图 6-16 聚氯乙烯（PE）缠绕结构壁管双向弹性密封件连接

熔接式连接有电熔连接、热熔连接和焊接等三种连接方式。属于刚性连接，适用于钢带增强聚乙烯螺旋波纹管（HDPE）和钢塑复合缠绕排水管。

机械式连接是采用机械紧固方法将相邻管端连成一体的连接方法。主要有相邻管端用螺栓紧固的法兰连接、相邻管端用螺栓紧固的两个外接半套管件的哈夫连接和卡箍连接形式，见图 6-17、图 6-18。机械式连接通常采用橡胶圈密封，但也属于刚性连接。

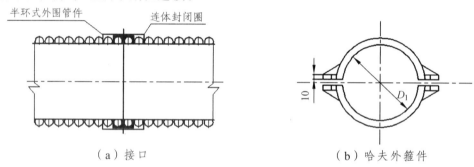

图 6-17 聚乙烯（PE）双壁波纹管哈夫外固接口

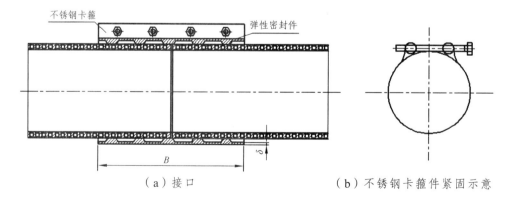

图 6-18 聚乙烯（PE）缠绕结构壁管卡箍式密封件接口

6.5.3 排水管道基础

1. 排水管道基础组成

排水管道的基础一般由地基、基础和管座等 3 个部分组成，如图 6-19 所示。地基是指沟底槽的土壤部分。它承受管道和基础的重量、管内水重、管上土压力和地面上的荷载。基础是指管道与地基间经人工处理过或专门建造的设施，其作用是将管道较为集中的荷载均匀分布，以减少对地基单位面积的压力。管座是管道底侧与基础之间的部分，其作用是使管道与基础连成一个整体，以减少对地基的压力和对管道的反力。管座包角的中心角愈大，基础所受的单位面积的压力和地基对管道作用的单位面积的反力愈小。

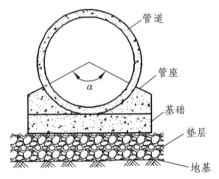

图 6-19 管道基础断面

为保证排水管道系统能安全正常运行，除管道工艺本身设计施工应正确外，管道的地基与基础要有足够的承受荷载的能力和可靠的稳定性，否则排水管道可能产生不均匀沉陷，造成管道错口、断裂、渗漏等现象，导致对附近地下水的污染，甚至影响附近建筑物的基础。地基松软或不均匀沉降地段，抗震烈度为 8 度以上的地震区，管道基础和地基应采取相应的加固措施，地震设防烈度为 7 度及以上区域，管道接口应采用柔性接口。

2. 常用的管道基础

一般应根据管道材质、地质条件、覆土的厚度及其外部荷载的情况等合理地选择管道基础。常见的管道基础形式有砂土基础、混凝土枕基、混凝土带形基础。

（1）砂土基础：包括弧形素土基础、灰土基础、砂垫层基础及砂石基础。适用于干燥密实的土层、管道不在车行道下、地下水位低于管底标高，埋深为 0.8~3.0 m。当采用素土、灰土基础时管道接口处必须做混凝土枕基。

弧形素土基础是在原土基础上挖一弧形管槽（通常采用 90°弧形），管道落在弧形管槽里。

灰土基础，即灰土的重量配合比（石灰：土）为 3∶7，基础采用弧形，厚 150 mm，弧中心角为 60°。

砂垫层基础是在挖好的弧形管槽上，用粗砂填 20 cm 厚的砂垫层，一般适用于岩土和多石地层，砂垫层厚度不宜小于 200 mm，接口处应做混凝土枕基。

砂石基础如图 6-20 所示，有 90°、120°、150°和 180°砂石基础，适用于胶圈接口的钢筋混凝土管和埋地塑料排水管。

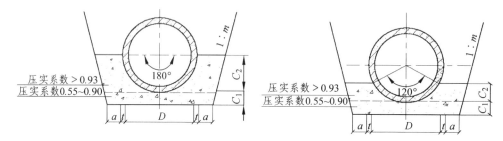

图 6-20　砂石基础

（2）混凝土枕基：混凝土枕基也称混凝土垫块，是管道接口处设置的局部基础，如图 6-21 所示。通常在管道接口下用 C15 的混凝土做成枕状垫块。

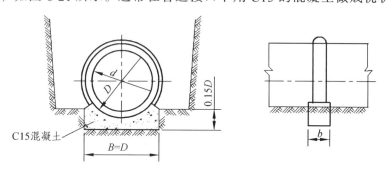

图 6-21　混凝土枕基

（3）混凝土带形基础：混凝土带形基础是沿管道全长铺设的基础。按管座的形式不同为 90°、120°、135°、180°、360°等多种管座基础，如图 6-22 所示。一般土层或各种潮湿土层以及车行道下敷设的管道，应根据具体情况，采用 90°~180°混凝土带形基础。无地下水时这种基础直接在槽底原土上浇筑混凝土基础；有地下水时常在槽底铺 10~15 cm 厚的卵石或碎石垫层，然后再在上面浇筑混凝土基础。

第 6 章 排水管渠及其设计

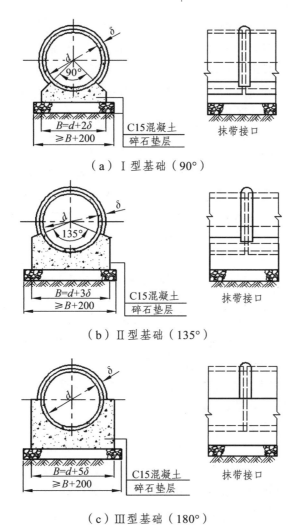

（a）Ⅰ型基础（90°）

（b）Ⅱ型基础（135°）

（c）Ⅲ型基础（180°）

图 6-22 混凝土带形基础

6.6 城市雨水控制及综合利用——低影响开发技术

6.6.1 生态排水理念的形成

城市化的快速发展改变了城市下垫面性质，使原本可通过自然渗透排除

181

的雨水在不透水的硬化地面径流,形成了超大排水流量,使城市低洼地区出现大规模洪水或内涝。同时,降雨在冲刷城市地面过程中还会给城市带来面源污染,严重影响城市水环境质量。在这种水资源供求关系极不平衡、水环境持续恶化的背景下,人们开始提出以径流削减为目的,将雨水径流进行收集储存并资源化利用的概念。

在欧、美、日等发达国家中,一种新型的排水规划设计概念"绿色基础设施"(Green Infrastructure,GI)正不断地被应用到城市雨水管理中。这一理念主要利用自然水循环系统对雨水的渗透、蒸发和储蓄能力,通过源头消减、过程控制、末端处理等几个方面,从而达到减少地表径流、消除城市内涝、促进补充地下水、恢复城市自然水循环系统、减轻热岛效应、缓解全球气候变暖和降低建筑供暖、制冷能耗需求等目的。利用多种低能耗生态设施,如大型人工湿地公园、生物滞留地、绿色屋顶、下凹式绿地、渗透路面、雨水花园等,结合城市景观设计,实现基于城市雨洪控制的排水系统生态改造。形成了所谓"低影响开发"(Low Impact Development,LID)、"可持续排水系统"(Sustainable Urban Drainage Systems,SUDS)、"雨洪最佳管理策略"(Best Management Practices for Stormwater,BMPS)、"水敏感城市"(Water Sensitive Urban Design,WSUD)等规划设计体系。

20世纪80年代初期,我国已经有了对城市雨水控制和利用的研究与工程实践。2014年年底,财政部、住房城乡建设部和水利部启动了2015年中央财政支持海绵城市建设试点城市申报工作。试点城市的年径流总量目标控制率应达到住房城乡建设部发布的《海绵城市建设技术指南》的要求,成为可以吸、蓄、净、释的"海绵体",以提高城市防洪减灾能力、改善生态环境。可以说,海绵城市的建设是生态文明在城市管理中的具体体现,也将成为我国解决雨水出路和水资源可持续利用的必由之路。

6.6.2 低影响开发的实施原则

根据低影响开发的理念,对城市规划及改造设计原则可概括如下几方面:

(1)尽可能多地保持开发地原有自然生态功能,最小化不渗透地面的开发,通过渗透沟、下凹式绿地等生态设施,采用截留的形式,实现不渗透区域的区域分割,从源头减少雨水径流量。

(2)"小规模、分散化、源头式"设计。相比较于"大规模、集中式、终端处理"特性的传统雨水处理方法,低影响开发需要尽可能地从源头控制着手，通过分散式小规模设施的布置，减少道路排水节点处的雨水来源，因此彻底减轻排水系统的压力。同时，小规模、分散化的特性非常契合当前密集型大都市的发展要求，在极其有限的用地规划和空间规划中，为低影响开发的实现提供了可行性的理论支撑。

（3）通过延长地表径流汇流路径，增加地表粗糙程度，从而达到降低雨水径流速度，延缓洪峰到来时间的目的，以此有效地削减洪峰流量，显著减少排水系统运行负荷。

（4）创造多功能的景观雨水管理系统。围绕"绿色，生态，低碳"的主题，增加城市绿色覆盖率，以此抑制并抵消传统"灰色"基础设施建设中对自然产生的负面影响。通过大量绿地的布置，吸收温室气体，减缓全球温室效应带来的危害，从根源上预防极端气候的到来。同时减少城市硬化下垫面，增加生态水弹性设施，利用植物蒸腾，降低城市热岛效应带来的大规模降雨危害，为城市居民提供舒适的生态环境。

6.6.3 低影响开发的目的

低影响开发的主要目的在于通过创造一种绿色景观技术，模拟自然水循环系统的土壤渗透、径流储蓄、植物蒸腾等功能，修复开发后或发展中的生态流域水环境。相较于集中化大规模终端处理技术，低影响开发技术以分散式小规模源头控制的途径，通过渗透和滞留，排出并储蓄区域总降雨量 60%以上的雨水给水循环系统吸收，其余 40%的雨水分担给现有排水管网，这即是"海绵城市"的设计思路。

低影响开发主要包含以下几个方面的目的：

（1）资源节约。

从水域规划、大面积开发和区域地段开发的层面讲，低影响开发试图最大化地节约自然资源，其中包括植物种类、水质水量、地区天然湿地生态系统、高孔隙率土壤、原有生态排水模式和自然地形地貌等。

（2）最小化影响。

从整体层面上讲，低影响开发试图通过保留天然现有绿地和植物，减少改变天然坡度，最小化不透水硬化下垫面，减量化雨水管网设计等几个方面，实现最小化城市化发展建设给自然水环境带来的影响。

（3）最大化雨水渗透。

增长雨水径流汇流路径和增加径流表面粗糙度的策略明显减缓径流的移

动速度，地表缓流的流速状态允许更多雨水有更多的时间渗入并储存到地下土壤中，从而进入持水层补充地下水。与此同时，低影响开发中保存自然湿地，维护自然渗流沟、自然河渠和保持原有坡度较缓的地形地貌，成为低影响开发设计成功的关键因素。

（4）利用分散区域从源头对雨水进行储蓄和处置。

避开传统"灰色"终端集中式排水设施（如大型雨水调蓄水池、高功率抽水泵、终端污水处理系统）的弊端，转而利用小规模、分散式低影响开发设施，允许生态滞留地、下凹式绿地、绿色屋顶等生态设施在小区域范围内进行雨水储存、渗透、蒸发和过滤。将洪峰削减和径流污染源控制在源头，其具有非常高的城市雨水管理效率。

（5）建立完善的系统维护体制。

低影响开发的重点不但在于从规划设计的层面上对现有排水系统和景观设施进行改造，更重要的是后期的维护保养工作，以保证生态设施可持续的蓄水、渗透、净化能力。因此，制定切实可行的长期性低影响设施定期维护管理方案，增强区域市民的生态维护观念，雇佣专门的生态设施维护公司，建立健全当地政府在低影响开发设施维护管理中法规建设，都是真正意义上实现低影响开发成功开展的重要保障。

6.6.4 雨水控制和利用的技术措施

1. 生物滞留池

生物滞留池是一种利用植物和土壤过滤、滞留、渗透雨水特性的雨水管理设施，其结合植物的物理过滤、吸收吸附和生化降解等功能，能达到良好的径流流量控制和污染控制效果，目前在全世界已取得广泛应用。总的来说，生物滞留池系统主要包含以下几个部分：植被缓冲过滤带、蓄水层、植被层、覆盖层、人工过滤填料层和溢流管。此外，在本地土壤渗透率较低的情况下，该系统需要添加地下排水管等设施，如图 6-23 所示。

2. 下凹式绿地技术

下凹式绿地也被称为植草沟，其主要由开放式的下凹浅渠和密集的草本植物构成（图 6-24）。下凹式绿地的设计原理旨在提高径流面的地表摩擦系数，从而达到减缓径流流速，延缓洪峰到来的作用。另外，下凹式绿地也提供径流截流的效果，通过合理地布置下凹式绿地，能有效地隔离划分大面积的不渗透下垫面，从源头控制减少雨水总径流量。区别于生物滞留池，下凹式绿地通常是长条形的沟渠和凹形的沟底（图 6-25），并且其主要功能是用于提供雨水运输的路径。部分增强过滤型的下凹式绿地，采用添加过滤层的方法，同时也能起到提高雨水渗透和增强水质的功效。溢流坝在下凹式绿地中也是重要的组成部分之一，其能增加绿地的蓄水时间，保证深度地表渗流和雨水过滤的进行。

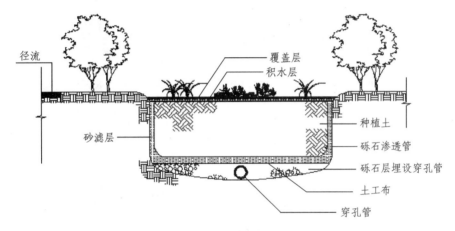

图 6-23　生物滞留池

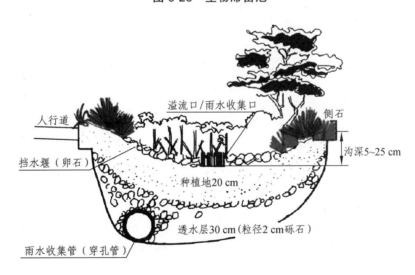

图 6-24　下凹式绿地

雨水运送的过程中，植物能提供表层渗透并通过根部蓄水作用留住一部分的雨水，保持土壤的湿润度，进而为植物的蒸腾散发作用提供基本的发生条件。此外，长期的湿润度能在土壤与植物间滋生小型微生物循环，获取少量的脱氮除磷的功能，以此提高雨水水质。工程实践中，下凹式绿地可替换公路路肩和边沟等设施。

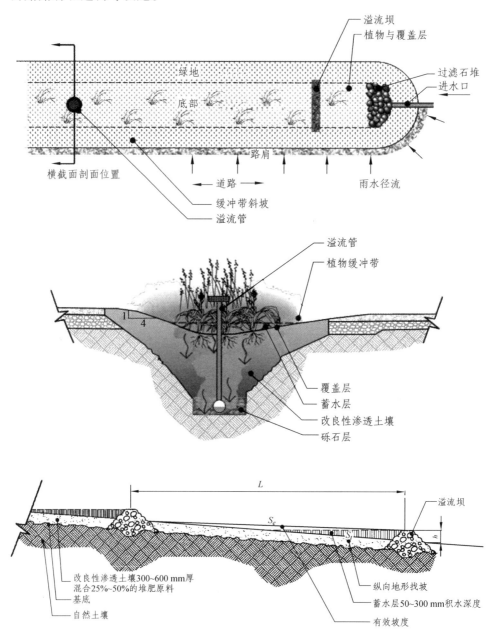

图 6-25 人工实施的下凹式绿地示意

3. 屋顶绿化雨水利用

绿色屋顶是一种通过在建筑物顶部大量覆盖植物减少不渗透面积的雨水管理策略，利用植物与土壤的吸附、滞留能力，减少地表径流量，能有效地延缓洪峰的到来时间，如图 6-26 所示。另外，绿色屋顶也能为建筑物提供大量的阴影，通过避免光线直射屋顶楼板，发挥隔热的功能。这种隔热效果在气候炎热地区，能大量减少建筑物能耗，起到构建"绿色建筑"和实现"节能减排"的目的。

绿色屋顶的雨水滞留量依赖于生长介质层的厚度和房屋的坡度。据实验统计，绿色屋顶能吸收掉大致 70%~90% 的年降雨量。2003 年，加拿大污染防治中心研究表明，绿色屋顶能通过为建筑物楼板提供荫蔽，从而减少 25% 的建筑室内制冷成本。除此之外，绿色植物的蒸腾作用能湿润建筑物周围的空气，并降低空气温度，改善城市气候，缓解热岛效应。生态性方面，绿色屋顶也能为鸟类和昆虫在城市空间中提供生活栖息地。

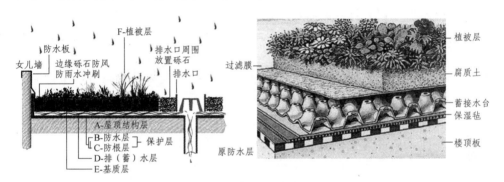

图 6-26　绿色屋顶设计示意

4. 雨水渗透技术

城市雨水渗透有渗透路面、渗透井、渗透沟管等措施，渗透路面通常也被称为多孔性路面（图 6-27），铺装材料包括：渗透性混凝土、渗透性沥青、多孔混凝土、多孔增强型塑料等。由于铺装材料渗透性能优良，渗透路面能快速渗透地表径流，达到减少径流量，加强雨水渗透，补充地下水的目的。

一般情况下，渗透路面较适合于安装在低车流量的道路、停车场、商业步行街和人行道等区域。介于其有限的荷载承载力，在车流量较大或有重型卡车经过的干道上，建议限制渗透路面的使用。另一方面，渗透路面的设置应该避开高污染、高沉积物聚集的场所，如汽车加油站、重工业厂区、垃圾填埋场、垃圾焚烧厂、有毒性化学物质加工厂等。

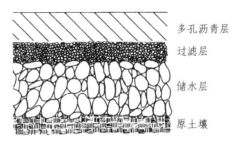

图 6-27　渗透路面结构示意

渗透井包括深井和浅井两大类，前者适合水量大而集中，水质好的情况，如雨季河湖多余水量的地下回灌。在城区更适合使用浅井，作为分散渗透设施。其形式类似于普通的检查井，但是井壁和井底均做成透水的，在井底和四周铺设碎石，雨水通过井壁、井底向四周渗透。渗透井的主要优点就是占地面积小和所需地下空间小，便于集中控制和管理，缺点是净化能力低，水质要求高，不能含有过高的悬浮固体，需要预处理。目前，国内企业已开发出具有渗透功能的一体化排水检查井和配套的雨水净化设施，如硅砂滤水井、管井分离装置等。

雨水渗透沟通常为植被浅沟或渗透暗渠，植被浅沟具有截污、净化和渗透的多种功能。当土质渗透能力较强时，可以设计以渗透功能为主的植被浅沟，称之为渗透浅沟，如图 6-28 所示。浅沟作为一种渗透设施，主要是在雨水的汇集和流动过程中不断下渗，达到减少径流排放量的目的，渗透能力主要由土壤的渗透系数决定，由于植物能减缓雨水流速，有利于雨水下渗，同时可以保护土壤在大暴雨时不被冲刷，减少水土流失。渗透浅沟自然美观，便于施工，造价低。由于径流中的悬浮固体会堵塞土壤颗粒间的空隙，渗透浅沟最好有良好的植被覆盖，通过植物根系和土壤中的昆虫，有利于土壤渗透能力的保持和恢复。渗透浅沟的设计主要包括确定渗透浅沟的断面尺寸、坡度、平面位置、长度、与其他雨水管系等的连接方式等。渗透浅沟的设计与其他渗透设施一样，可以根据土壤渗透系数、浅沟面积、深度、调蓄容积等依据渗透过程中的水量平衡原理计算确定。

对于城市主干道，大部分也是雨水主干管敷设通道，排水系统不仅担负道路路面雨水的收集与排放，也承担道路毗邻小区与广场的排水任务，通过在道路分隔带或绿化带设置下凹式渗透沟，与道路雨水排水管系统合理衔接，如图 6-29 和图 6-30 所示。利用渗透系统的滞留、入渗功能，削减径流总量和峰值流量，减轻雨水管道系统负担，同时提高道路的生态环境。

第 6 章 排水管渠及其设计

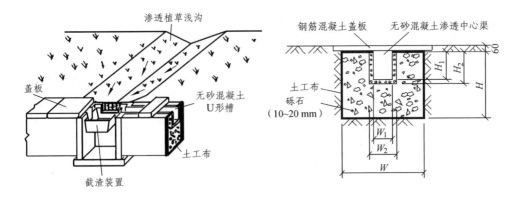

图 6-28 雨水渗透浅沟和渗透暗渠

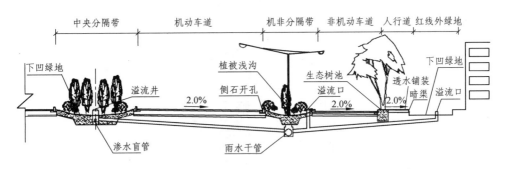

图 6-29 城市道路雨水渗透系统

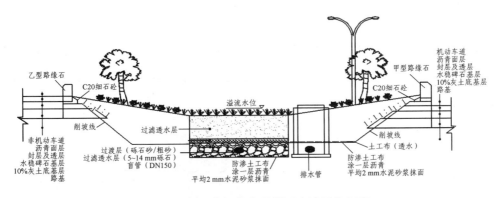

图 6-30 主干道机非分隔带雨水渗透沟示意

5. 雨水储蓄系统

雨水储蓄系统有屋面雨水的储蓄系统、道路雨水储蓄系统。其中道路雨水储蓄系统常采用低势绿地雨水蓄渗系统，该方法通常建造在低于路面的景观隔离带内或采用低势绿地，与路面雨水口一起构成蓄渗排放系统，如图 6-31 所示。具体过程是结合原有的绿化布局，对土壤应进行改造，通过填加石英砂、煤灰等提高土壤的渗透性，同时在地下增设排水管，穿孔管周围用石子或其他多孔隙材料填充，具有较大的蓄水空间，将屋面、道路等各种铺装表面形成的雨水径流汇集入绿地中进行蓄渗，以增大雨水入渗量，多余的径流雨水从设在绿地中的雨水溢流口或道路排走，这种蓄渗设施有效地提高了道路景观隔离带的调蓄与下渗能力，同时可确保景观植物生长条件与景观效果，人行道外侧的绿化带也可进行类似设置。

可将城市道路、小区等街面雨水排水系统与道路绿化带及低洼地结合，设计人工湿地带，如图 6-32 所示。通过湿地带的储留能力和净化能力，既可削减排水系统超大流量，也可降低雨水地表径流带来的面源污染等。

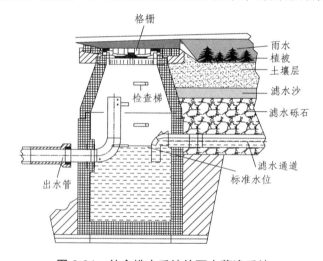

图 6-31　结合排水系统的雨水蓄渗系统

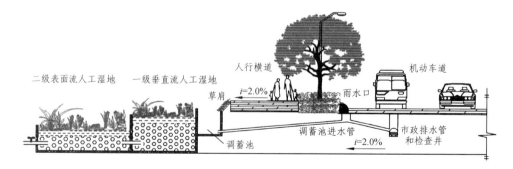

图 6-32　结合人工湿地的雨水储蓄系统

6.6.5 城市雨水控制与利用的效益分析

城市雨水控制与利用是低影响开发的一种技术手段，其工程效益主要来源于其"模拟自然生态水循环系统从源头控制"的设计理念。从水文、环境、能耗、生态、成本几个方面，其效益分析可归纳为以下几点。

（1）减少暴雨径流量。

低影响开发趋向于采用截留、渗透、过滤、储蓄、滞留几种形式来处理暴雨水质和水量。通过 LID 设施中植物和土壤的对雨水的调蓄功能，能显著收缩高强度暴雨来临时急速攀升的总径流量。例如绿色屋顶能利用其植物根部的吸附能力和植物生长介质层土壤的蓄水能力大量储蓄雨水，明显可削减洪峰流量。

（2）消除城市内涝。

低影响开发设计理念在大范围流域中的应用能降低城市扩张后不渗透面积比率，通过改善生态下垫面的形式削减径流量，因此具有消除城市区域内涝风险的巨大潜力。

（3）降低合流制污水溢出风险。

将低影响开发设计概念融合于雨水管理之中，也能降低污水溢流的风险。从流量方面讲，低影响开发通过 LID 设施的洪峰削减作用，在源头削减地表径流量，从而缓解高强度降雨下的排水荷载，最小化节点溢流的发生概率。从水质的方面讲，源头控制的思路降低了径流中 SS、TN、TP 等物质的含量，提高了水质，减轻了终端污水处理工艺的负担，污水处理厂运行超载概率大大降低。研究表明，通过低影响开发的形式减少污水溢流风险比传统建立雨污分流排水系统或建造溢流污水储蓄池等策略更加节能高效。

（4）提高水质。

通过 LID 中植物与土壤对污染物与沉淀物的俘获作用，低影响开发设施能抑制因暴雨冲刷作用进入排水管道和水体而不断恶化的水质。在植物根部，污染物被过滤、吸收或者生化降解。

（5）补充地下水。

相比于传统排水系统将雨水通过管道直接排入水体的方式，低影响开发技术通过大面积渗透，促进了地下水的补充。防止了城市地区因为超量采用地下水，出现岩土结构局部崩塌和城市区域整体下沉的隐患。

（6）降低土壤盐分。

研究表明，渗透路面能延缓冬季霜冻层的形成，因此能有效地减少"撒盐除冰"的使用频率。从而阻止盐分和污染物进入土壤，防止雪融水渗透进入地下水，保护地下水水质。采用渗透路面等雨水管理方法，也能有效减少氯化物的使用，是一种间接的成本控制方式。

（7）降低建筑能耗。

LID 设施中的植物能通过蒸腾作用降低周围环境的温度并增加空气湿度。利用该生态过程，绿色屋顶等设施能减少建筑物供暖、制冷的需求，以此降低空调的能耗，达到节能减排的目的。

（8）净化空气。

一方面，LID 中的植物不但能通过直接方式利用光合作用，吸收二氧化碳，排出氧气缓解全球温室效应。另一方面，以间接的形式，LID 等"绿色"设施替代原有的"灰色"高排放基础设施，并通过削减洪峰和控制径流水质的方式减少污水处理厂负荷，同样能达到减少大量碳排放的目的。

（9）缓解城市热岛效应。

相比较于传统不渗透路面，渗透路面吸收的热量很少，同等条件下，渗透路面的温度提升远远低于传统水泥沥青路面。另外，带有植物的 LID 设施能通过蒸腾作用改善局部区域微气候，从而达到缓解城市热岛效应的作用。

（10）增强区域景观。

结合景观设计的低影响开发技术，在改善城市下垫面，解决城市水环境恶化和内涝问题的同时，同样具有加强城市绿色景观的作用。优美的绿色景观环境，能给城市居民带来心灵的享受，并提供赏玩游乐的场地。

（11）提高城市生态功能。

低影响开发的宗旨在于复制自然生态系统。因此其同样为城市生态多样性功能提供支持，LID 的建设能为众多野生动物提供栖息地，保护地区生态多样性的发展。

（12）减少雨水管理基础设施的建设投资成本。

低影响开发技术缩减了传统排水系统的运行负荷，因此更减轻了城市对大规模终端排水设施的依赖性，能节省出相当大的一部分资金投入，如扩建排水终端处理设施容量和提高处理效率的升级费用等。从全生命周期的角度出发，在良好的运营管理下，LID 设施的长期运行成本应远远低于传统排水设施的运行维护费用。此外，通过不断改善城市地区的环境质量和生态质量，LID 的维护费用将会呈现出直线下降的趋势，从而表现出良性循环的优势。

总之，低影响开发工程应用能在城市雨水管理方面提供给社会环境和生态环境众多受益。其中一部分的获益可以通过经济效益的标准来进行衡量，然而另外一些却是无形的财产，例如城市水环境效益和生态效益，这些都是难以量化估算的财富。

6.7 城市雨洪系统模拟方法简介

从本章 6.4 节可知，现行雨水排水系统的设计方法主要采用的是简化模型，是把雨水的径流和管道内的流动当作恒定流动和均匀流动，把实际的降雨雨型反映在各地的暴雨强度公式中，把地面的径流不确定性，采用了确定的地面集流时间和管渠内雨水流行时间的经验值作为计算降雨历时，地面径流特点的多样性只是采用一个径流系数来考虑。雨水在管道内的流动不仅是非恒定流特点，而且由于雨水管道和排洪沟道之间形成的排水管网的互相影响，管内的流动也不是均匀流动。所以为了准确评价城市排水系统以及在城市雨洪控制规划中得到准确的计算，都需要对雨水径流、排除等过程进行精细刻画，这就是城市雨洪管理的水文-水力模型。

6.7.1 SWMM 简介

目前，针对城市雨洪管理的水文模拟软件较多，而能对 LID-BMPs 进行模块分析的软件主要包含：EPA-SWMM5.1（Storm Water Management Model）、HEC-HMS（HEC-Hydrologic Modeling Software）、HSPF（Hydrologic Simulation Program-Fortran）、MIKE URBAN 等。而 EPA-SWMM5.1 和 MIKE URBAN 相较于其他软件，模拟功能更加完善，因此本书着重介绍 EPA-SWMM5.1 对工程设计的数值模拟计算方法。

SWMM5.1 在以往版本基础上进行了大量的改动升级，除了允许在 Windows 系统下运行等改动，并提供可视化编辑的数据输入，能执行水文、水力和水质模拟。在运行分析后期，还能输出包含颜色编码的排水面积参数和排水管道系统地图、时间序列图、表格、剖面图和统计频率分析等。最重要的是，最新版本提供了多个 LID 的建模分析模块，可以通过 LID 模块构建和 LID 设施控制两个功能模块分析，开展基于低影响开发下的排水系统水力分析和研究区域水文分析。

6.7.2 SWMM 功能和应用

1. 水文模拟特征

SWMM 能通过联合性功能模块模拟城市区域原始水循环过程与低影响开发技术处理下的水循环过程（图 6-33），其中包含：① 降雨过程；② 不渗透地表和渗透地表的洼地蓄水截流；③ 渗透地表中不饱和土的渗透；④ 地下水和地表水的相互交换过程；⑤ 渗流水在地下的水平穿透运动；⑥ 地表漫流的非线性演算；⑦ 气候条件导致的地表水蒸发和降雪累积融化等过程以及多种低影响设施的渗透、滞留、储蓄径流的作用；⑧ 低影响开发设施中的水文运动路径。

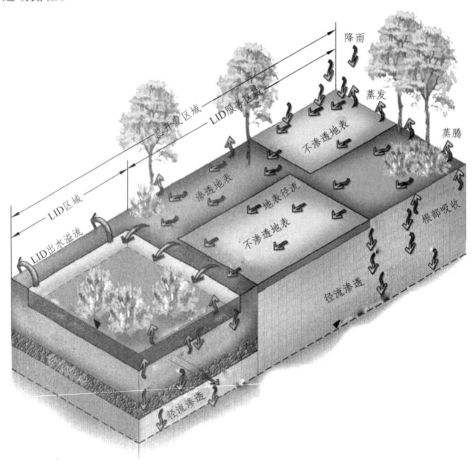

图 6-33 低影响开发处理下的城市区域水循环示意图

以上全部的水循环时空变化通过细分的子汇水面积获得，每个子汇水面积都具有各自的渗透和不渗透地表属性。可以在子汇水面积之间和排水系统节点之间演算地表漫流情况。

2. 水力模拟特征

SWMM 同时也拥有模拟演算人工排水系统中管道、渠道、蓄水池、分流器的各种水力特性的能力，其中包括：① 处理无限制尺寸的排水网络；② 模拟各种形状的封闭或开放渠道；③ 模拟调蓄水池、分流器、水泵、堰、孔口、出水口等水力特性；④ 利用来自地表径流的外部流量和水质、地下水交换、降雨渗入及进流；⑤ 使用运动波或动态波进行管道流量水力计算；⑥ 模拟管段中的各种流体流态，如回流、超载流、逆向流和地表积水等情况；⑦ 利用用户动态控制规则，模拟水泵的运行、孔口的开口和堰顶的水位。

3. SWMM 的工程应用

目前，SWMM 已被广泛地运用在排水系统设计和雨水管理研究中，其中包括：① 防洪系统中排水设施尺寸确定；② 储蓄水设施尺寸确定；③ 自然水文系统中自然河道的地图绘制；④ 合流制污水溢流的控制设计；⑤ 评估污水溢流的影响；⑥ 非点源污染研究；⑦ 评估 LID-BMP 源头控制非点源污染的有效性。

6.7.3 SWMM 雨水管理模型原理

1. 地表产流模型计算原理

SWMM 将研究区域划分为多个子汇水区域，根据每个子汇水区域的参数分别计算产流过程，最后通过流量演算全部子汇水区域，面积加权生成地表径流。子汇水面积可分为三部分：渗透区域 A_1、有洼地不渗透区域 A_2、无洼地不渗透区域 A_3，如图 6-34 所示。

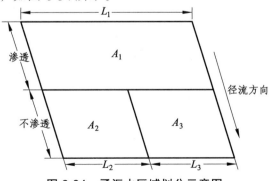

图 6-34　子汇水区域划分示意图

1）渗透区域 A_1 产流计算

渗透区域 A_1 主要考虑降雨过程中的渗透损失，当该区域土壤不饱和时，渗透持续发生，当土壤饱和时，该区域发生积水，其产流公式为：

$$R_1 = (i - f) \cdot \Delta t \tag{6-17}$$

式中：R_1——渗透区域的产流量，mm；
　　　i——降雨强度，mm/s；
　　　f——渗透强度，mm/s；
　　　Δt——降雨历时，s。

2）有洼地不渗透区域 A_2 产流计算

在有洼地不渗透区域的计算中，主要考虑洼地积水造成的滞留量，当降雨量超过洼地积水时，产生地表径流，其产流公式为：

$$R_2 = r - d \tag{6-18}$$

式中：R_2——有洼地不渗透区域产流量，mm；
　　　r——降雨量，mm；
　　　d——洼地滞留量，mm。

3）无洼地不渗透区域 A_3 产流计算

在无洼地不渗透区域的计算中，地表径流的主要损失方式表现为蒸发，其产流公式为：

$$R_3 = r - e \tag{6-19}$$

式中：R_3——无洼地不渗透区域产流量，mm；
　　　r——降雨量，mm；
　　　e——蒸发量，mm。

2. 地表汇流模型计算原理

SWMM 将每一个子汇水区域简化为非线性水库模型，其中降雨和上游汇水区域作为径流量，地面渗透、地表蒸发和地表径流作为该水库的出流量，同时将洼地的滞留水量定义为水库的蓄水能力，通过积水、地表湿润和截流提供最大地表蓄水。水库的出水量模拟子汇水区域的径流量，当水深超过最大水深 d_p 时，地表径流产生，如图 6-35 所示。

其中，非线性水库模型出流的连续性方程为：

$$\frac{\mathrm{d}V}{\mathrm{d}t} = A \cdot i - Q_0 \tag{6-20}$$

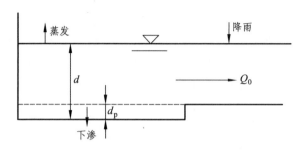

图 6-35 地表汇流概念示意图

式中：V——子汇水区域的总水量，m^3；
  A——子汇水区域面积，$10^3 m^2$；
  i——净降雨强度，mm/s；
  Q_0——径流流量，m^3/s。

径流流量由曼宁公式计算：

$$Q_0 = W \cdot \frac{1.49}{n} \cdot (d-d_p)^{\frac{5}{3}} \cdot S^{\frac{1}{2}} \quad (6\text{-}21)$$

式中：W——子汇水区域特征宽度，m；
  n——曼宁粗糙系数；
  d_p——最大水深，m；
  S——坡度。

将式（6-20）与（6-21）联立求解可得 d 的非线性微分方程，再利用有限差分得出离散方程

$$\frac{d_2-d_1}{dt} = \bar{i} - \bar{f} - \frac{WS^{\frac{1}{2}}}{An}\left[\frac{d_2+d_1}{2}-d_p\right]^{\frac{5}{3}} \quad (6\text{-}22)$$

式中：dt——时间步长，s；
  d_2——时段结束时的水深，m；
  d_1——时段开始时的水深，m；
  $\bar{i}$——时段的平均降雨强度，m/s；
  $\bar{f}$——时段的平均渗透率，m/s。

3. 渗透模型计算原理

渗透是降雨穿透地面进入渗透性子汇水区域中非饱和土壤区域的过程，SWMM 在建模中，提供了三个渗透模型：Horton 方程、Green-Ampt 方法及曲线数方法。

1）Horton 方程

Horton 方程是根据经验观测得来，方程表明土壤渗透会随着长期降雨过程不断地降低，并呈指数级衰减。该模型公式需要确定研究区域的最大渗透速率、最小渗透速率、渗透衰减系数及排干时间等。其渗透速率与时间关系函数如下：

$$f_p = f_\infty + (f_0 - f_\infty) e^{-at} \tag{6-23}$$

式中：f_p——t 时刻的渗透速率，mm/s；

f_∞——最大渗透速率，mm/s；

f_0——最小渗透速率，mm/s；

a——渗透衰减系数；

t——降雨时间，s。

2）Green-Ampt 方法

Green-Ampt 方法假设土壤中存在尖锐湿润峰，将具有初始含湿量的土壤与上部饱和土壤分离。该模型的确定需要土壤的初始含湿量亏损，土壤导水率及湿润的吸入水头。其公式为：

$$F = \frac{K_s S_w (\theta_s - \theta_i)}{i - K_s} \tag{6-24}$$

式中：K_s——饱和的水力传导率；

S_w——浸润面上土壤的吸水能力；

θ_s——饱和时以体积计算的水分含量；

θ_i——初始时以体积计算的水分含量；

i——降雨强度，mm/min。

3）曲线数法

曲线数法又称 CSC-CN 模型，是美国水土保持署提出的一个经验公式。其假设土壤的总渗透能力来自土壤的表格化曲线数。在降雨过程中，渗入能力作为累计降雨和剩余能力的函数不断下降，该方法的输入参数为曲线数和土壤排干时间。其计算公式如下：

$$Q = \frac{(R - 0.2S)^2}{R + 0.8S} \tag{6-25}$$

其中

$$S = 25.4 \times \left(\frac{1\,000}{CN} - 10\right) \tag{6-26}$$

式中：Q——径流量，m^3/s；
R——降雨量；
S——水土保持参数；
CN——综合参数。

4. 排水汇流计算原理

SWMM 模型为管道的恒定流和非恒定流提供了三种计算方法，其包括：恒定流法、运动波法、动态波法。

恒定流法表示了最为简单的验算，其假定每一计算时间步长内流量是恒定均匀流。因此这种方法将上游进流水力过程简单地转化到下游节点，无延后或者形状上的变化。由于恒定流法没有考虑渠道蓄水、回水影响、进出口损失、流向逆转或者压力流动等因素，因此仅适合于树状管网的输送分析。且该验算对时间步长不敏感，较适合于长期连续性的初步分析。

运动波法主要采用每一管段动量方程的简化形式，采用求解连续性方程的方法获得管道中流量的推演。计算过程中，水平坡度等于渠道坡度，通过管渠的最大流量等于满流流量。当超过该段管渠的运行荷载时，可在进水节点处进行积水。当运行能力再次可用时，该节点处积水量重新进入管渠参与计算。运动波法考虑了流量和截面积随着管渠的时空变化因素，但是却同样没有考虑回水影响、进出口损失、水流逆转或者压力流，同时也仅限制于树状管网。然而其计算数值相对稳定，在不考虑前述水力效应的情况下，是一种精确有效的演算方法，尤其适合于长期模拟。

动态波法采用求解一维圣维南方程组，其中包括管渠连续性动量方程和节点流量连续性方程等。

1）管道控制方程

连续性方程：

$$\frac{\partial Q}{\partial x} + \frac{\partial A}{\partial t} = 0 \quad (6\text{-}27)$$

动量方程：

$$g \cdot A \cdot \frac{\partial H}{\partial x} + \frac{\partial (\frac{Q^2}{A})}{\partial x} + \frac{\partial Q}{\partial t} + g \cdot A \cdot S_f = 0 \quad (6\text{-}28)$$

其中

$$S_f = \frac{K}{g \cdot A \cdot R^{\frac{4}{3}}} \cdot Q \cdot |V| \quad (6\text{-}29)$$

$$K = g \cdot n^2 \quad (6\text{-}30)$$

$$\frac{Q^2}{A} = A \cdot v^2 \quad (6\text{-}31)$$

式中：Q——瞬时流量，m^3/s；

A——管渠过流断面面积，m^2；

x——管道长度，m；

t——时间，s；

H——静水头高度，m；

g——当地重力加速度，m/s^2；

S_f——摩擦损失引起能量坡降。

联立式（6-28）（6-29）（6-30）（6-31）可得基本方程：

$$g \cdot A \cdot \frac{\partial H}{\partial x} + g \cdot A \cdot S_f - 2v \cdot \frac{\partial A}{\partial t} - v^2 \frac{\partial A}{\partial x} + \frac{\partial Q}{\partial t} = 0 \quad (6\text{-}32)$$

将 S_f 代入基本方程中，用有限差分可得：

$$Q_{t+\Delta t} = Q_t - \frac{K}{R^{\frac{4}{3}}} \cdot |V| \cdot Q_{t+\Delta t} + 2V \cdot \frac{\Delta A}{\Delta t} + V^2 \frac{A_2 - A_1}{L} - g \cdot A \frac{H_2 - H_1}{L} \Delta t \quad (6\text{-}33)$$

从（6-33）中可求出 $Q_{t+\Delta t}$，得波动法方程有限差分式：

$$Q_{t+\Delta t} = \left[\frac{1}{1 + \left(K \cdot \frac{\Delta t}{R^{\frac{4}{3}}}\right) \cdot |\overline{V}|}\right] \left[Q_t + 2\overline{V} \cdot \Delta A + V^2 \frac{A_2 - A_1}{L} \Delta t - g \cdot \overline{A} \frac{H_2 - H_1}{L} \Delta t\right] \quad (6\text{-}34)$$

式中 $\overline{V}$、$\overline{A}$、$\overline{R}$ 分别为 t 时刻的管道末端的加权平均值。

2）节点控制方程

管网节点控制方程为：

$$\frac{\partial H}{\partial t} = \sum \frac{Q_t}{A_{sk}} \quad (6\text{-}35)$$

式中：H——节点水头，m；

Q_t——进出节点的流量，m³/s；

A_{sk}——节点自由表面积，m²。

将式（6-35）转化为有限差分，可得：

$$H_{t+\Delta t} = H_t + \sum \frac{Q_t \cdot \Delta t}{A_{sk}} \tag{6-36}$$

根据式（6-34）和（6-36）可逐个解出所有管道流量和节点水头。

动态波法计算中，当管网中出现满流，流量可表现为压力流的形式。在节点积水方面，其计算模式和运动波法相同。但与之不同的是，动态波法可以模拟管渠蓄水、回水、进出口损失、流向逆向和压力流等因素。由于耦合了节点水位和管渠流量的求解，它可以广泛适用于大多数排水管网的模拟计算。但该方法必须通过小步长的时间计算，计算量较大，较难保持长时间计算的稳定性。

5. 低影响开发模拟原理

在 SWMM 中，低影响开发控制模块被定义为子汇水面积的属性之一。LID 控制是通过多个竖向单元层的组合来表示的，每个单元层能单独定义参数。在模拟计算时，SWMM 通过执行含湿量平衡，模拟每个竖向单元层中发生的径流流入、渗透、储存、潜流、蒸发等情况（如图6-36），并将验算的模拟结果代入下一层再次进行计算，直到演算完结。

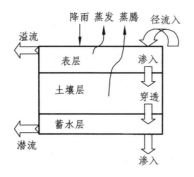

图 6-36 LID 模拟示意图

当前最新版本 SWMM5.1 共提供了生物滞留地、雨水花园、绿色屋顶、渗透沟、渗透路面、渗透井、下凹式绿地等 7 种 LID 设施模型供使用者选择。具体模拟层见表 6-7。

表 6-7　SWMM 中不同 LID 模型的层组合

LID 类型	面层	路面	土壤层	蓄水层	暗渠	排水层
生物滞留地	✓		✓	✓	✓	
雨水花园	✓		✓			
绿色屋顶	✓		✓			✓
渗透沟	✓			✓	✓	
渗透路面	✓	✓		✓	✓	
渗透井				✓	✓	
下凹式绿地	✓					

6.7.4　SWMM 模拟方法

1. 确定设计降雨强度

实际中每场降雨的降雨强度、雨型、降雨持续时间各不相同，单一降雨事件往往不能有效地代表出该区域的降雨规律，且适用性范围相对较小。因此，有限次数的降雨采集不利于全面评估研究区域的雨水管网的排水能力。

SWMM 模拟中的降雨数据主要运用人工合成降雨过程曲线的方法，利用地区常年降雨规律归纳出的当地暴雨强度公式，结合美国芝加哥降雨模型，人工合成设计暴雨过程曲线。相对于前者，由于数据的采集来自于更加广泛的地区和时间范围，能有效地代表该区域的大部分降雨事件，因此更适合于整体测试出研究区域的雨水管网的排洪能力。在我国相关领域发布的各地区暴雨强度公式可作为计算依据，实施中需要确定降雨重现期 P，降雨历时 t，雨峰相对位置系数 r。如以某市为例，暴雨强度公式为：

$$q = \frac{2806(1+0.803\lg P)}{\left(t+12.8P^{0.231}\right)^{0.768}} \quad (6\text{-}37)$$

则暴雨过程线可以分为峰前和峰后两部分，峰前上升段计算公式为：

$$i_a = \frac{a\left[\dfrac{(1-c)t_b}{r}+b\right]}{\left(\dfrac{t_b}{r}+b\right)^{1+c}} \quad (6\text{-}38)$$

峰后下降段计算公式为：

$$i_b = \frac{a[\frac{(1-c)t_a}{1-r} + b]}{(\frac{t_a}{1-r} + b)^{1+c}}$$ （6-39）

式中：q——瞬时降雨强度，mm/min；

P——降雨重现期；

t——降雨历时，min；

r——雨峰相对位置系数；

i_a，i_b——峰前和峰后的降雨强度，mm/min；

t_a，t_b——以雨峰为分界点的峰前和峰后时间，min；

a，b，c——研究区的暴雨相关参数。

2. 划分子汇水区域

子汇水区域在 SWMM 中被定义为接受雨水或同时接收上游出流量的区域。在模型中，汇水面积可以通过串联或者并联连接以表示不同情况下的径流路径。子汇水区域的建立应主要遵循以下几个方面的原则：

（1）综合考虑地形因素，按照坡度方向确定径流上下游，明确雨水汇水路径。

（2）结合工程实际，明确用地类型，着重考虑场地特征，尽量把相同用地类型的区域划分在一起，无需过度划分。

（3）子汇水区域选择下游出水口时，采用就近的原则选择相应的管段节点进行雨水收集。

（4）根据工程实际情况，子汇水区域的划分中，应扣除河网和人工湖泊的面积，以上两者均定义为受纳水体。

结合以上原则，通过综合考虑模拟区域雨水管网分布情况、街道分布、区域用地类型等，可以得到详细的子汇水区域，如图 6-37 所示。

3. 确定子汇水区域参数

子汇水区域参数主要包含子汇水区面积、特征宽度、平均坡度、不渗透面积百分比、渗透性地表曼宁系数、不渗透性地表曼宁系数、不渗透性地表洼地蓄水深度、渗透性地表洼地蓄水深度、无洼地蓄水的不渗透面积百分比等。确定方法如下：

1）子汇水区域宽度计算

子汇水区域宽度又称薄层径流的地表漫流特征宽度，计算公式如下：

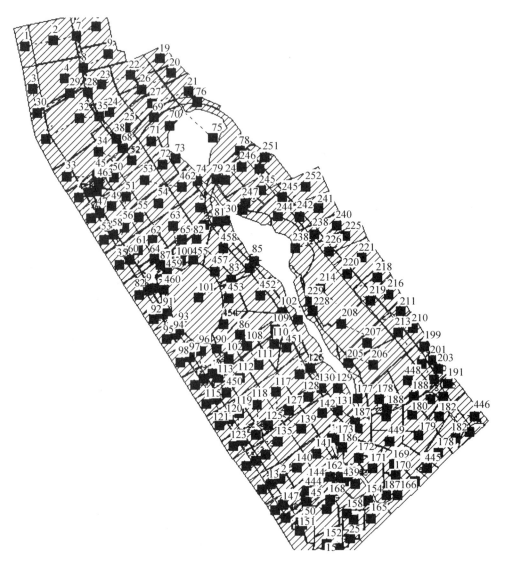

图 6-37　评价区划分的子汇水区域示意图

$$Width = \frac{Area}{FlowLength} \quad (6-40)$$

式中：$Width$——地表漫流特征宽度，m；
　　　$Area$——子汇水区域面积，m^2；
　　　$FlowLength$——平均最大地表漫流长度，m。

第 6 章　排水管渠及其设计

2）子汇水区域平均坡度确定

对于模拟场地地势平整的情况，地形高差极小，可通过地形估算，平均坡度整体取 0.2%~2%。对于地形坡度较为复杂的地域，建议结合 ArcGIS 统计分析子汇水区域平均坡度，以便得出较为可靠的结论。

3）不渗透面积百分比确定

不渗透面积百分比代表着该区域不渗透面的面积大小，从某种程度上讲反映了该区域的城市化程度。因此该参数应结合区域用地类型进行估算。

4. 建立雨水管网模型

在排水系统评估分析中，管网模型应根据实际雨污水管施工图进行建立，并进行实际核实修改管网图信息。在规划研究阶段，管网模型应以管网规划图为基础。但由于实际排水管网相对复杂，应适当的简化管段和节点参数，以达到避免计算单元过多产生的大型连续性误差，提高模拟精确性和减少建模工作量。管网概化中，将管径、坡度相同的管段进行适当合并。节点的选择应基于原有雨水检查井的位置上进行设置，距离较近且最大深度相同的检查井可以简化为一个。在接近交叉路口、地势低洼的地区也尽量设置节点，以便模拟区域积水的状况。确定雨水管网模型中的节点及管段参数，表 6-8 为某区域模拟计算时节点及管段参数的设置情况。

表 6-8　节点及管段主要参数设置

节点属性名称	取值	参数来源
节点最大深度	0.3~3.10 m	CAD 雨水管网施工图
节点内底标高	527.13~537.62 m	CAD 雨水管网施工图
积水面积	5~10 m²	现场实测
管段属性名称	取值	参数来源
管段形状	圆管	CAD 雨水管网施工图
管段最大深度	0.3~3.10 m	CAD 雨水管网施工图
管段长度	10~200 m	CAD 雨水管网施工图
粗糙系数	0.011	参照 SWMM 用户手册

5. LID 模块的建立

从前述可知，SWMM 中有专门的 LID 分析模块，若区域中有实施 LID 工程措施，则可根据不同的 LID 设施的功能，选择相对应的设计模型，如生物滞留地、下凹式绿地、绿色屋顶、透水路面、种植盒等。通常情况下，LID 模块与子汇水面积的连接关系分为两种，串联式和并联式。串联式连接能清楚地表明水流的汇流途径，在面对较小规模设计时，能体现出较为明显的优势。而并联式通常直接使用子汇水面积中的参数模块进行设置，更加简单快捷，因此更适合于大范围的模型建立。通常情况下，采用并联式连接较多。

6. 模拟结果输出与分析

在 SWMM 中，能输出详尽的区域水文和水力数据，通过分析蒸发量、渗透量、径流量等方面，能详尽地评估出区域的内涝风险大小。在排水管网水力模拟中，通过输出的洪流小时数、最大流速、洪流流量、积水深度、满管率，则能有效地评估出当前工况下排水管网的运行状态。同时检验 LID 工程的有效性，从而正确做出针对性的规划和改造方案。

第7章 排水管渠附属构筑物及排水泵站

7.1 排水管渠附属构筑物

为了排除雨水和污水，除管渠本身外，还需在管渠系统上设置某些附属构筑物，这些构筑物包括雨水口、连接暗井、溢流井、检查井、跌水井、水封井、冲洗井等。

管渠系统上的附属构筑物，有些数量很多，它们在管渠系统的总造价中占有相当大的比例。因此，如何使这些构筑物建造得合理，并使其发挥最大作用，是排水管渠系统设计和施工中的重要内容之一。

7.1.1 检查井、跌水井、水封井

设置检查井的目的是便于对管渠系统作定期检查和清通，同时便于排水管渠的连接。当检查井内衔接的上下游管渠的管底标高跌落差大于 1m 时，为消减水流速度，防止冲刷，在检查井内应有消能措施，这种检查井称跌水井。当检查井内具有水封设施，以便隔绝易爆、易燃气体进入排水管渠，使排水管渠在进入可能遇火的场地时不致引起爆炸或火灾，这样的检查井称为水封井。后两种检查井属于特殊形式的检查井，或称为特种检查井。

1. 检查井

检查井通常设在管渠交汇、转弯、管渠尺寸或坡度改变等处，以及相隔一定距离的直线管段上(见图 7-1)。检查井在直线管段上的最大间距见表 7-1。

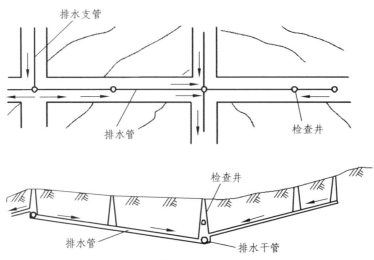

图 7-1　排水检查井设置位置

检查井通常由井底（包括基础）、井身和井盖等 3 部分组成，如图 7-2 所示。

表 7-1　检查井的最大间距

管径/mm	最大间距/m		管径/mm	最大间距/m	
	污水管道	雨水（合流）管道		污水管道	雨水（合流）管道
200～400	40	50	1 100～1 500	100	120
500～700	60	70	1 500～2 000	120	120
800～1 000	80	90			

　　检查井井底材料一般采用低等级混凝土，基础采用碎石、卵石、碎砖夯实或低等级混凝土。为使水流流过检查井时阻力较小，井底宜设半圆形或弧形流槽。流槽直壁向上伸展。污水管道的检查井流槽顶与上、下游管道的管顶相平，或与 0.85 倍管径高处相平，雨水管渠和合流管渠的检查井流槽顶可与 0.5 倍大管管径处相平。流槽两侧至检查井壁间的底板（称沟肩）应有一定宽度，一般应不小于 20 cm，以便养护人员下井操作，并应有 0.02～0.05 的坡度坡向流槽，以防检查井积水时淤泥沉积。在管渠转弯处或几条管渠交汇处，为使水流通顺，流槽中心线的弯曲半径应按转角大小和管径大小确定，但不得小于大管的管径。检查井井身的材料可采用成品砌块、钢筋混凝土等。井身的平面形状一般为圆形或方形。方形检查井一般使用在大直径排水管道的连接上，如图 7-3 所示。

　　检查井井盖座采用铸铁、钢筋混凝土或高分子材料制作。位于车行道的检查井，应采用足够承载力和稳定性良好的井盖及井座，应执行《检查井盖》（GB/T 23858）的标准。

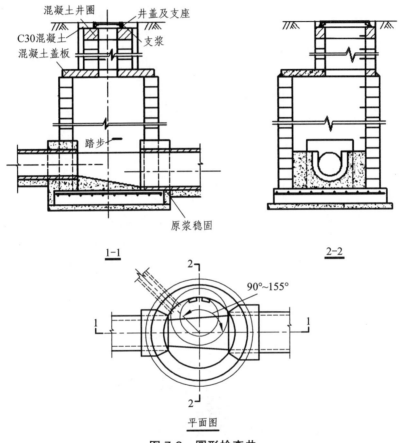

图 7-2 圆形检查井

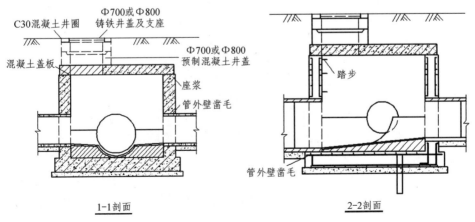

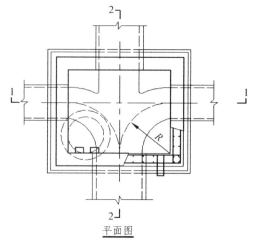

图 7-3 方形检查井

为避免在检查井盖损坏或缺失时发生行人坠落检查井的事故,现规定排水检查井应安装防坠落装置。防坠落装置应牢固可靠,具有一定的承重能力,应大于等于 100 kg,并具备较大的过水能力,避免暴雨期间雨水从井底涌出时被冲走。目前国内已使用的检查井防坠落装置包括防坠落网、防坠落井箅等。如图 7-4 所示为常见的防坠落网装置。

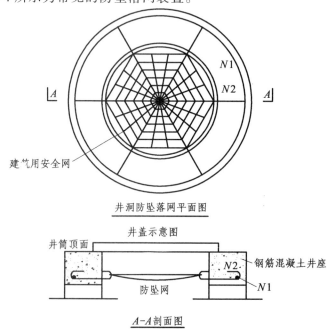

图 7-4 检查井防坠落网装置

2. 跌水井

跌水井是设有消能设施的检查井。目前常用的跌水井有两种形式：竖管式（或矩形竖槽式）和溢流堰式。

当上、下游管底高差小于 1 m 时，可在检查井底部做成斜坡，不做专门的跌水设施；跌水水头为 1~2 m 时宜设跌水井跌水；跌水水头大于 2 m 时必须设跌水井跌水。在管道的转弯处，一般不宜设跌水井，且跌水井中不得接入支管。若跌水水头过大，可采用多个跌水井，分散跌落。

竖管式和溢流堰式跌水井的构造见图 7-5 和图 7-6。

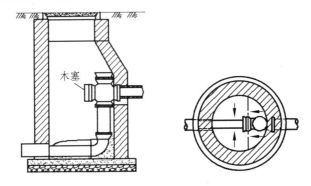

图 7-5　竖管式跌水井

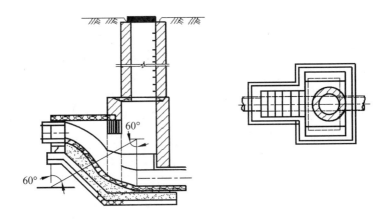

图 7-6　溢流堰式跌水井

3. 水封井

水封井是设有水封的检查井。当工业废水能产生引起爆炸或火灾的气体时，在排水管道上必须设置水封井。水封井的位置应设置在产生易燃易爆气体的废水排出口及其干管上每隔适当距离处。水封井不宜设在车行道和行人众多的地段,并应适当远离明火。水封井的水封深度一般采用 0.25m。井上宜设通风管,井底宜设沉泥槽。如图 7-7 所示。

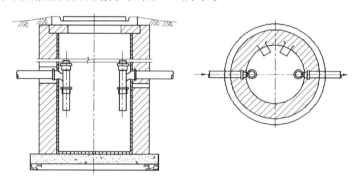

图 7-7 水封井

7.1.2 雨水口、连接暗井、溢流井

1. 雨水口、连接暗井

雨水口是在雨水管渠或合流管渠上收集雨水的构筑物。道路上的雨水首先经雨水口通过连接管流入排水管渠。

雨水口的设置位置,应能保证迅速有效地收集地面雨水。一般应设在交叉路口、路侧边沟的一定距离处以及没有道路边石的低洼地区,以防止雨水漫过道路或造成道路及低洼地区积水而妨碍交通。雨水口的形式和数量,通常应按汇水面积所产生的径流量和雨水口的泄水能力确定。一般一个平箅(单箅)雨水口可排泄 15~20 L/s 的地面径流量,该雨水口设置时宜低于路面 30~40 mm,在土质地面上宜低于路面 50~60 mm。道路上雨水口的间距一般为 20~40 m(视汇水面积大小而定)。在路侧边沟上及路边低洼地点,雨水口的设置间距还要考虑道路的纵坡和路边石的高度,同时应根据需要适当增加雨水口的数量。

雨水口的构造包括进水箅、井筒和连接管等 3 部分,如图 7-8 所示。

雨水口的进水箅可用铸铁或钢筋混凝土制成。雨水口按进水箅在街道上的设置位置可分为:①边沟雨水口,进水箅稍低于边沟底水平位置;②边石雨水口,进水箅嵌入边石垂直放置;③联合式雨水口,在边沟底和边石侧面都安放进水箅,如图 7-9 所示。为提高雨水口的进水能力,目前我国许多城市已采用双算联合式或三算联合式雨水口，由于扩大了进水算的进水面积，进水效果良好。

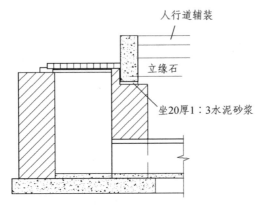

图 7-8 偏沟式单算雨水口

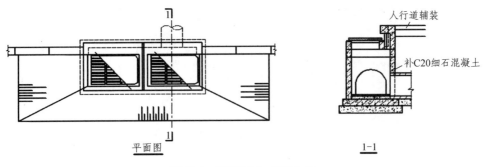

图 7-9 双算联合式雨水口

雨水口的井筒可用砖砌或用钢筋混凝土预制，也可采用预制的混凝土管。雨水口的深度一般不宜大于 1 m。在有冻胀影响的地区，雨水口的深度可根据经验适当加大，在泥砂量大的地区可根据需要设置沉泥槽。雨水口的底部可根据需要做成有沉泥井（也称截留井）或无沉泥井的形式，有沉泥井的雨水口可截留雨水所夹带的砂砾，避免泥沙进入管道造成淤塞。但是沉泥井往往积水、孳生蚊蝇、散发臭气，影响环境卫生。因此需要经常清除，增加了养护工作量。

连接管的最小管径为 200 mm，坡度一般为 0.01，连接管长不宜超过 25 m，接在同一连接管上的雨水口一般不宜超过 3 个。但排水管直径大于 800 mm 时，也可在连接管与街道排水管渠连接处不另设检查井，而设连接暗井，如图 7-10 所示。

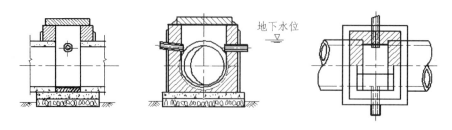

图 7-10 连接暗井

在城市一些重要地段，如广场、车站、立交口、运动场等，需要采用排水截流沟形式来实现对地面雨水的有效截流作用。近年来开发的一体化线性排水装置也广泛应用于大面积地面雨水的收集与排放系统，如图 7-11 所示。

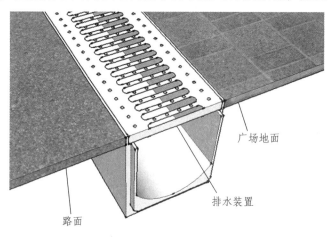

图 7-11 一体式线性截流沟

2. 溢流井

在对老城区综合整治工程中，常采用污水截流方式改善城市水环境，溢流井是广泛应用于截流式合流制管渠系统中的主要构筑物，如图 5-1 所示，通常设置在合流管渠与截流干管的交汇处。

溢流井主要有截流槽式、溢流堰式、跳跃堰式 3 种形式。

（1）截流槽式：截流槽式溢流井是最简单的。在井中设置截流槽，槽顶与截流干管的管顶相平，其构造如图 7-12 所示。

（2）溢流堰式：溢流堰式溢流井构造如图 7-13 所示，溢流堰设在截流管的侧面。

（3）跳跃堰式：跳跃堰式溢流井构造如图 7-14 所示。

第7章 排水管渠附属构筑物及排水泵站

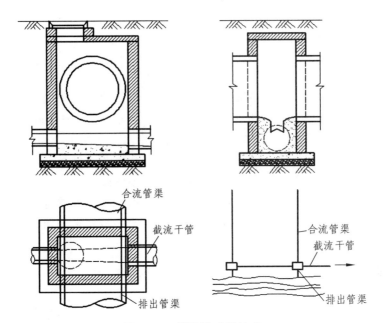

图 7-12 截流槽式溢流井

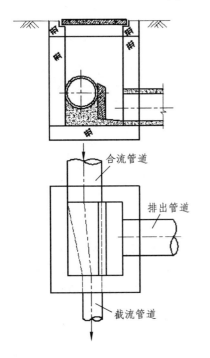

图 7-13 溢流堰式溢流井

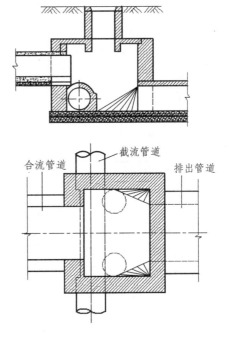

图 7-14 跳跃堰式溢流井

7.2 倒虹管

排水管渠遇到河流、山涧、洼地或地下构筑物等障碍物时，不能按原有的坡度埋设，而是按下凹的折线方式从障碍物下通过，这种管道称为倒虹管。倒虹管由进水井、下行管、平行管、上行管和出水井等组成，如图7-15所示。

倒虹管线应尽可能与障碍物正交通过，以缩短其长度，并应选择在河床和河岸较稳定、不易被水冲刷的地段及埋深较小的部位敷设。通常工作管线不少于两条，当污水流量较小时，其中一条备用。如倒虹管穿过旱沟、小河和谷地时，也可单线敷设。由于倒虹管的清通比一般管道困难得多，因此必须采用各种措施来防止倒虹管内污泥淤积。

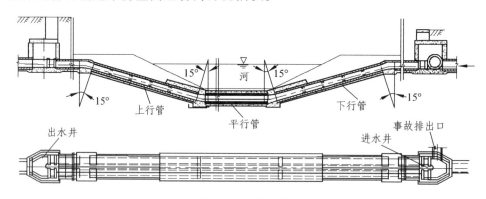

图 7-15 倒虹管

7.3 出水口

出水口是排水管道向水体排放污水、雨水的构筑物。排水管道出水口的设置位置应根据排水水质、下游用水情况、水文及气象条件等因素而定。并应征得当地卫生监督机关、环保部门、水体管理部门的同意。如在河渠的桥、涵、闸附近设置，应设在这些构筑物的下游等。并且不能设在取水构筑物保护区内和游泳池附近，不能影响到下游居民点的卫生和饮用。

雨水排水管出水口宜采用非淹没式排放，出水口顶不宜低于多年平均洪水位，一般应在常水位以上，以免水体倒灌。污水排水管出水口为使污水与水体水较好地混合，宜采用淹没式排放，出水口淹没在水体水面以下。当出水口标高比水体水面高出太多时，应设置单级或多级跌水。当出水口在洪水期有倒灌的可能时，应设置防洪闸门。

排水管道出水口在河岸边多采用八字式、一字式和门字式管道出水口，图 7-16 为八字式出水口形式。

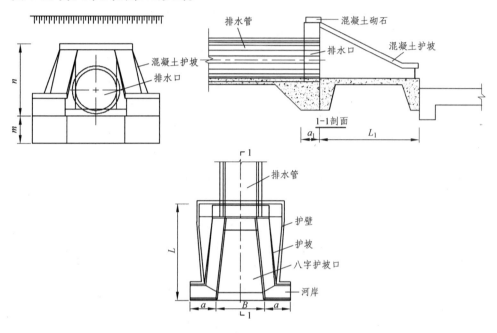

图 7-16 八字式管道出水口

7.4 排水泵站

7.4.1 排水泵站的类型

将各种污（废）水由低处提升到高处所用的抽水机械称为排水泵。由安置排水泵及有关附属设备的建筑物或构筑物（如水泵间、集水池、格栅、辅助间及变电室）组成排水泵站。排水泵站按排水的性质可分为污水泵站、雨水泵站、合流泵站和污泥泵站等。按在排水系统中所处的位置，又分为局部泵站、中途泵站和终点泵站（见图 6-6）。

由于排水管道中的水流基本上是重力流，管道需沿水流方向按一定的坡度倾斜敷设，在地势平坦地区，管道埋深增大，使施工困难，费用升高，需设置泵站，把离地面较深的污水提升到离地面较浅的位置上。这种设在管道中途的泵站称作中途泵站。当污水和雨水需直接排入水体时，若管道中水位低于河流中的水位，就需设终点泵站。有时，出水管渠口即使高出常水位，但低于潮水位，在出口处也需建造终点雨水泵站。当设有污水处理厂时，为了使污水能自流流过地面上的各处理构筑物，也需设终点泵站。在污水处理厂中，处理和输送污泥过程中，都需设污泥泵站。在某些地形复杂的城市，需把低洼地区的污水用水泵送至高位地区的干管中；另外，一些低于街道管道的高楼的地下室、地下铁道和其他地下建筑物的污水也需用泵提升送入街道管道中，这种泵站称为局部泵站。

按集水池与机器间的组合情况，又可分为合建式泵站和分建式泵站。按泵站的平面形状可分为圆形和矩形，也有下部为圆形上部为矩形的。按操作方式，可分为人工操作、自动控制和遥控（远程控制）。按水泵的灌水方式，可分为自灌式和非自灌式。前者污水可自流灌入水泵，水泵直接启动运行；后者在水泵启动前，一般用真空泵先抽除吸水管内空气后方能启动运行。由于污水泵站开停频繁，水泵大多数为自灌式工作。

合建式污水泵站的集水池和机器间设在有隔墙分开的同建筑物内，如图 7-17。其平面形状有圆形、矩形和下圆上矩形等。圆形泵站结构受力条件好，有利于采用沉井法施工，造价较低，但因机器间为半圆形，机组及设备布置较困难，适用于中小规模的泵站。当污水量较大，水泵数量较多时，宜采用矩形泵站。这种泵站的机器间布置合理，其长度可根据水泵型号及台数确定。当污水量较大，水泵台数较多，地质水文条件较差需采用沉井法施工时，可采用下圆上矩形的泵站。合建式泵站采用卧式水泵或立式水泵。采用卧式水泵时，电动机置于泵房下部，易受潮湿，操作人员上下楼梯，管理不便。采用立式水泵可避免上述缺点，但在安装时须保持机组轴线垂直，以免运行时产生振动，造成机件磨损，缩短机件寿命。

分建式泵站一般是将集水池与机器间分开修建，如图 7-18。水泵吸水方式为非自灌式。当地基承载力差及地下水位较高时，为节省工程投资和施工方便，多采用分建式污水泵站。这种泵站机器间的地坪标高可高于集水池水位，但需低于水泵实际最大允许吸水真空高度。分建式泵站的优点是：构造简单，施工方便，投资低。缺点是水泵启动时需先用真空泵抽除吸水管中的空气，然后才能启动水泵抽水，操作不便。

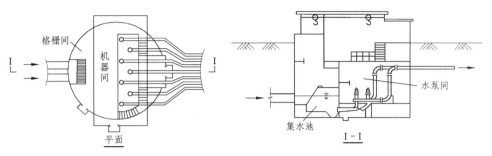

图 7-17 合建式污水泵房

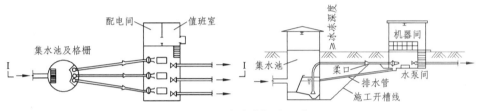

图 7-18 分建式污水泵房

随着潜污泵的广泛应用，泵站形式也有所改进，图 7-19、图 7-20 所示为设置潜污泵的污（废水）提升泵站，泵站主要由进水间、粗格栅间、集水池、潜污泵、吊装设备及控制设备等构成。潜水排污泵具有体积小、安装检修方便、无噪声、运行稳定等优点，特别是潜水污水泵站相对于传统干式泵站简化了地下结构，减少了地面建筑，甚至不用地上建筑，降低了泵站的工程造价，因而被广泛运用。图 7-21 为小型排水泵站，常见于城镇局部排涝泵站。

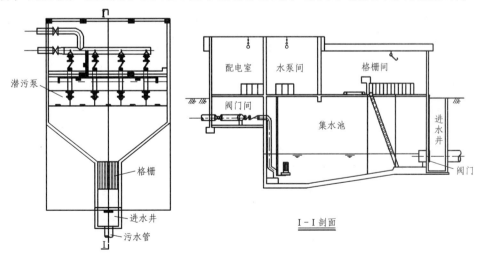

图 7-19 潜水排污泵站

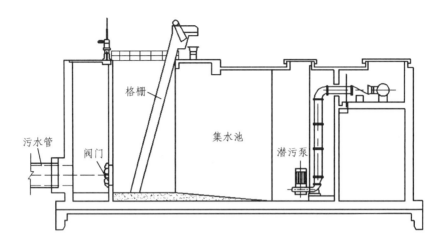

图 7-20 无地面建筑的排水泵站

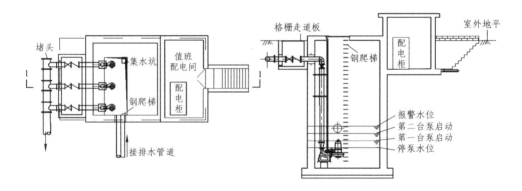

图 7-21 局部排涝泵站

7.4.2 排水泵的特点

常用的排水泵有离心泵、轴流泵、螺旋泵及潜污泵等。

1. 离心泵

离心泵中水流在叶轮的驱动下受到离心力的作用,形成径向流动,然后由叶轮与泵壳之间的槽道汇集于泵出口,通过出口压水管压送至排出口位置。常用的污水泵有 PW、PWA 及 PWL 型离心泵。由于污水中常挟带各种粗大的杂质,为防止堵塞,水泵叶轮的叶片数比离心式清水泵少。同时,为使污水泵站适应排水量的变化并保证水泵的合理运行，离心式污水泵可以并联工作，以达到调节流量的目的。

2. 轴流泵

轴流泵的水流方向和泵轴平行，形成轴向流。其特点是流量大、扬程低。由于在大多数情况下，雨水管渠的设计流量很大，埋深较浅，故该泵主要用在城市雨水防洪泵站。雨水泵站有时也用混流泵，混流泵叶轮的工作原理介于离心泵和轴流泵之间。

3. 螺旋泵

与其他类型的水泵相比，螺旋泵最适合于需要提升的扬程较低（一般为 3~6 m）、进水水位变化较少的场合，尤其是它具有转速小的优点，用于提升絮体易于破碎的回流活性污泥时具有独特的优越性。

4. 潜水排污泵

潜水排污泵具有节省土建费用、安装方便、操作简单、易于维修等优点，大多数潜水排污泵有自动搅匀、自动切割和自动耦合安装导轨装置，还具有根据不同水位进行自动启停等功能，因而被广泛应用于中小型排水泵站中。图 7-22 所示为潜水排污泵的安装形式。

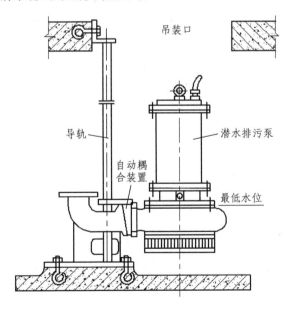

图 7-22 潜水排污泵安装示意

7.4.3 排水泵站工艺设计

由前述可知城市排水泵站分为雨水泵站和污水泵站，两种泵站的基本构成是相同的，主要有进出水管、格栅、排水泵、起吊设备、控制设备和泵站主体结构等。泵站工艺设计主要有：确定泵站等级、站址选择和总平面布置、泵站流量计算、排水泵扬程计算、水泵选型、泵站平面布置和高程确定。

1. 泵站等级确定

泵站等级反映了泵站的重要性，是泵站设计、运营维护标准的依据，泵站的规模，应根据流域或地区规划所规定的任务，以近期目标为主，并考虑远期发展要求，综合分析确定。泵站土建按远期规模设计，水泵机组可按近期规模配置。城市排水泵站分级一般按设计流量来确定，参考表 7-2。

表 7-2 排水泵站分级指标

泵站级别	泵站规模	分级指标	
		雨水泵站设计流量/(m^3/s)	污水泵站、合流污水泵站设计流量/(m^3/s)
Ⅰ	特大	>25	>8
Ⅱ	大	15~25	3~8
Ⅲ	中	5~15	1~3
Ⅳ	小	<5	<1

2. 泵站站址选择

排水泵站站址的选择一般是依据城镇排水系统的特点，结合城镇总体规划和排水工程专业规划，通过技术经济研究后才能确定。选择排水泵站的位置时，应考虑当地卫生要求、地质条件、电力供应以及设置应急出水渠的可能性。排水泵站应与居住房屋和公共建筑保持适当距离，以防止臭味和机器噪声对居住环境的影响。在泵站周围应尽可能设置宽度不小于 10 m 的绿化隔离带。中途泵站的设置受整个管渠系统的规划和街道干管与主干管高程上衔接等因素的影响。在有污水厂的管道系统上设置终点泵站时，一般应设在污水厂内，以便于管理。

3. 泵站布置要求

排水泵房的布置要求与给水泵房布置相同，首先应确定水泵机组的平面布置，排水泵机组一般按单排布置，泵组多时，可采用两排或交叉排列布置。影响排水泵间布置的因素主要是水泵型号、外形尺寸、水泵台数、泵站建筑形式等。布置要满足泵组之间、泵组与墙壁之间有一定的距离，满足维修和安装需要。

由于泵站的设计流量变化较大，一般应采取大、小水泵搭配使用，水泵的台数应不少于 2~3 台。为便于维修和水泵部件的更新，同一泵站内的泵型不宜超过两种。设置在道路立体交叉处的雨水泵房，当地下水位高于机器间地面时，为避免地下水渗入，需设置降低地下水位的专用水泵。

排水泵站进水池有效容积一般不小于最大一台泵的 30s 出水量，进水池的设计应使进水均等地流向每台水泵，必要时可以设置导流壁或椎，以防产生涡流而影响水泵的工作。

4. 设计流量确定和扬程计算

污水泵站设计流量是按泵站服务的街区内最大时污水设计流量来确定，计算方法参见 6.2 节。雨水泵站设计流量一般取入流管渠流量的 120%，入流管渠设计流量按 6.4.3 节中的方法进行计算。根据泵站设计流量及排水泵工作方式，确定排水泵台数，从而计算单台泵的工作流量。

雨水泵站内水泵的设计扬程，应由进水池水位与排出水体水位之差和水泵管路系统的水头损失组成。污水泵站和合流污水泵站内水泵的设计扬程，应由进水池水位与出水管渠（或沉砂池）水位之差和水泵管路系统的水头损失加安全水头 0.3 m 组成。

5. 排水泵站施工图绘制

泵站工艺设计图一般包括：设计说明、泵站位置总图、泵站平面布置图和剖面图。如图 7-23 为某城市雨水排涝泵站平面和剖面图。对于大型复杂泵站有时需要管道系统轴侧图。设计说明包括设计依据、设计规模、排水泵选型、施工安装注意事项等；泵站平面和剖面图，应反映设备、管道及泵站构筑物布置详细尺寸、标高，应反映管件、构件、泵基础等施工安装要求等。管道系统图应反映排水泵与管道的连接关系，管道敷设标高等。

7.4.4 地埋式预制排水泵站

地埋式预制泵站也称一体化排水泵站（图 7-24），其技术源于欧洲发达国家，由于其自身的优点，在国外被广泛地应用于市政行业已有 40 多年的历史。近几年，该技术被引进中国后，一体化泵站因其具有占地小，操作简单，维修、管理便捷，对环境影响小等特点，在国内迅速崛起，被广泛应用于市政工程、工业或其他一切不能依靠重力作用直接把废水排放到污水处理系统的建筑。其中，在市政排水中所应用的预制泵站广泛适用于污水泵站、雨水泵站、合流泵站等中途泵站，也常应用于城市下穿立交排水系统。

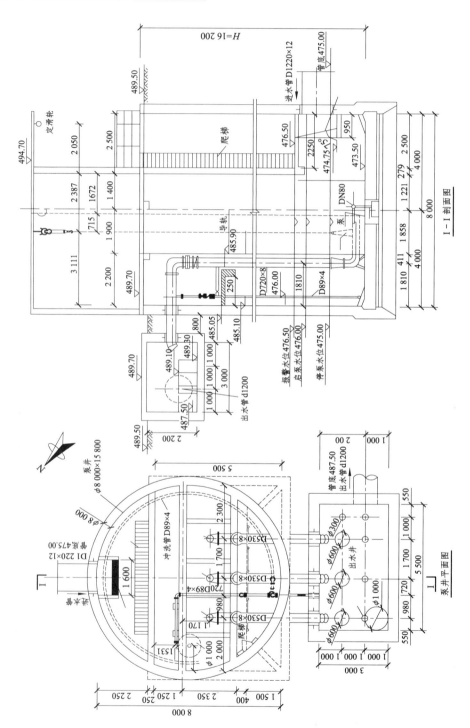

图 7-23 雨水排涝泵站平面和剖面图

第7章 排水管渠附属构筑物及排水泵站

预制泵站是替代老式排水泵站最理想的方案,是集成式一体化预制泵站。该泵站的筒体采用先进的加厚型中等密度的玻璃钢材质制成。内部的水泵、管路、阀门、仪表、控制设备以及其他用户所需要的附件成套提供,并安装完毕后出厂。它是一种使用方便,质量可靠,土建工作少,成本较低的新型一体化泵站设备,容积优化是其最显著的特征。

在工程设计方面,一般只需要确定设置位置,计算设计流量和扬程,确定进出水管标高和管径、最高水位和最低水位,按照设计要求提出一体化设备技术数据。如泵站流入流量,最大流量时变化系数,所需水泵的数量和扬程,室外地面标高,进水管外接管径及管中标高,出水管外接管径及管中标高,控制系统要求,选用格栅类型,电控箱形式等。土建设计图主要是井室开挖回填、支护结构和一体化泵井基础结构等。工艺设计还需采用适宜的管件及技术措施确定进出水管的连接方法。

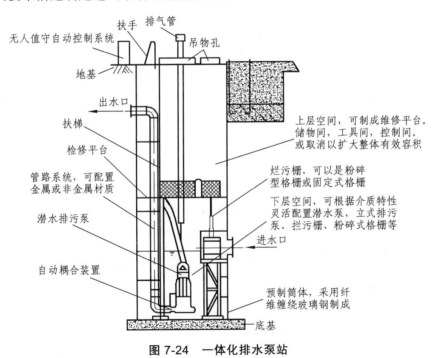

图 7-24　一体化排水泵站

第8章 城市污水处理

8.1 污水污染指标与水质标准

8.1.1 城市污水及出路

污水是生活污水、工业废水、被污染的雨雪融化水和其他排入城市排水系统的污染水的统称。其中排入城市污水管网的生活污水和工业废水形成的混合污水称为城市污水。

污水经处理后的最终去向有：① 排入水体；② 灌溉农田；③ 重复利用。

长期以来排放水体是污水处理后的主要归宿。这样做一方面可以充分利用水体的稀释与净化能力，但另一方面，却恰恰是水体普遍受到污染并丧失自净能力的主要原因。因此，我国制定和颁布了《城镇污水处理厂污染物排放标准》(GB18918—2002)，根据城镇污水处理厂排入地表水域环境功能和保护目标，以及污水处理厂的处理工艺，将基本控制项目的常规污染物标准值分为一级标准、二级标准、三级标准。一级标准分为A标准和B标准。

执行一级标准的A标准的条件是：① 当污水处理厂出水引入稀释能力较小的河湖作为城镇景观用水和一般回用水等用途时；② 当城镇污水处理厂出水排入国家和省级确定的重点流域及湖泊、水库等封闭、半封闭水域时。执行一级标准的B标准的条件是：当污水处理厂出水排入执行《地表水环境质量标准》(GB3838) III类功能水域（划定的饮用水源保护区和游泳区除外）、排入执行《海水水质标准》(GB 3097)二类功能水域时。执行二级标准的条件是：城镇污水处理厂出水排入GB 3838地表水Ⅳ、Ⅴ类功能水域或GB 3097海水三、四类功能海域时。非重点控制流域和非水源保护区的建制镇的污水处理厂，根据当地经济条件和水污染控制要求，采用一级强化处理工艺时，执行三级标准。但必须预留二级处理设施的位置，分期达到二级标准。

排放水体农田灌溉同样利用土壤的净化能力，为防止土壤、地下水和农产品污染，保障人体健康，维护生态平衡，促进经济发展，我国也制定并颁布了《农田灌溉水质标准》(GB5084—2005)。

重复利用是污水最为合理也最具现实意义的排放途径。经过妥善处理的城市污水和工业废水，首先可用于灌溉农田、养鱼、养殖藻类和海带等水生生物。此外，还可作为城市低质给水的水源，用作不与人体直接接触的市政用水，如厕所用水、空调用水、消防用水、喷泉水、绿化带喷灌用水等。在不用地下水作饮用水水源的地区，可回灌地下水等。

8.1.2 污水的污染指标

污水的污染物可分为无机性的和有机性的两大类。无机性污染物包括矿粒、酸、碱、无机盐、氮磷营养物、氰化物、砷化物和重金属离子等。有机性污染物包括碳水化合物、蛋白质、脂肪、芳香族化合物、高分子合成聚合物等。污水的污染指标用来衡量水在使用过程中被污染的程度，也称为污水的水质指标。常用指标分述如下。

1. 反映有机污染物的指标

城市污水中含有大量有机物质，其中一部分在水体中因微生物的作用而进行好氧分解，使水体中溶解氧含量降低，甚至完全无氧；在无氧时，有机物进行厌氧分解，放出恶臭气体，水体变黑，使水中生物灭绝，水体被严重污染。

由于污水中的有机物种类很多，用现有的分析技术难以区分与定量，所以在实际工程中采用间接、综合的污染指标表示。目前用来反映污水中有机污染物浓度主要有 3 个指标，分别是生物化学需氧量（BOD）、化学需氧量（COD）和总有机碳（TOC）。

BOD 是一个反映污水中可生物降解的含碳有机物含量的一个综合指标。通常情况下是指污水水样充满完全密闭的溶解氧瓶中，在 20℃的暗处培养 5d，分别测定培养前后水样中溶解氧的质量浓度，由培养前后溶解氧的质量浓度之差，计算每升样品消耗的溶解氧量，称为 5 日生化学需氧量，以 BOD_5 形式表示，其单位为 mg/L。BOD 越高，表示污水中可生物降解的有机物越多。

化学需氧量（COD）是指在一定严格的条件下，污水中的还原性物质在外加的强氧化剂的作用下,被氧化分解时所消耗氧化剂的数量。化学需氧量反映了水中受还原性物质污染的程度,这些物质包括有机物、亚硝酸盐、亚铁盐、硫化物等,但一般城市污水中无机还原性物质的数量相对不大,有机污染物占有很大比例,加之 COD 检测方便,因此,通常也以 COD 作为有机物质相对含量的一项综合性指标。检测方法是在高温、有催化剂及酸性条件下,用强氧化剂($K_2Cr_2O_7$)氧化有机物所消耗的氧量,单位为 mg/L,所以也称为 CODcr。化学需氧量一般高于生化需氧量,两者的差值即表示污水中难生物降解的有机物量。对于成分较为稳定的污水,BOD_5 值与 COD 值之间保持一定的相关关系,其比值可作为污水是否适宜于采用生物处理法的一个衡量指标,所以也把该指标称为可生化性指标。该比值越大,污水越容易被生化处理。一般认为该比值大于 0.3 的污水才适于生化处理。

TOC 也是目前广泛使用的一个表示有机物浓度的综合指标。它和前两个指标的不同之处在于,它不是从耗氧量的角度而是从含碳量的角度反映有机物的浓度。总有机碳 TOC 是利用高温燃烧原理氧化分解有机物,然后通过分析燃烧产生的 CO_2 量,并将其折算成含碳量来表示水样的总有机碳 TOC。

2. 悬浮固体(SS)

水中固体物质按其存在形态的不同可分为三种:悬浮的、胶体的、溶解的。悬浮固体是水中呈颗粒状的固体物质,在条件适宜时可以沉淀。把水样用滤纸过滤后,被滤纸截留的残渣,在 105~110℃ 温度下烘干至恒重,所得重量称为悬浮固体(SS),单位为 mg/L。悬浮固体分为有机物和无机物两类,反映出污水进入水体后将发生的淤积情况。

3. pH 值

酸度和碱度是污水的重要污染指标,用 pH 值来表示。pH 值对保护环境、污水处理及水工构筑物都有影响。生活污水和城市污水呈中性或弱碱性,工业废水则依工厂生产产品及工艺的不同而变化。

4. 氮和磷

氮和磷是植物性营养物质,过量的氮、磷排入水体会导致湖泊、海湾、水库等缓流水体富营养化,从而使水体加速老化。生活污水中含有丰富的氮、磷,某些工业废水中也含大量氮、磷。表示氮含量的指标有总氮(TN)、氨氮(NH_4^+-N)、硝态氮(NO_x^--N)等。

表示磷含量的指标有总磷(TP),总磷包括有机磷和无机磷,无机磷通常以磷酸盐磷(PO_4^{3-}-P)来表示。

目前，为防止水体富营养化，无机营养物氮、磷的去除已成为污水处理的主要目标。

5. 有毒化合物和重金属

这类物质对人体和污水处理中的生物都有一定的毒害作用。如氰化物、砷化物、酚以及重金属汞、镉、铬、铅等。

《城镇污水处理厂污染物排放标准》（GB18918—2002）中给出了这类有毒有害物质的最高允许排放浓度的限制，详本书附录 2。

8.1.3 水环境标准

1. 水环境质量标准

我国已有的水环境质量标准有《地面水环境质量标准》（GB3838—2002）、《地下水环境质量标准》（GB/T14848—1993）、《渔业水质标准》（GBll607—89）、《景观娱乐用水水质标准》（GB12941—91）、《农田灌溉水质标准》（GB5084—2005）等。这些标准详细说明了各类水体中污染物的最高允许含量，以便保证水环境质量。

2. 污水排放标准

为保护水体免受污染，当污水需要排入水体时，应处理到允许排入水体的程度。我国根据生态、社会、经济三方面的情况综合平衡，全面规划，制订了污水的各种排放标准，可分为一般排放标准和行业排放标准两类。一般标准有《污水排入城市下水道水质标准》（CJ343—2010）、《城镇污水处理厂污染污排放标准》（GB18918—2002）等。

8.2 城市污水处理方法

污水处理技术，就是采用各种方法将污水中含有的污染物分离出来，或将其转化为无害和稳定的物质，从而使污水得到净化。

污水处理技术按其作用原理，可分为物理法、化学法和生物法三类。但城市污水处理常采用物理处理和生物处理，也称为一级处理和二级处理。传统城市污水处理的典型流程如图 8-1 所示。

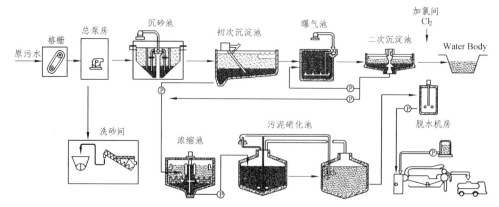

图 8-1　城市污水处理的典型流程示意图

污水处理利用方法的选择应根据整个城市经济发展情况、水环境状况、污水水量、水质，并认真研究污水利用的可能性，合理选择处理方法与工艺流程。随着城镇化、工业化的快速发展，城镇污水排放量急剧增加，同时城市可用水资源危机频现，过去污水处理的单一目标逐渐被弱化，开始强调处理后出水的复用技术，体现在处理厂排放标准的提高、污水处理及再生利用技术的开发研究，在工程上也出现了深度处理的三级处理工艺，如在传统生物处理后增加脱氮除磷工艺、增加过滤等工艺。

8.3　污水一级处理

用物理处理方法去除或降低污水中漂浮物和悬浮物的净化过程称为污水一级处理。一级处理采用的主要处理构筑物有格栅池、沉砂池、沉淀池。处理过程是应用水力学原理，所以一级处理也称机械处理。

由于污水中的一部分有机物存在于悬浮物中，因此，经一级处理后，污水中的有机物相应地有所降低，一般可去除 50% 左右的悬浮物和 25% 左右的 BOD_5。蛔虫卵及其他一些寄生虫卵也能部分地在沉淀过程中去除。污水一级处理不仅能去除一部分悬浮物和泥沙，一级处理设施的设置主要是减轻后续处理设施的负荷，保证后续处理设备或构筑物的正常运行。

城市污水的一级处理设施与污水原水的提升泵站和后续处理单元相联系，同时一级处理构筑物或设备的选择与污水处理规模和水量、水质变化有关。对于大型污水处理厂一般选择的工艺是粗格栅、污水提升泵、细格栅、沉砂池、初次沉淀池，如图 8-2 所示。对于规模较小，且水质、水量变化较大的城镇污水厂一级处理选择的方式可以有多种，图 8-3 表示的是其中的一种工艺选择。

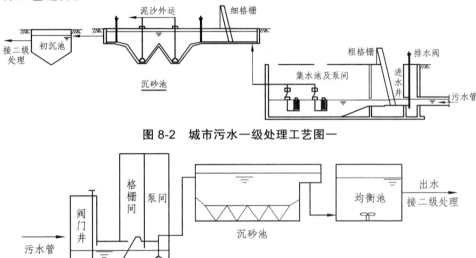

图 8-2　城市污水一级处理工艺图一

图 8-3　城市污水一级处理工艺图二

8.3.1　格　栅

格栅是设在水泵房或水处理构筑物前，用于拦截水流中的漂浮物和悬浮物，以保护水泵和水处理构筑物的正常运行的装置。格栅及格栅池是污水一级处理的第一个设施。

格栅按栅条空隙大小，可分粗格栅和细格栅两类。粗格栅一般设置在水泵房前，主要防止水泵叶轮堵塞；细格栅主要设置在沉沙池前，能去除相当多的悬浮物，为后续处理构筑物改善运行条件。

目前广泛应用的是机械式格栅，也称为格栅除污机，有钢丝绳牵引格栅除污机、移动悬吊葫芦抓斗式格栅除污机、回转式固液分离机、链传动多刮板格栅除污机（图 8-4）。

为保护工作环境和防止二次污染，在格栅间一般均设置污物输送设施和污物压榨脱水设施，及时将污物减小体积后，运往集中处置中心处置。

格栅一般设置在单独的格栅间中，在占地面积紧张的情况下，也有附设在泵房内的。

格栅栅条间有效空隙宽度应根据水泵进口口径、固体通过能力和栅渣截取量决定，细格栅栅条间有效空隙宽度一般小于 10 mm。

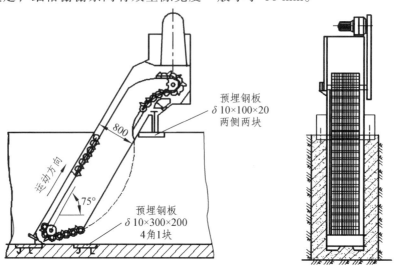

图 8-4　旋转式格栅除污机

污水处理格栅的设计主要包括格栅槽平面布置、几何尺寸确定、格栅机选择和每日栅渣量计算等。粗格栅一般设在污水提升泵之前，平面布置和高程要与污水进水管标高和污水泵进水池的布置协调；细格栅的布置要与沉砂池的布置和选型相协调。

格栅槽几何尺寸的计算主要有格栅槽宽度、格栅槽总高度、格栅槽总长度计算等，格栅槽宽度一般用下式计算：

$$B = S(n-1) + bn \tag{8-1}$$

$$n = \frac{Q_{max}\sqrt{\sin\alpha}}{bhv} \tag{8-2}$$

式中：S 为栅条宽度，m；n 为栅条间隙数，个；b 为栅条间距，m；Q_{max} 为最大设计流量，m³/s；h 为栅前水深，m；v 为过栅流速，m/s；α 为格栅安装倾角。

格栅槽总高度 H 主要由栅前水深 h、栅前渠道超高 h_1 和过栅水头损失 h_2 组成，即：

$$H = h + h_1 + h_2 \tag{8-3}$$

渠道超高一般取 0.3 m，过栅水头损失采用下式计算：

$$h_2 = k\zeta\frac{v^2}{2g}\sin\alpha \tag{8-4}$$

式中：k 为考虑格栅受堵塞后增加的损失系数，一般取 3；ζ 为格栅阻力系数。

设在污水提升泵前的格栅槽总高度（或深度）应由污水泵进水井的深度决定。

平面型格栅槽总长度一般可按图 8-5 计算：

$$L = l_1 + 0.5 + H_1/\tan\alpha + 1.0 + l_2 \tag{8-5}$$

式中：l_1、l_2 分别为进水渠、出水渠与格栅槽连接渐宽、渐窄部分的长度，m；H_1 为栅前渠道深，m。

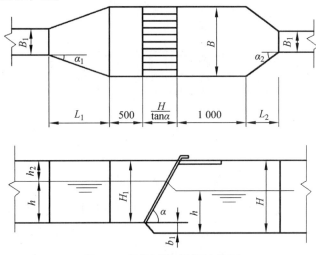

图 8-5 平面型格栅槽计算图

8.3.2 沉沙池

无论是合流制或分流制排水系统，都会因排污源头及排水管渠系统进入大量泥砂，成为城镇污水中固体杂质的主要来源，去除污水中无机砂粒最简单、最有效的办法就是设置沉砂池，沉砂池常设在进水泵房的后面，除砂的目的是避免砂粒对处理工艺和设备带来的不利影响。砂粒进入沉淀池内会使污泥刮板过度磨损，缩短更换周期；进入泥斗后将会干扰正常排泥或堵塞排泥管路；进入泥泵后将使污泥泵过度磨损，使其降低使用寿命。砂粒进入后续生物处理池内，在池底沉积，减少有效容积，有时还会堵塞曝气系统微孔扩散器；大量泥砂进入污泥浓缩池将可能堵塞排泥管路，使排泥泵过度磨损；进入污泥消化池将减少有效容积，缩短清泥周期；如大量砂粒进入离心脱水机，将严重磨蚀进泥管的喷嘴处以及螺旋外缘和转鼓，增加更换次数；砂粒进入带式压滤脱水机将大大降低污泥成饼率,并使滤布过度磨损。

沉沙池常见有 3 种形式:平流式、曝气式和涡流式。平流式矩形沉沙池(见图 8-6)是常用的形式,具有构造简单、处理效果较好的优点。

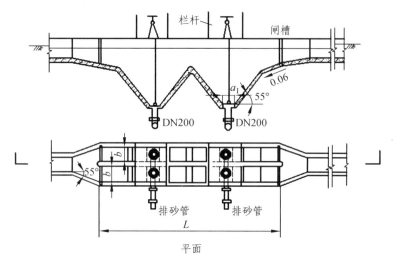

图 8-6 平流式沉砂池

涡流式沉沙池是利用水力涡流,使泥沙和有机物分开,以达到除沙目的。如图 8-7 所示,污水从切线方向进入圆形沉砂池,中心轴上的螺旋桨将水流带向池心,形成涡形水流,较重的砂粒在靠近池心的一个环形孔口处落入集砂斗,而较轻的有机物在螺旋桨作用下与砂粒分离并引向出水渠。圆形涡流式沉砂池与传统的平流式沉砂池相比,具有占地面积小、土建费用省的优点,对中小型污水处理厂有一定的适用性。圆形涡流式沉砂池也便于组合布置(图 8-8)。

目前国际上广泛应用的涡流沉砂池主要为钟氏(Jones-Attwood Jeta)和比氏(Pista)两大类。钟氏沉砂池采用 270°的进出水方式,池体主要由分选区和集砂区两部分构成,其构造特点是在两个分区之间采用斜坡连接,通常采用气提的排砂方式,其优点是在气提之前可先进行气洗,将砂粒上的有机物分离出来(见图 8-9)。典型的比氏沉砂池(见图 8-10)也是由分选区和集砂区两部分构成,其特点是分区之间没有斜坡过度。传统的比氏池也采用与钟氏池类似的 270°进出水方式,新一代的比氏池则采用 360°直进直出的方式,其水力条件更为改善,改进后将驱动管延伸至池底,在其上设置了称为砂粒流化器的叶片式搅拌装置,随驱动管的连续转动持续搅拌,可保证集砂斗内的砂粒始终处于流化状态,其效果应当比间断的空气搅拌为好。

第8章 城市污水处理

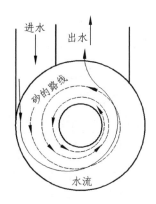

图 8-7 圆形涡流式沉砂池水、砂流线图

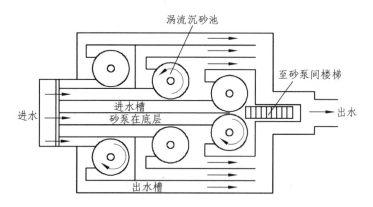

图 8-8 涡流式沉砂池的总体布置

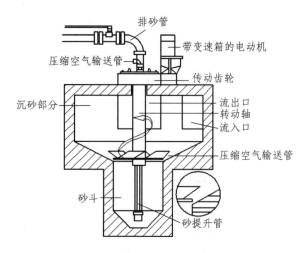

图 8-9 钟氏沉砂池结构型式

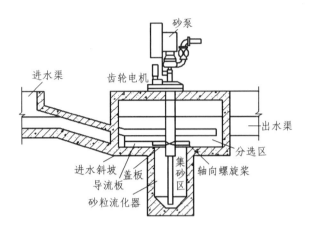

图 8-10 比氏沉砂池结构型式

8.3.3 初次沉淀池

在污水处理工艺中，沉淀池同样发挥着降低悬浮物浓度的作用，在生物法处理前设置的沉淀池称为初次沉淀池。初次沉淀池的池形常见的有平流式沉淀池、辐流式沉淀池、竖流式沉淀池，以及双层沉淀池，也可采用斜管（板）沉淀池，应根据污水水质、处理规模，经技术经济分析比较来选用。沉淀池的原理及构筑物形式详见第 3 章 3.6.2 节。

平流式和辐流式沉淀池多用于大型污水处理厂中，而竖流式沉淀池和双层沉淀池则只适用于小型污水处理厂。初次沉淀池能使污水中的悬浮固体（SS）降低 40%～55%，五日生化需氧量（BOD_5）降低 20%～30%，并能基本去除污水中的寄生虫卵。在初次沉淀池前设有沉沙池时，初次沉淀池中沉下的污泥，其中大量含碳有机物未被氧化，如将此污泥与二次沉淀池（见 8.5.3 节）污泥一起进行消化产生的污泥气，可作为气体燃料加以利用。

8.4 污水生物处理基础

污水经一级处理后，用生物处理或化学处理方法，继续去除污水中胶体和溶解性有机污染物的净化过程称为二级处理，城市污水二级处理主要采用生物处理方法,本节先介绍污水生物处理的基本原理。

8.4.1 污水处理中的微生物

自然界中广泛分布着个体微小、代谢营养类型多样、适应能力强的微生物,它们能代谢有机物取得能量并生长繁殖,同时使有机物转化为稳定的无机物。微生物这一功能在自然生态环境或在被污染环境的自净过程中起着重要的作用。将微生物的代谢活动用于污水的净化就是污水的生物处理,是建立在环境自净作用基础上的人工强化技术方法。人工强化的意义在于创造有利于微生物生长繁殖的良好环境,促进微生物的增殖并增强其代谢功能,从而加快污水净化的过程。

1. 污水处理中的生物种群

污水生物处理中的生物群体可分为如下几类:

1)细　菌

细菌是去除城市污水有机物的主要参与者,根据其形态分别称之为球菌、杆菌、螺旋菌和丝状菌。细菌的大小多在 0.1 μm 左右,其分裂增殖速度较快,一般世代时间为数十分钟。通常细菌以个体或群体的形式大量存在于生物膜与活性污泥中,在活性污泥中存在的数量相对大一些,大概为 $10^{10} \sim 10^{12}$ 个/L。细菌的主要存在形式为菌胶团。

细菌细胞内含有大量水分,约为 80%,干物质约为 20%。在干物质中,有机物约占 90%,无机物为 10%。有机物中碳元素约占 53%,氧约占 28%,氮约占 12.4%。无机物中磷元素约占 50%。

2)真　菌

真菌即通常所谓的霉菌,属于低等植物,它是真核微生物,有单细胞的,也有多细胞的。真菌包括酵母菌、霉菌以及各种伞菌。真菌以有机物为碳源,可在 pH=2~9 的较大范围内存活,它们在有氧条件下生存,但对氧的要求较低。活性污泥中的真菌对污泥的沉降性能有直接影响。

3)藻　类

藻类是进行光合作用含叶绿素的低等植物,是一种自养型生物。藻类的存在形式有单细胞的个体和群体,若干个藻类个体以胶质相连则构成藻类群体。藻类分布在淡水和海水中,由于藻类在水中可产生令人不快的颜色和气味,故不希望其生长,但是藻类能利用光能、CO_2、NH_3、PO_4^{3-} 等生成新细胞,并释放出氧气为水体供氧,故藻类对于好氧塘、兼性塘和厌氧塘等塘沟净水工程有利用价值。

4）原生动物

原生动物是动物界中最原始、最低等、结构最简单，能进行分裂增殖的单细胞好氧性生物。通常将原生动物分为鞭毛纲、肉足纲、纤毛纲和孢子纲四纲。原生动物具有吞食污水中的有机物、细菌，在体内迅速氧化分解的能力，因此在污水生物处理中，它除了能除去有机物，加快有机物的分解速度外，还能使生物膜的表面附着能力再生。

5）后生动物

后生动物属于多细胞动物，因后生动物形体微小，故又称微型后生动物。在水处理中常见的微型后生动物主要有轮虫、线虫、寡毛虫、甲壳虫等。由于轮虫对溶解氧的需求较高，常生活在较清洁的水中，故通常以轮虫的数量来判断活性污泥工艺处理效果。

2. 微生物在污水处理中的作用

微生物在污水生物处理中的作用，概括起来说是通过微生物酶的作用，将污水中的污染物氧化分解。在好氧条件下污染物最终被分解为 CO_2、H_2O 和 NH_3 等；在厌氧条件下污染物最终形成 CH_4、H_2S、N_2 和 H_2O 以及有机酸和醇等。污水生物处理过程可归纳为四个连续进行的阶段，即絮凝作用、吸附作用、氧化作用和沉淀作用。

1）絮凝作用

在污水生物处理中，细菌常以絮凝体的形式存在。污水中的荚膜细菌可分泌出黏液性物质，并相互粘连形成菌胶团。菌胶团又粘连在一起，絮凝成活性污泥或黏附在载体上形成生物膜。污水进入生物反应池后首先和菌胶团产生絮凝作用。

2）吸附作用

吸附作用是发生在微小粒子表面的一种物理化学作用。微生物个体很小，并且细菌具有胶体粒子所具有的很多特性，如细菌表面一般带有负电荷，而污水中的有机物颗粒常带正电荷，所以它们之间有很大的吸引作用。

3）氧化作用

氧化作用是发生在微生物体内的一系列生物化学反应过程。被活性污泥或生物膜吸附的大分子有机物质，在微生物胞外酶的作用下，水解为可溶性的有机小分子物质，然后透过细胞膜进入微生物细胞内。这些被吸收到细胞内的物质，作为微生物的营养物质，经过一系列生化反应，被氧化为无机物 CO_2 和 H_2O 等，并释放能量；与此同时，微生物利用生化过程中产生的一些中间产物和呼吸作用释放的能量，合成细胞物质。在此过程中微生物不断繁殖，有机物也就不断地被氧化分解。

4）沉淀作用

污水中有机物质在活性污泥或生物膜的氧化分解作用下无机化后，一般处理后水排至自然水体中，这就要求排放前必须经过泥水分离。活性污泥和生物膜具有良好的沉降性能，经泥水分离后，澄清水排走，污泥沉降至池底。

8.4.2 污水生物降解过程

1. 微生物的生长规律

微生物的生长实际上是微生物对周围环境中物理的或化学的种种因素的综合反应。研究微生物的生长通常采用群体生长的概念。所谓群体生长，是指在适宜条件下，微生物细胞在单位时间内数目或细胞总质量的增加。它的实质是细胞的繁殖。

微生物的生长规律一般是以生长曲线来反映，生长曲线表示了微生物在不同的培养环境下的生长情况及其生长过程。在微生物学中，曾对纯菌种的生长规律做了大量的研究。按照温度一定、溶解氧充足、营养物质一次性充分投加等条件下，微生物的生长可以分为延迟期（适应期）、对数增殖期、减速增殖期、内源呼吸期四个生长期，如图8-11所示。

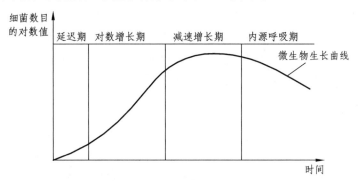

图 8-11 微生物的生长曲线图

1）适应期

适应期是微生物细胞内各种酶系统对新培养基环境的适应过程。在本阶段初期微生物不裂殖，数量不增加，但在质的方面却开始出现变化，如个体增大，酶系统逐渐适应新的环境。在本阶段后期，酶系统对新环境已基本适应，微生物个体发育也达到了一定的程度，细胞开始分裂、微生物开始增殖。本期延续时间的长短，主要取决于培养基的主成分和微生物对它的适应情况。

2）对数增殖期

在对数增殖期微生物以最高速度摄取营养物质，也以最高速度增殖，微生物细胞数按几何级数增长。微生物的增殖速度与时间呈直线关系，为一常数值，其值为直线的斜率。所以，这一阶段又称增殖旺盛期。但该时期营养物质（有机污染物）必须非常充足，不成为微生物增殖的控制因素。

3）减速增殖期

经过对数增殖期，微生物大量繁殖、增殖，培养液（污水）中的营养物质也被大量耗用，营养物质逐步成为微生物增殖的控制因素，微生物增殖速度减缓，增殖速度几乎和细胞衰亡速度相等，微生物活体数达到最高水平，但也趋于稳定。此时微生物细胞开始为本身积累储存物质，如肝糖、脂肪粒、异染颗粒等。

4）内源呼吸期

培养液（污水）中的营养物质含量继续下降，并达到近乎耗尽的程度。微生物由于得不到充足的营养物质，而开始利用自身体内储存的物质或衰死菌体，进行内源代谢以维持生存。在此阶段，多数细菌进行自身代谢而逐步衰亡，只有少数微生物细胞继续裂殖，活菌体数大为下降，增殖曲线呈显著下降趋势。

从以上微生物的生长过程表明，在营养物一次性投加培养条件下，微生物活体数量和增殖曲线的上升和下降走向起决定性因素的是其周围环境中营养物质量的多寡。因此，可以通过对污水中营养物质（有机污染物）量的控制，就能够控制微生物的增殖的走向和增殖曲线各期的延续时间，以此方法实现人工强化条件下进行污水的生物处理目标。

2. 微生物对有机底物的降解规律

作为微生物的营养源，污水中的各种有机物主要以胶体或溶解物的形式存在。这些高能位的有机物经过一系列的生化反应，逐级释放能量，最终以低能位的无机物质稳定下来，达到无害化的要求，这就是污水生物处理的本质。

污水生物处理实验研究表明，微生物对有机物的降解可分为两个阶段，即吸附去除阶段和微生物的代谢阶段。

1）初期吸附去除阶段

吸附去除阶段是指污水进入到处理系统初期（5~10 min）刚开始与微生物接触时，由于物理吸附和生物吸附共同作用，污水中的有机物表现出很高的去除率。活性污泥有很大的比表面积,在其表面上富集着大量的微生物,这些微生物大多数以菌胶团形式存在,对有机物有较强的吸附能力。而且,这个时期的微生物一般都处于"内源呼吸期",活性较高,这对有机物的去除是有利的。

2)微生物的代谢阶段

微生物的代谢作用包括分解代谢和合成代谢。被吸附在微生物表面的有机物,在透膜酶的作用下,通过细胞壁进入微生物细胞内,小分子的有机底物可直接透过细胞壁,而如淀粉、蛋白质等大分子有机物则在胞外酶的作用下,被水解成小分子后再进入细胞内。在各种胞内酶的作用下,微生物对进入细胞内的有机物进行分解代谢与合成代谢。

由于微生物的分解代谢过程涉及一系列的氧化还原反应,因此在分解代谢过程中存在着电子转移,根据氧化还原反应中最终电子受体的不同,分解代谢可分为发酵和呼吸两种类型,呼吸又可以分成有氧呼吸和无氧呼吸两种方式。

(1)发酵作用。

发酵是在厌氧条件下,由厌氧微生物进行的生物氧化过程,微生物将有机物氧化释放的电子直接交给底物本身未完全氧化的某种中间产物,同时释放能量并产生不同的代谢产物的过程。发酵过程分解有机物不彻底,最终产物不是CO_2和H_2O等,而是一些比原来底物简单的有机物。发酵只能部分地氧化有机物,释放出一小部分能量。

(2)呼吸作用。

在氧或其他外源电子受体存在时,底物分子可以完全被氧化为CO_2和H_2O等。此过程中可提供的能量大大高于发酵过程。微生物在降解底物的过程中,将释放出电子交给烟酰胺腺嘌呤二核苷磷酸($NAD(P)+$)、黄素腺嘌呤二核苷酸(FAD)或黄素蛋白的辅基(FMN)等电子载体,再经电子传递体系传给外源电子受体,从而生成水或其他还原型产物并释放能量,该过程称为呼吸作用。其中以分子氧作为最终电子受体的称为有氧呼吸,以氧化型化合物作为最终电子受体的称为无氧呼吸。

8.4.3 污水生物降解动力学基础

生物反应动力学是确定生物反应速度与各项主要环境因素之间的关系,通常研究的主要内容是有机底物的降解速度与有机底物浓度、微生物浓度等因素之间的关系，微生物的增殖速度与污水有机底物浓度、微生物浓度等因素之间的关系。污水生物反应动力学模型中最著名的为莫诺（Monod）模型和劳伦斯（Lawrence）-麦卡蒂（McCarty）模型。

1. 莫诺（Monod）模型

莫诺（Monod）于1942年用纯种的微生物在单一底物的培养基上进行了微生物增殖速率与底物浓度之间关系的试验。试验结果得出了如图8-12所示的形式。这个结果和米凯利斯（Michaelis）-门坦（Menten）于1913年通过试验所取得的酶促反应速度与底物浓度之间关系的结果是相同的。因此，莫诺认为，可以通过经典的米-门方程来描述底物浓度与微生物比增殖速度之间的关系，即：

$$v = \frac{v_{max} S}{K_s + S} \tag{8-6}$$

式中：v——微生物的比增殖速度，即单位生物量的增殖速度，d^{-1}；

v_{max}——微生物的最大比增殖速度，d^{-1}；

K_s——饱和常数，即当$v = 1/2 v_{max}$时的底物浓度，也称之为半速度常数；

S——有机底物浓度，mg/L。

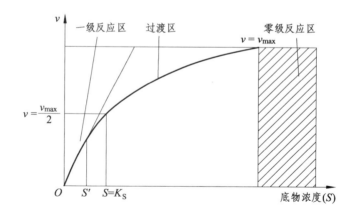

图8-12 莫诺方程式关系曲线

单一酶促反应中的微生物最大比增值速度v_{max}只与细胞本身及其生长介质的成分有关，而与生长基质的浓度无关。此模型是针对单一微生物代谢的反映，但也可用于混合微生物组成的系统。对于混合微生物系统，假定各种微生物之间的比例在生长过程中保持不变，则混合微生物系统的微生物比增殖速度，也可以用米-门方程来描述。

对于污水处理领域，生物处理单元中有机物的比降解速度的研究更具有实际应用性。莫诺研究认为有机底物的比降解速率与微生物的比增值速率呈比例关系，因此，有机底物的比降解速度也可以用米-门方程的形式来表示，即：

$$\mu = \frac{\mu_{max} S}{K_s + S} \quad (8\text{-}7)$$

式中：μ——有机底物的比降解速度，d^{-1}；

μ_{max}——有机底物的最大比降解速度，d^{-1}。

根据比降解速度的定义，即 $\mu = -\frac{1}{X}\frac{dS}{dt}$，则有机底物降解速度可写为：

$$\frac{dS}{dt} = -\mu_{max} \frac{XS}{K_s + S} \quad (8\text{-}8)$$

式中：X 为生物反应器内活性污泥浓度，mg/L。

2. 劳伦斯-麦卡蒂（Lawrence-McCarty）模型

1970 年劳伦斯和麦卡蒂以微生物增殖和对有机底物的利用为基础，提出了"单位底物利用率"新概念，即单位微生物的底物利用率为一常数，以 q 表示，可表达为：

$$q = (\frac{dS}{dt})_u \cdot \frac{1}{X_a} \quad (8\text{-}9)$$

式中：X_a——单位微生物量，即生物反应器内混合液污泥浓度，mg/L；

$(\frac{dS}{dt})_u$——微生物对有机底物的利用速度。

根据微生物增殖速度与有机底物被生物利用速度的关系，再考虑微生物自身呼吸衰减作用，则微生物净增殖速度可表示为：

$$\frac{dX_a}{dt} = Y(\frac{dS}{dt})_u - K_d X_a \quad (8\text{-}10)$$

式中：Y——微生物产率，mg（微生物量）/mg（被微生物降解的底物）；

K_d——衰减系数，即微生物的自身氧化率，d^{-1}。

劳伦斯-麦卡蒂还将单位质量的微生物在污水生物反应系统中的平均停留时间定义为"污泥龄"，也称"生物固体平均停留时间"，用 θ_c 表示。

根据"污泥龄"的定义，劳伦斯—麦卡蒂从式（8-10）推出了污水生物处理中的生物反应动力学第一基本方程式：

$$\frac{1}{\theta_c} = Yq - K_d \tag{8-11}$$

式中：θ_c——生物固体平均停留时间，也称污泥龄，d；

q——单位有机底物利用率。

3. 污水生物处理动力学模型讨论

莫诺方程是描述微生物增殖速度（或有机底物降解速度）与有机物浓度之间的函数关系，对其特殊条件下的分析，可以进一步研究污水处理的工艺选择和提高控制处理参数的方法等。

（1）在高浓度有机底物条件下，方程（8-7）中浓度 S 远大于半速度常数 K_s，则方程（8-7）可近似表达为 $\mu = \mu_{max}$，亦即：

$$\frac{dS}{dt} = -\mu_{max} X \tag{8-12}$$

因为 μ_{max} 与浓度无关的常数值，则上式表明在高浓度有机底物的条件下，有机底物的降解速度达到最大，且与有机物的浓度无关，属于零级动力学关系。上式还说明，在高浓度有机底物条件下，有机底物的降解速度与活性污泥浓度（生物量）有关，且呈一级反应动力学关系。

（2）在低浓度有机底物条件下，方程（8-7）中浓度 S 远小于半速度常数 K_s，则方程（8-7）可简化为：

$$\mu = \mu_{max} \frac{S}{K_s} = kS \tag{8-13}$$

式中：
$$k = \frac{\mu_{max}}{K_s}$$

式（8-8）也可简化为：

$$\frac{dS}{dt} = -kXS \tag{8-14}$$

式（8-13）、（8-14）说明：在混合液有机底物浓度较低时，微生物增殖速度受制于有机底物量，微生物代谢处于内源呼吸期，增殖进入减速阶段，有机底物降解服从一级反应。对城市污水来说，其有机物浓度大多属于低浓度污水，对此，埃肯费尔德提出的一级反应模式，可以广泛应用于这一类污水处理系统，特别是对于完全混合式生物处理系统来说，反应器内混合液中的有机物浓度是均匀，且浓度较低，式（8-14）是成立的。

8.5 活性污泥法

污水经一级处理后，影响后续处理的大尺寸杂质、无机类的泥沙大部分已被去除，总固体悬浮物去除率一般达到50%以上，但一级处理后仍含有大量以胶体和溶解性有机污染物需要进一步处理，以达到可排放标准。在城市污水处理中把一级处理之后的，以继续去除有机物为主的净化过程称为二级处理。

城市污水二级处理主要采用生物处理方法。污水生物处理方法又分为好氧处理和厌氧处理，好氧生物处理工艺是降解、去除污水中有机物的最有效的工艺，其中活性污泥法是应用最久、最成熟的一种二级处理方法。本节首先重点介绍活性污泥法的基本原理、设计和运行要点。

8.5.1 活性污泥法的基本原理及工艺流程

1. 基本原理

活性污泥法是采用人工曝气的手段，使得活性污泥（栖息着大量微生物群的絮花状泥粒）均匀分散并悬浮于反应器（曝气池）中，和废水充分接触，并在有溶解氧的条件下，对废水中所含的有机底物进行着合成和分解的代谢活动。

活性污泥法所用的污泥，最初多取地沟中的污泥接种，是人工驯化出来的生物群体。人们称这种经驯化的产物为活性污泥。活性污泥的主要组成部分是好氧菌，在曝气条件下与污水持续接触，在这个过程中，微生物摄取污水中的有机物进行分解，其中一部分合成为新的生物细胞，另一部分转化为稳定的无机物，这叫生物代谢过程；取得"活性"的微生物群体，提高了物理化学和生物化学的作用，污水中的有机物极易被活性污泥吸附，通过凝聚沉淀后去除，从而实现净化污水的的作用。

2. 活性污泥法基本工艺流程

经过近一个多世纪的发展，活性污泥法已派生出多种类型，但活性污泥法原始基本类型为普通曝气，其工艺流程见图 8-13，主要分为预处理、生物反应、污泥分离和回收三部分。

预处理亦即前述的一级处理，污水中的一部分固体杂质首先经格栅机井、沉沙池、初次沉淀池等构筑物中进行分离去除。生物反应是在曝气池中进行，污水和回流活性污泥在曝气池中混合成为混合液，由曝气设备不断向混合液中进行曝气，实现向混合液中充氧和搅拌的双重作用，促使污水与活性污泥充分接触，在溶解氧充足的条件下，污水中溶解有机物经生物氧化降解而逐渐净化，同时活性污泥则不断新陈代谢而增殖。

经过一定时间的生物反应后，生物代谢而增殖的活性污泥需要进行泥—水分离，同时作为生物反应的主体，活性污泥还需回流于反应器中。沉淀池是污水固—液分离常见构筑物，由于在污水处理的一级处理中一般设置了初次沉淀池，所以这里设置的沉淀池成为二次沉淀池。混合液在曝气池中停留必要的时间后，流入二次沉淀池进行泥水分离，澄清的污水排入受纳水体或继续处理，沉下的污泥在池底泥斗中浓缩后，即作为回流活性污泥返送回曝气池前端，再与污水混合。如此循环往复。为维持污泥的正常代谢，必须定时或连续地排出多余的活性污泥，称为剩余活性污泥。

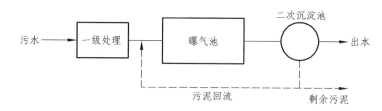

图 8-13 活性污泥法系统示意图

3. 活性污泥的形态与组成

活性污泥法曝气池中的活性污泥生物絮凝体，由大量繁殖的微生物群体所构成，可将水中有机物氧化分解成无机物并合成新的细胞，在二次沉淀池中易于沉淀和分离。活性污泥一般呈黄褐色，或深灰色、灰黑色、灰白色等，其颜色与水质和运行状况有关。当曝气池中供氧不足时活性污泥会呈黑色，供氧过量时活性污泥会呈白色。良好的活性污泥略具土壤的霉臭味，或几乎无臭味。曝气池内活性污泥絮凝体的尺寸在 0.02～0.2 mm 范围内，其表面积为 20～100 cm^2/mL，含水率 99% 以上，比水略重，密度介于 1.002～1.006。

活性污泥固体由 4 个部分组成：① 栖息在活性污泥上有活性的微生物群体；② 微生物内源代谢，自身氧化残留物，如细胞膜、细胞壁等，为难降解惰性有机物质；③ 由原废水带入的微生物难降解的惰性有机物质；④ 活性污泥的无机组成部分，则全部是由原废水挟入，至于微生物体内存在的无机盐类，由于数量极少，可忽略不计。

8.5.2 活性污泥法设计与运行控制参数

1. 表征活性污泥微生物量的指标

活性污泥微生物是活性污泥处理系统的核心。在混合液内保持一定数量的活性污泥微生物是保证活性污泥处理系统运行正常的必要条件。在混合液中保持一定浓度的活性污泥，是通过活性污泥适量的从二次沉淀池回流和排放及在曝气池内的增长实现的。通常使用下列两项指标用以表示及控制混合液中的活性污泥浓度。

1) 混合液悬浮固体浓度（Mixed Liquor Suspended Solids，简称为 MLSS）

混合液悬浮固体浓度也叫作混合液污泥浓度，表示曝气池单位容积混合液内所含有的活性污泥固体物的总重量，单位为 mg/L 或 g/L。MLSS 由具有代谢活性的微生物群体、微生物内源代谢和自身氧化的残留物、原污水挟入的难为微生物降解的惰性有机物和无机物质组成。

由于测定方法比较简单易行，此项指标应用比较广泛，但其中既包括非活性物质，也包括无机物质，因此，这项指标不能精确的表示具有活性的活性污泥量，而是表示活性污泥的相对值。

2) 混合液挥发性悬浮固体浓度（Mixed Liquor Volatile Suspended Solids，简称为 MLVSS）

MLVSS 表示混合液活性污泥中有机性固体物质部分的浓度，在表示活性污泥部分数量上，本项指标比 MLSS 更精确，但在本项指标中还包含着惰性有机物质。因此，也不能精确的表示活性污泥微生物量，表示的仍然是活性污泥量的相对值。近年来，随着生物技术的进步，在实际研究领域又提出了采用脱氢酶活性法、脱氧核糖核酸（DNA）法和三磷酸腺苷（ATP）含量法等，来测定和表达活性污泥生物数量。

MLVSS 与 MLSS 的比值以 f 表示。一般 f 值比较固定，对生活污水，f 值为 0.75 左右。以生活污水为主体的城市污水也同此值。MLSS 及 MLVSS 两项指标，虽然在表示混合液生物量方面，仍不够精确，但由于测定方法简单易行，且能够在一定程度上表示相对的生物量值，因此，广泛地用于活性污泥处理系统的设计、运行中。

2. 活性污泥沉降性能及其评价指标

良好的沉降性能是发育正常的活性污泥所应具有的特征之一。发育良好，并有一定浓度的活性污泥，其沉降要经历絮凝沉淀、成层沉淀和压缩等全部过程，最后能够形成浓度很高的浓缩污泥层。正常的活性污泥在 30 min 内即可完成絮凝沉淀和成层沉淀过程，并进入压缩阶段。压缩的进程比较缓慢，需时较长，达到完全浓缩的时间更长。

活性污泥沉降性能主要有污泥沉降比和污泥容积指数。

1）污泥沉降比（SV）

污泥沉降比又称为 30 min 沉降率，表示混合液在量筒内静置 30 min 后所形成的沉淀污泥的容积占原混合液容积的百分率，以%表示。污泥沉降比能够反映曝气池运行过程中的活性污泥量，可用以控制、调节剩余污泥的排放量，还能通过它及时地发现污泥膨胀等异常现象的发生，有较高的实用价值，是活性污泥处理系统重要的运行参数，也是评定活性污泥数量和质量的重要指标。

2）污泥容积指数（SVI）

污泥容积指数（SVI）简称污泥指数，表示曝气池混合液经过 30 min 静沉后，每克干污泥所形成的沉淀污泥所占有的体积，以 mL/g 计。

$$SVI = \frac{SV}{MLSS} \tag{8-15}$$

式中：SV 为污泥沉降比；MLSS 为混合液悬浮固体浓度。

SVI 的单位为 mL/g，习惯上只称数字，而把单位略去。SVI 值能够反映活性污泥的凝聚、沉降性能。SVI 值过低，说明泥粒细小，无机质含量高，缺乏活性；SVI 值过高，说明污泥的沉降性能不好，并且已有产生膨胀现象的可能。对生活污水及城市污水，SVI=70~100 为宜。试验研究和运行数据表明，影响 SVI 值最重要的因素是活性污泥微生物群体的增殖速度，也就是微生物群体所处的增殖期。一般来说，微生物群体处在内源代谢期的活性污泥，其 SVI 值较低。

3. 污泥龄（Sludge Retention Time，简称 SRT）

在曝气池内，微生物新细胞形成的同时，又有一部分微生物老化，活性衰退，为了使曝气池内经常保持高度活性的污泥，每天都应有一定量的作为剩余污泥而排出系统。活性污泥法处理系统平衡时，排出的剩余污泥量应等于增长的污泥量。曝气池内活性污泥总量与每日排放的污泥量之比称为污泥龄，表示活性污泥在曝气池内的平均停留时间，又称为生物固体平均停留时间，即：

$$\theta_c = \frac{VX}{\Delta X} \tag{8-16}$$

式中：θ_c——污泥龄（生物固体平均停留时间），d；

V——曝气池有效容积，m³；

X——曝气池内混合液污泥浓度，kg/L；

ΔX——曝气池内每日增长的活性污泥量，kg/d。

污泥龄是活性污泥处理系统设计、运行的重要参数，在理论上也有重要意义。这一参数还能够说明活性污泥微生物的状况，世代时间长于污泥龄的微生物在曝气池内不可能繁衍成为优势菌种，如硝化菌在20℃时，其世代时间为3d，当θ_c<3d时，硝化菌不可能在曝气池内大量增殖，不能成为优势菌种，就不能在曝气池内产生硝化反应。

4. 污泥负荷（Sludge Loading Rate）

污泥负荷也称BOD_5-污泥负荷，是指生物反应池内单位质量（kg）活性污泥在单位时间（1d）内能够接受并将其降解到预定程度的有机物量（BOD_5），用L_S表示，单位为kg（BOD_5）/[kg（MILSS）·d]。污泥负荷反映了污水生物处理系统中有机物的降解速度、活性污泥增长速度以及溶解氧被利用速度等综合因素，是活性污泥处理系统的设计、运行一项非常重要的参数。根据其定义，污泥负荷可表示为：

$$L_S = \frac{Q(S_0 - S_e)}{XV} \tag{8-17}$$

式中：Q——污水设计流量，m³/d；

S_0——生物反应池进水有机物（BOD_5）浓度，mg/L；

S_e——生物反应池出水有机物（BOD_5）浓度，mg/L；

X——生物反应池内混合液悬浮固体平均浓度，mg/L；

V——生物反应池有效容积，m³。

在活性污泥法处理系统的设计与运行中，还常用经验参数容积负荷（L_V），虽然目前较少采用容积负荷计算曝气池容积，但此指标也可作为校核参考之用。容积负荷表示单位曝气池容积在单位时间内能够接受并将其降解到预定程度的有机污染物量（BOD_5），单位为kg（BOD_5）/（m³·d），可表示为：

$$L_V = \frac{Q(S_0 - S_e)}{V} \tag{8-18}$$

BOD_5——污泥负荷，是影响有机污染物降解、活性污泥增长的重要因素。采用高负荷，将加快有机污染物的降解速度与活性污泥增长速度，降低曝气池的容积，在经济上比较适宜，但处理水水质未必能够达到预定要求。采用低负荷，有机污染物的降解速度和活性污泥的增长速度都将降低，曝气池的容积加大，建设费用增高，但出水水质可能易达标。

5. 水力停留时间（Hydraulic Residence Time，简称 HRT）

水力停留时间（HRT）是指污水在生物反应池内的平均停留时间，反映了污水在反应池内被生物降解作用持续时间。水力停留时间也是活性污泥法的运行、设计中的一项重要参数，水力停留时间长，活性污泥微生物对有机污染物的降解将进入内源呼吸期，对有机污染物的降解彻底，出水水质好，但是曝气池的溶积将增大，建设费用会增高；水力停留时间短，能降低曝气池的容积，在经济上比较适宜，但活性污泥微生物对有机污染物的降解有可能达不到预定水平，导致出水水质下降。

6. 污泥回流比（Sludge Reflux Ratio）

在活性污泥法工艺中，为了使生物反应池内的活性污泥量维持在稳定的水平，并保持活性污泥的生物活性，应设污泥回流系统从二沉池向曝气池回流污泥。回流污泥量 Q_r 与进入曝气池的原污水量 Q 之比称为污泥回流比（R）。根据曝气池活性污泥物料横算关系（图 8-14）得：$Q_r X_r = (Q+Q_r)X$

则

$$R = \frac{Q_r}{Q} = \frac{X}{X_r - X} \quad (8\text{-}19)$$

式中：X——曝气池混合液活性污泥浓度，mg/L；

X_r——回流污泥浓度，mg/L。

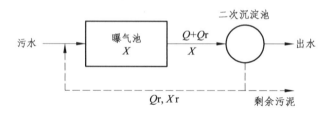

图 8-14 曝气池活性污泥平衡关系

由上式可见，污泥回流比 R 取决于混合液污泥浓度（X）和回流污泥浓度（X_r），在实际运行的曝气池内，SVI 值在一定的幅度内变化，混合液污泥浓度（X）也需要根据进水负荷的变化加以调整。因此，在进行污泥回流系统的设计时，应按最大回流比考虑，并使其具有能够在较小回流比条件下工作的可能，亦即使回流量可以在一定范围内调整。

7. 曝气池运行条件

曝气池是活性污泥法的主体构筑物，是污水生物降解的场所，除了有足够的活性污泥量外，满足生物代谢的环境条件是活性污泥工艺设计和运行的主要目标，根据大量的运行经验总结出的基本条件是：曝气池混合液的pH值应在6~9；水温为10~35℃；营养比例大约应在 $BOD_5:N:P=100:5:1$，城镇污水一般能满足上述比例关系，但当工业废水所占比重过大时，需补投适当的营养盐类，以调整至正常值。对于普通曝气活性污泥法，污泥负荷应为 0.2kg（BOD_5）/[kg（MLVSS）·d]~0.4kg（BOD_5）/[kg（MLVSS）·d]，混合液悬浮固体浓度MLSS取1.5~2.5 g/L，根据我国污水厂经验，二沉池回流污泥浓度在4~8 g/L时，污泥回流比可在25%~75%之间调整。

8.5.3 曝气与曝气池的构造

1. 曝气方法与曝气原理

活性污泥工艺的正常运行，除有良好的活性污泥外，还必须有充足的溶解氧。通常氧的供应是将空气中的氧强制溶解到混合液中去的曝气过程。曝气的过程除供氧外，还起搅拌混合作用，使活性污泥在混合液中保持悬浮状态，与污水充分接触混合。

水中氧的传质原理，目前主要有双模理论、渗透模型、表面更新模型等。

双膜理论假定在气液两相接触的界面两侧存在着处于层流状态的气膜和液膜，其外侧分别为气相主体和液相主体，两个主体处于紊流状态。气体分子以分子扩散方式从气相主体通过气膜和液膜而进入液相主体。气液两相的主体均处于紊流状态，其中物质浓度基本上是均匀的，不存在浓度差和传质阻力，气体分子从气相传递到液相，阻力仅存在于气液两层层流膜中。在气膜中存在氧的分压梯度，在液膜中存在着氧的浓度梯度，它们是氧转移的推动力。氧难溶于水，因此，氧转移决定性的阻力又集中在液膜上，因此，氧分子通过液膜是氧转移过程的控制步骤，通过液膜的转移速度是氧转移过程的控制速度。两相间传质的速率方程为：

$$v_g = k_g(p_A - p_{Ai}) = v_l = k_l(C_{Ai} - C_A) \quad (8\text{-}20)$$

式中：v_g，v_l——溶质通过气膜、液膜的通量，g/（m²·s）；

p_A，C_A——溶质在气、液两相主体中的压力和浓度，Pa和g/m³；

p_{Ai}，C_{Ai}——溶质在气、液两相界面上的压力和浓度，Pa和g/m³；

k_g——气膜传质系数，g/（m²·s·Pa）；

k_l——液膜传质系数，m/s。

渗透理论认为：当气液还未接触时，整个气相或液相内的溶质是均匀的。当气液一开始接触，溶质才渐渐溶于液相中，随着气液接触时间的增长，积累在液膜内的溶质量也逐渐增多，溶质从相界面向液膜深度方向逐步渗透，直至建立起稳定的浓度梯度。这一段时间称为过渡时间。渗透模型比双膜理论刻画更细致，表述更准确，按渗透理论预计的传质速率比双膜理论的大。

表面更新模型是上述理论的一个发展。浅渗理论认为，在传质过程中的气体和水的接触表面是不变的，接触时间都是从 0 到 t，所以只存在一个扩散深度。表面更新理论则认为：由于水膜中的水存在一种紊动混合状态，传递物质的表面不可能是固定不变的，应该是由无数的接触时间不同的面积微元组成的，这些面积微元在相应的接触时间内所传递的质量总和，才是真正的传质通量。

以上所述的氧在水中的传质模型，都是在一定的假设条件下建立的，除了压力梯度、浓度梯度影响外，反映在传质系数中的综合因素有污水水质、水温、氧分压、污水紊动状态等。在水质、水温不变的情况下，增加液相中溶解氧的有效方法是：加强液相主体紊动，加速气液界面更新，增大气液接触面积、降低液膜厚度；提高饱和溶解氧浓度 C_s；提高气相中氧分压等。

通常采用的曝气方法有鼓风曝气、机械曝气和两者联合使用的鼓风机械曝气。鼓风曝气的过程是将压缩空气通过管道系统送入池底的空气扩散装置，并以气泡的形式扩散到混合液，使气泡中的氧迅速转移到液相供微生物需要。机械曝气则是利用安装在曝气池水面的叶轮转动，剧烈地搅动水面，使液体循环流动，不断更新液面并产生强烈水跃，从而使空气中的氧与水滴或水跃的界面充分接触而转移到液相中去。

2. 曝气设备

1）鼓风曝气

鼓风曝气是传统的曝气方法，它由加压设备、扩散装置和连接两者的管道系统三部分组成。加压设备一般采用罗茨鼓风机（图 8-15）。为了净化空气，其进气管上常装设空气过滤器。在寒冷地区，还常在进气管前设空气预热器。

经过几十年的实际应用，扩散装置发展成不同的形式，一般分为小气泡、中气泡、大气泡型三种类型。目前常用的有微孔曝气器（如陶瓷、刚玉、膜片式微孔曝气器）、网状膜曝气器、散流式曝气器等。

膜片式微孔曝气器系统主要由曝气器底座，上螺旋压盖，空气均流板，合成橡胶膜片等部件组成（图 8-16），其构件材质均采用工程塑料，组装时，只要将微孔橡胶膜片套在空气均流板上，并置入带有密封线的曝气器底座内，然后用上螺旋压盖拧紧即可。膜片上开有 2 100～2 500 个按一定规则排列的开闭式孔眼，充气时，空气通过布气管道，空气均流板，均匀进入橡胶膜片之间，在空气压力作用力，使膜片微微鼓起，孔眼张开，达到布气扩散的目的，停止供气时，由于膜片和空气均流板之间压力渐渐下降，使孔眼逐渐闭合，当压力全部消失后，由于水压作用和膜片本身的回弹性作用，将膜片压实于空气均流板之上。

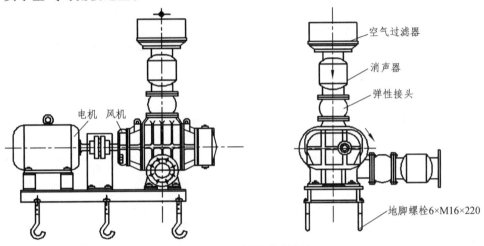

图 8-15 RD 型罗茨鼓风机

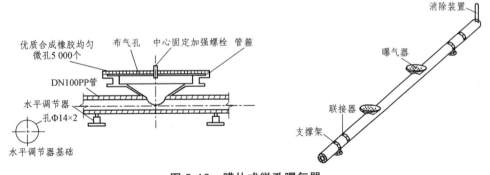

图 8-16 膜片式微孔曝气器

散流式曝气器由齿形曝气头、齿形带孔散流罩、导流板、进气管及锁紧螺母等部件组成（见图 8-17），由玻璃钢或 ABS 整体成形，具有良好的耐腐蚀性。带有锯齿的散流罩为倒伞形，伞形中圆处有曝气孔，起到补气再度均匀整个散流罩的作用，可减少能耗，并将水气混合均匀分流，减少曝气器对安装水平度的要求。散流罩周边布有向下微倾的锯齿以求进一步切割气泡。空气由上部进入，经反复切割，提高氧利用率。

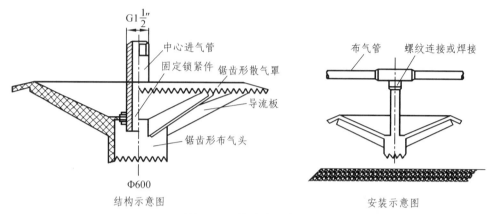

图 8-17 散流式曝气器

散流式曝气器特点：① 液体的剧烈混掺作用使气体由管道输送至曝气器，经过 Φ25 的内孔通过锯齿曝气头，作为水气第一次切割。经散流罩并被周边锯齿再次切割后，带动周围静止水体上升，由于能量差而引起气液的剧烈混掺，除此之外由于曝气器分布池底，曝气后上升的气泡与下降的水流发生对流，又增加了气液的混掺，加速了气液界面处水膜的更新。② 气泡经过两次锯齿切割及气液混掺作用，气泡直径变小，从而增加了气液接触面积，有利于氧的转移。③ 散流罩的扩散作用使流出的束状气体整体形成圆柱状，改变了池底部的布气状态，增大了布气面积，而且加剧了底部气泡的扩散与底部的气液混掺，更有利于曝气充氧。

2）机械曝气

机械曝气设备的式样较多，可归纳为曝气叶轮、曝气转刷（含转碟）和射流曝气器等。

（1）曝气叶轮。

曝气叶轮有安装在池中与鼓风曝气联合使用的，也有安装在池面的，后者称"表面曝气"。常用的表面曝气叶轮如图 8-18 所示，有泵型、倒伞型和平板型三种。

表面曝气叶轮的充氧是通过三个作用来实现的：① 叶轮的提水和输水作用，使曝气池内液体不断循环流动，从而不断更新气液接触面和不断吸氧；② 叶轮旋转时在其周围形成水跃，使液体剧烈搅动而卷进空气；③ 叶轮叶片后侧在旋转时形成负压区吸入空气。

叶轮的充氧能力与叶轮的直径、线速度、池型和浸没深度有关。提高叶轮直径和线速度，充氧能力也将提高。叶轮直径国内采用的范围是 1 000～1 800 mm，线速度一般控制在 4～5m/s。线速度过大，将打碎活性污泥，影响处理效果；线速度过小，则影响充氧能力。叶轮的浸没深度也要适当，如叶轮在临界浸没水深以下，不仅负压区被水膜阻隔，而且水跃情况大为削弱，甚至不能形成水跃，只起搅拌作用。反之叶轮设置过浅，提升能力将大为减弱，也会使充氧能力下降。一般表面曝气叶轮的动力效率 E_p 在 3 kg/(kW·h) 左右。

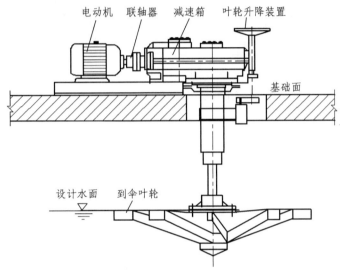

图 8-18 卧式倒伞型曝气叶轮

（2）曝气转刷。

曝气转刷主要由转刷叶片、传动主轴、电机驱动机构及连接支承等部件组成，如图 8-19 所示。刷片由碳钢、不锈钢材料或非金属材料制成，叶片在传动主轴的带动下旋转，冲击水体，推动水体作水平层流，从而使水与空气充分接触，同时使空气随叶片的旋转而被带入水中并被强制切割，促进氧的传输。用于氧化沟的曝气转刷对水的推流作用确保池底有 0.15~0.3 m/s 的流速，使活性污泥处于悬浮迁移状态，与进水混合良好。

（3）曝气转碟。

曝气转碟，也称曝气转盘，属于机械曝气机中的水平轴盘式表面推流曝气器，是由曝气转刷演变而来，主要由曝气转盘、水平轴及两端的轴承、电动机及减速器构成，如图 8-20 所示。转盘一般是由轻质高强、耐腐蚀的玻璃钢压制成型，转盘表面有梯形的凸块、圆形凹坑和通气孔，借此来增大带入混合液中的空气量，增强切割气泡，推动混合液的能力，转盘的安装密度可以调节，便于根据需氧量调整机组上转盘的安装数量，每个转盘可独立拆装，方便维护保养。

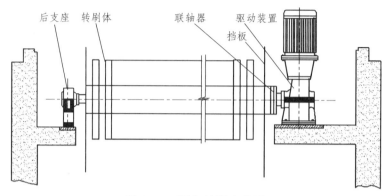

图 8-19 曝气转刷安装图

曝气转碟的一般技术参数：转盘直径为 1 400～1 500 mm；转速为 50～65 r/min；最佳浸没深度为在 400～530 mm；转碟单片标准清水充氧能力为 1.85 O_2/h；充氧效率为 3.35O_2/(kw·h)；水平轴跨度单轴≤9 m，双轴 9～14 m；曝气转碟安装密度 < 5 片/m。

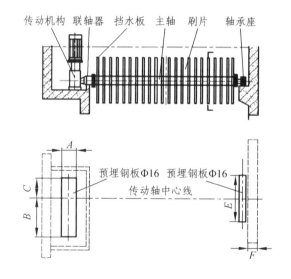

图 8-20 曝气转碟安装图

（4）射流曝气设备。

射流曝气设备由潜水排污泵、文丘里管、扩散管、进气管及消音器等组成（图 8-21）。通过潜水泵产生的水流经过喷嘴形成高速水流，在喷嘴周围形成负压吸入空气，经混合室与水流混合，在喇叭形的扩散管内产生水气混合流，高速喷射而出，夹带许多气泡的水流在较大面积和深度的水域内涡旋搅拌，完成曝气，并且其轴功率不随潜没深度的变化而变化，进气量可以调节。正因为如此，射流式曝气机可以在水位变化较大的池中应用。

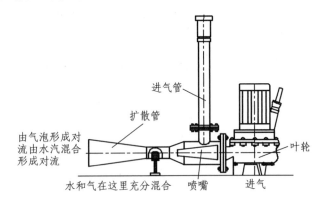

图 8-21 射流曝气设备

曝气设备的任务是将空气中的氧有效地转移到混合液中去。衡量曝气设备效能的指标有动力效率（E_p）和氧转移效率（E_A）或充氧能力。动力效率是指一度电所能转移到液体中去的氧量[kg/（kW·h）]，氧转移效率是指鼓风曝气转移到液体中的氧占供给的百分数（%），而充氧能力则指叶轮或转刷在单位时间内转移到液体中的氧量（kg/h）。良好的曝气设备应当具有较高的动力效率和氧转移效率（充氧能力）。

3. 曝气池的类型与构造

曝气池是活性污泥法的主要构筑物，其作用是满足污水在池内保持一定的生物降解所需停留时间，提供污水与活性污泥、活性污泥与溶解氧充分接触的混合条件，同时还是空气扩散的场所。由于不同的工艺选择曝气池的结构形式也各有不同，概括起来可以从以下几个方面分类：

从混合液流型可分为推流式、完全混合式和循环混合式三种；

从平面形状可分为长方廊道形、圆形或方形、环形跑道形三种；

从采用的曝气方法可分为鼓风曝气式、机械曝气式以及两者联合使用的联合式三种；

从曝气池与二次沉淀池的关系可分为分建式和合建式两种。

1）推流式曝气池

推流式曝气池为长方廊道形池子，常采用鼓风曝气。曝气池的数目随污水厂大小和流量而定，在结构上可以分成若干单元进行设计，每个单元包括几个池子，每个池子常由一至四个折流的廊道组成。如图 8-22 所示，用单数廊道时，入口和出口在池子的两端；采用双数廊道时，入口和出口在池子的同一端。以上形式的选用取决于污水厂的总平面布置和运行方式，例如生物吸附法常采用双数廊道。

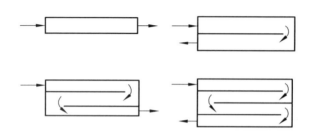

图 8-22 推流式曝气池廊道

曝气池池长可达 100 m。为防止短流，廊道长度和宽度之比应大于 4 或 5，甚至有大于 10 的。为了使水流更好地旋转前进，宽深比不大于 2，常在 1.5 至 2 之间。池深与造价和动力费有密切关系，曝气池越深，氧的转移效率就越高，可以减少所需空气量，但供气系统的压力将提高；反之空气压力降低，氧转移效率也降低。因此在一般设计中，常根据土建结构和池子的功能要求以及允许占用的土地面积等来确定，池深选择范围为 3~5 m。

曝气池进水口最好淹没在水面以下，以免污水进入曝气池后沿水面扩散，造成短流，影响处理效果。曝气池出水设备可用溢流堰或出水孔。通过出水孔的水流流速要小些（小于 0.1~0.2 m/s），以免污泥受到破坏。

2）完全混合式曝气池

完全混合式曝气池常采用叶轮供氧，多以圆形、方形或多边形池子作单元，这是和叶轮所能作用的范围相适应的。改变叶轮的直径，可以适应不同直径（边长）、不同深度的池子需要。长方形曝气池可以分成一系列相互衔接的方形单元，每个单元设置一个叶轮。

图 8-23 所示，是采用较多的一种表面叶轮曝气的完全混合曝气沉淀池，它由曝气区、导流区、沉淀区、回流区四部分组成。池子是圆形或方形，入口在中心，出口在池周。

图 8-24 所示为分建式的完全混合长方形曝气池，为了达到完全混合的目的，污水和回流污泥沿曝气池池长均匀引入，并均匀地排出混合液。

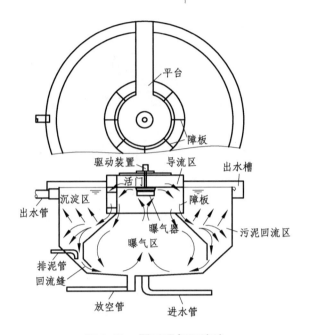

图 8-23 圆形曝气沉淀池

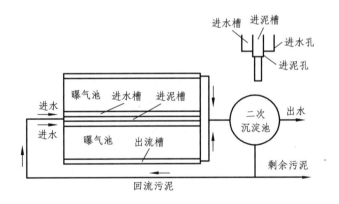

图 8-24 分建式完全混合系统

3）循环混合式曝气池

循环混合式曝气池，多采用转刷（或转碟）供氧，其平面形状如环形跑道（图 8-25）。循环混合式曝气池也称氧化沟，是一种简易的活性污泥系统。为满足污水处理的更高要求，氧化沟工艺技术也有了新的改进，有关氧化沟新技术见本章 8.6.4 节和 8.8.3 节。

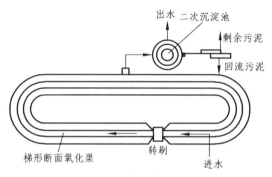

图 8-25 氧化沟的典型布置

8.5.4 二次沉淀池

二次沉淀池是活性污泥系统的重要组成部分，它用以澄清混合液并回收活性污泥，因此其效果的好坏，直接影响出水的水质和回流污泥的质量。如果沉淀效果不好，出水中就会增加悬浮物，从而增加出水中的 BOD 浓度；同时回流污泥浓度也会降低，在同样回流比情况下，就会影响曝气池中混合液浓度，导致系统中污泥负荷率的增加，甚至引起污泥指数（SVI）值的恶性增高，直至整个系统失去处理效能。

二次沉淀池有与曝气池合建的和分建的两类。分建的又可分竖流式、平流式和辐流式三种形式（见第 3 章 3.5.2 节）。目前也开始采用斜板、斜管沉淀池。从提高回流污泥浓度、排泥方便和节约土地出发，小规模的污水处理厂二次沉淀大多采用竖流式沉淀池；流量较大时，则多用辐流式沉淀池。辐流式沉淀池有圆形和方形两种，圆形辐流式沉淀池多采用机械排泥，适用于更大的污水处理厂。

二次沉淀池的工作情况不同于初次沉淀池。由于进水中悬浮物（活性污泥）浓度很高，也比较轻，其沉降属于成层沉淀，平流式与辐流式的水流多呈异重流。因此近年来设计二次沉淀池时多以上升流速或表面负荷作为主要参数，并同沉淀时间配合使用。此外，国外也有用污泥固体负荷[（kg 污泥/（$m^2 \cdot d$）]来控制表面负荷的设计。

8.5.5 传统活性污泥法工艺设计

传统活性污泥法是城市污水二级处理的基本工艺，工艺设计主要包括流程的选择、运行方式的选择、曝气池与曝气系统的设计与计算、二次沉淀池的设计与计算、污泥回流系统设计与计算。

（1）工艺流程的选择：根据污水设计流量、水质以及出水水质标准来选择污水处理工艺，特别是二级处理的方法，并根据进水水质和出水水质计算处理程度。

（2）运行方式的选择：根据污水设计流量、一级处理方式，还有污水厂土地资源、人员条件等，选择曝气方法、曝气池形式、二次沉淀池形式、污泥回流方法等。

（3）曝气池设计计算：

曝气池设计方法主要有污泥负荷法和污泥龄法。污泥负荷法属于经验参数设计方法，污泥龄法属于经验参数与动力学参数相结合的设计方法。近年来国际水污染研究与控制协会（International Association on Water Pollution Research and Control，缩写作 IAWPRC）推荐的活性污泥数学模型开始在国内应用。活性污泥数学模型包括 13 种水质指标，20 个动力学参数，8 个生物反应过程，是全面反应活性污泥生物处理系统运行状态的数学方程组。可用于活性污泥系统的数值模拟，以指导实际运行管理。用于工程设计则可使设计更科学合理，最大程度地接近工程实际。

曝气池设计计算包括以下内容：

① 估算出水溶解性 BOD_5：二沉池出水 BOD_5 由溶解性 BOD_5 和悬浮性 BOD_5 组成，其中只有溶解性 BOD_5 与工艺计算有关。出水溶解性 BOD_5 可用以下经验性公式计算。

$$S_e = S_z - 7.1 k_d f C_e \quad (8-21)$$

式中：S_e——出水溶解性 BOD_5，mg/L；

S_z——二沉池出水总 BOD_5，mg/L；

k_d——活性污泥自身氧化系数，1/d，与水温有关，20℃时取 0.06/d，其它水温需修正；

f——二沉池出水 SS 中 VSS 所占比例，一般取 0.75；

C_e——二沉池出水 SS，mg/L。

② 确定污泥负荷 N_s：已知曝气池进水 BOD_5 浓度 S_0，可以求出 BOD_5 去除率，即

$$\eta = \frac{S_0 - S_e}{S_0} \quad (8-22)$$

则曝气池设计污泥负荷可由定义式（8-17）计算，当忽略出水 BOD_5 浓度 S_e，并采用反应动力学关系，也可由下式计算得到。

$$L_s = \frac{k_z S_e f}{\eta} \quad (8\text{-}23)$$

式中：L_s——污泥负荷，kg BOD$_5$/（kgMLSS·d）；

k_z——活性污泥法动力学常数，取值范围 0.016 8 ~ 0.028 1。

③ 曝气池有效容积：采用污泥负荷法计算，还需确定曝气池混合液污泥浓度，根据运行经验总结，传统活性污泥法普通曝气可取 1 500 ~ 2 500 mgMLSS/L 范围。则有效容积可由（8-17）得到：

$$V = \frac{Q(S_0 - S_e)}{XL_s} \quad (8\text{-}24)$$

④ 复核容积负荷：容积负荷是实际运行总结的经验参数，采用污泥负荷法计算，应对容积负荷进行复核，使设计尽量符合不同经验参数。曝气池容积负荷由（8-18）计算。《室外排水设计规范》（GB50014—2006）推荐曝气池容积负荷的参考范围是 0.4 ~ 0.9 kg BOD$_5$/（m^3·d）。

⑤ 污泥回流比 R：由（8-19）式计算，即：

$$R = \frac{X}{X_r - X} \quad (8\text{-}25)$$

式中：X_r——回流污泥浓度，mg/L。

回流污泥浓度与污泥指数 SVI 有关，由下式计算：

$$X_r = \frac{10^6}{\text{SVI}} r \quad (8\text{-}26)$$

式中：r——与二次沉淀池有关的修正系数。

⑥ 剩余污泥量 ΔX：活性污泥法的剩余污泥是由微生物分解有机物而同化作用产生的，同时伴随着微生物的内源呼吸而减少，由生物反应动力学方程来计算，即：

$$\Delta X = YQ \frac{(S_0 - S_e)}{1\,000} - K_d V f \frac{X}{1\,000} \quad (8\text{-}27)$$

式中：Y——活性污泥产率系数，一般取 0.4 ~ 0.8。

⑦ 复核污泥龄 θ_c：设计采用污泥负荷，还应复核污泥龄，污泥龄计算采用（8-16）式，《室外排水设计规范》（GB50014—2006）关于污泥龄设计值推荐范围是 0.2 ~ 15 d。

（4）曝气系统的设计计算：

曝气系统设计主要内容有需氧量计算、空气量计算。鼓风曝气系统包括扩散装置选型、阻力计算，管路系统布置，空气管路水力计算、鼓风机选择等。

① 设计需氧量计算：传统活性污泥法不具有反硝化功能，需氧量只计算

有机物需氧，包括分解有机物所需溶解氧、氨氮硝化所需溶解氧、活性污泥自身氧化所需溶解氧。

需氧量由下式计算：

$$AOR = 0.001aQ(S_0 - S_e) + b[0.001Q(N_k - N_{ke}) - 0.12\Delta X] - c\Delta X \quad (8-28)$$

式中：a——有机物氧当量，$kgO_2/kgBOD_5$，取 1.47 $kgO_2/kgBOD_5$；

b——氨氮硝化需氧系数，kgO_2/kgN，一般取 4.57 kgO_2/kgN；

c——微生物的氧当量，$kgO_2/kgVSS$，一般取 1.42 $kgO_2/kgVSS$；

N_k——曝气池进水总凯氏氮浓度，mg/L；

N_{ke}——曝气池出水总凯氏氮浓度，mg/L。

② 标准需氧量 SOR 和空气量计算：

因为氧在水中的饱和溶解度标准值是以标准大气压、20℃时氧在清水中测定的，所以需要换算为标准需氧量，计算公式为：

$$SOR = \frac{AOR \times C_{s(20)}}{\alpha[\beta\rho C_{sb(T)} - C] \times 1.024^{T-20}} \quad (8-29)$$

式中：$C_{s(20)}$——20℃时氧在清水中饱和溶解度，mg/L，$C_{s(20)} = 9.17$ mg/L；

α——氧总转移系数；

β——氧在污水中饱和溶解度修正系数；

ρ——因海拔高度不同引起的压力修正系数，$\rho = \dfrac{p}{1.013 \times 10^5}$；

p——所在地区大气压，Pa；

T——设计污水温度，℃，一般分冬季和夏季两个计算温度；

$C_{sb(T)}$——设计水温条件下曝气池内平均溶解氧饱和度，mg/L；

$$C_{sb(T)} = C_{S(T)}\left(\frac{p_b}{2.026 \times 10^5} + \frac{O_t}{42}\right)$$

p_b——空气扩散装置处的绝对压力，Pa，$p_b = p + 9.8 \times 10^3 H$；

H——空气扩散装置淹没深度，m；

O_t——气泡离开水面时含氧量，%，$O_t = \dfrac{21(1-E_A)}{79 + 21(1-E_A)} \times 100\%$；

E_A——曝气器氧转移效率；

C——曝气池内平均溶解氧浓度，mg/L。

鼓风曝气时，可按下式将标准状态下污水需氧量换算为标准状态下的供气量：

$$G_s = \frac{SOR}{0.28E_A} \quad (8-30)$$

8.6 活性污泥法工艺的改型与发展

传统活性污泥工艺是最早采用的活性污泥法，传统活性污泥工艺有时也称为标准活性污泥工艺或普通活性污泥工艺。随着活性污泥工艺的广泛应用和不断创新，开发出了许多改进型的活性污泥法技术，如阶段曝气工艺、渐减曝气工艺、吸附再生工艺、两段工艺（也称 AB 工艺）、氧化沟工艺（OD）、序批式活性污泥法（SBR）等。下面简单介绍几种改进型活性污泥法的特点及设计方法。

8.6.1 阶段曝气工艺

阶段曝气工艺也称逐点进水工艺。由于传统工艺曝气池一般采用一端进水的推流模式（见图 8-22），曝气池前端污泥负荷 L_s 较高，可能产生供氧不足，而后段 L_s 很低，可能产生供氧过剩。因此，对传统活性污泥法中的推流式曝气池的最简单的改型就是将一端进水改为沿曝气池逐点进水方式，如图 8-26 所示。阶段曝气工艺可以改变推流型曝气池混合液的有机物浓度分布，使全池污泥负荷基本一致，从而实现全池曝气效果均匀，提高生物反应效率。

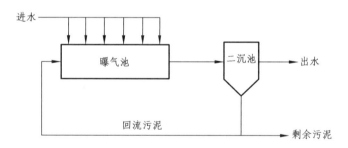

图 8-26 逐点进水活性污泥工艺

8.6.2 渐减曝气工艺

阶段曝气工艺是通过曝气池的进水方式解决传统推流式曝气池污泥负荷沿池长变化与曝气量不匹配的问题，但是，这种方法又存在进入曝气池一部分污水停留时间较短,而另一部分污水停留时间过长,不符合污水生物处理的完整阶段需求。为解决这些问题,于是就出现了第二种改进工艺,这就是渐减曝气工艺。所谓渐减曝气工艺就是曝气量沿池长逐渐降低,与需氧量的变化相匹配,在保证供氧的前提下,可降低能耗,如图 8-27 所示。对于典型的城市污水,一般可把曝气池等分成三段,则每段占总曝气量的比例一般分别为 50%、35%、15%。

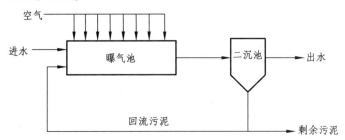

图 8-27 渐减曝气工艺

8.6.3 吸附再生工艺

吸附再生活性污泥法又称生物吸附活性污泥法或称接触稳定法,该方法是基于活性污泥对有机污染物的吸附与代谢两个降解过程而设计,其工艺流程如图 8-28 所示。与传统活性污泥法不同,是通过设置两级曝气池,一个叫吸附池,另一个称为再生池。设置吸附池的目的是利用活性污泥絮体以及絮体内的微生物对悬浮态和胶态物质的快速吸附过程,实现对污水有机污染物的捕捉作用;设置再生池,是利用活性污泥对吸附的有机污染物进行生物分解作用,实现有利于单一控制的目标,这就是所谓的吸附再生工艺。

与传统工艺相比,吸附再生工艺的污泥负荷 L_s 可适当提高,从而缩小池容,降低投资。另外,再生池中没有污水的补充,只进行曝气,在充足的溶解氧条件下,从二沉池回流的活性污泥微生物处于"饥饿"状态,再进入吸附池后会产生更高的吸附速度,达到高负荷运行状态;另一方面在再生池中的"空曝"状态下能有效抑制丝状菌,使活性污泥不易产生膨胀现象,对二沉池的运行非常有利。

从工艺流程看,吸附再生工艺与传统活性污泥法的主要区别在于:一是增加了再生池,二是提高了吸附曝气池的污泥负荷。按两段曝气池的组合又可分为两种形式,即分建式和合建式,如图 8-28(a)、(b)所示。

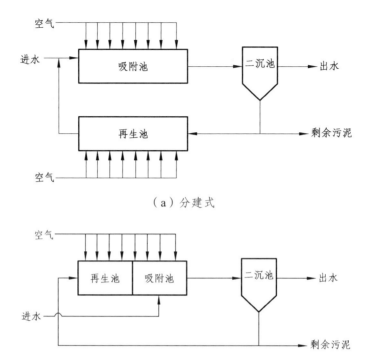

图 8-28 吸附再生工艺

8.6.4 氧化沟工艺

氧化沟（Oxidation Dictch，简称 OD）也称氧化渠。正如 8.5.3 节所介绍，氧化沟是属于循环混合式曝气池形式，是常规活性污泥法的一种改型和发展。氧化沟基本特征是曝气池呈封闭的沟渠型，污水和活性污泥的混合液在其中进行不断的循环流动，故又称为连续循环式反应器。

氧化沟污水处理技术与传统活性污泥法相比，主要有几方面的优点：

（1）工艺流程简单，构筑物少，运行管理方便。

由于氧化沟的水力停留时间（HRT）和污泥龄比一般的活性污泥法长得多，污水中的悬浮状有机物也可以在曝气氧化沟内得到较彻底的降解，所以氧化沟工艺的前置处理可以不设初次沉淀池。由于活性污泥停留时间较长，加之有机污泥负荷取值较低，由氧化沟排出的污泥量少且性质较稳定，后续污泥处理可以不设置消化处理池，主要采用浓缩和脱水即可。

氧化沟技术还可采用将氧化沟与二沉池合建（如图 8-29 所示）或采用二池或三池交替运行的氧化沟，将省去二沉池和污泥回流系统，从而使处理系统更为简单。

（2）池内流行较好，有利于过程控制，降低能耗。

由于氧化沟是一个环形沟渠，从局部来看其流态接近完全混合反应器，从总体来看流形又接近推流型反应器。局部表现出污水浓度、污泥浓度的均匀化，提高了反应器的容积效率，同时总体上可以满足生物代谢的不同阶段的选择性，即可实现生物污泥的稳定性，又可通过曝气方式的选择实现脱氮除磷效果。

（3）耐受冲击负荷，处理效果稳定，降低能耗。

氧化沟因其水力停留时间和污泥龄较长，沟中水流不断循环，对进水水量、水质的变化适应性强，采用的有机污泥负荷一般小于 0.1 kgBOD_5/（kgMLSS·d），远小于其他活性污泥法，则出水水质较好且比较稳定。

氧化沟属于延时曝气法，其水力停留时间一般大于 16 h，污泥龄大于 15 d，污泥负荷在 0.03～0.08 kgBOD_5/（kgMLSS·d），污泥浓度（MLSS）2.5～4.5g/L。

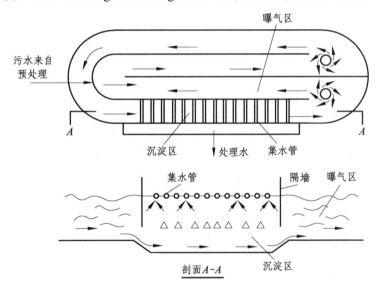

图 8-29 氧化沟与二沉池合建形式

随着氧化沟技术的不断发展，近年来氧化沟广泛应用于中小城镇的污水处理厂，加上生物脱氮除磷技术的组合应用，使污水出厂达标级别提高，既达到污水处理运行简单又满足污水处理厂排水的高标准要求。中小城镇氧化沟典型工艺流程见图 8-30。

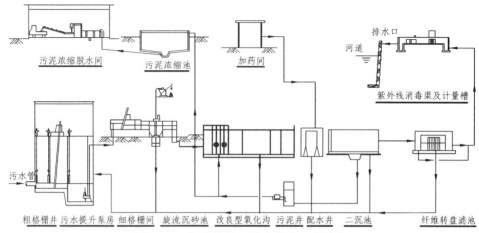

图 8-30 氧化沟处理城市污水工艺流程

8.6.5 序批式活性污泥法

序批式活性污泥法（Sequencing Batch Reactor Activated Sludge Process 简称 SBR），也称为间歇式活性污泥法，又称釜式活性污泥法。SBR 工艺是早期的污水生物处理工艺，可以说是直接来自试验阶段（小试或中试）的一种简单的运行方式，即是在一个反应器中周期性完成生物降解和泥水分离过程的污水处理工艺。在典型的 SBR 反应器中，按照进水、曝气、沉淀、排水、闲置等 5 个阶段顺序完成一个污水处理周期（如图 8-31）。由于受自动化水平和设备制造工艺的限制，早期的 SBR 工艺操作烦琐，设备可靠性低，因此应用较少。近年来随着自动化水平的提高和设备制造工艺的改进，SBR 工艺克服了操作烦琐缺点，提高了设备可靠性，设计合理的 SBR 工艺具有良好的除磷脱氮效果，因而近年来备受关注，SBR 工艺及其改良工艺成为污水处理工艺中应用最广泛的工艺之一。

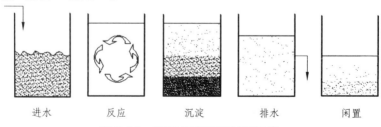

图 8-31 SBR 工艺处理过程示意

SBR 工艺的特点如下：① 由于反应器在时间上对污水生物处理阶段进行

选择，因而可根据水量水质的变化调整各时段的时间，或根据需要调整或增减处理工序，以保证出水水质符合要求。②在沉淀阶段，与传统沉淀池运行不同，沉淀时即不进水也不出水，近似于静止沉淀的特点，泥水分离不受干扰，排水时出水悬浮固体浓度较低且稳定。③在曝气阶段，反应器具有时间上的推流式特点，混合液有机物浓度和污泥负荷逐渐由高到低，而溶解氧则由低到高的变化，通过控制曝气时间，提高污染物的降解率，同时可有效控制活性污泥发生膨胀，改善污泥沉淀性能，提高出水水质。④SBR反应器在某一时刻，池内各处水质均匀，在空间上具有完全混合式的特征，因而具有较好的抗冲击负荷能力。⑤SBR工艺一般不设初沉池，生物降解和泥水分离在一个反应器内完成，处理流程短，占地小。

SBR工艺采用间歇进水、反应、沉淀、排水在同一池内完成，这就需要专用的能间歇排出上层清水的设备，通常称为滗水器。根据工作原理滗水器可以分为虹吸式、旋转式、浮筒式、套筒式，如图8-32所示，目前在国内应用广泛的多为旋转式滗水器。滗水器是SBR工艺采用的定期排除澄清水的设备，它具有能从静止的池表面将澄清水滗出，而不搅动沉淀，确保出水水质的作用。

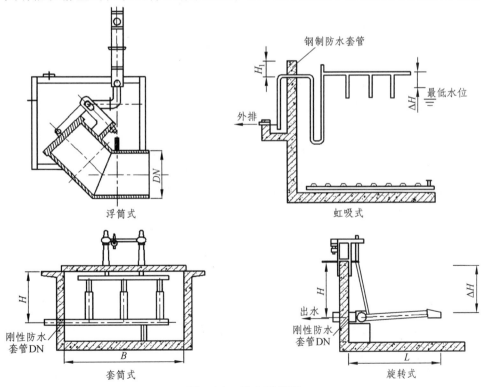

图8-32 滗水器类型

旋转式滗水器一般由滗水装置、传动装置、挡渣浮筒装置及回转支承等组成（图8-33）。当SBR池进入排水阶段时，驱动电机转动，推杆伸出，滗水器转动部分转动，同时保证滗水器堰口与池内水位同步下降，池内达标上清液通过滗水器堰口、排水管排出池外。当滗水器堰口降至设定的池内位置时驱动电机停转，滗水器停止下降，排水过程结束。然后，驱动装置反转滗水器浮筒上升至设定位置，等待下个周期重复运行。

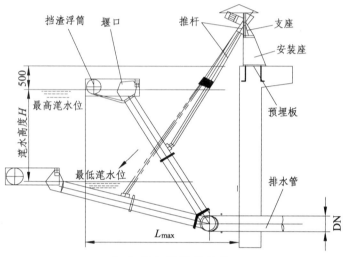

（a）滗水器组成示意

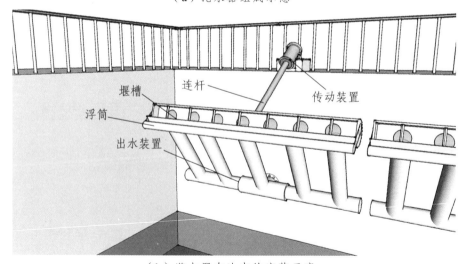

（b）滗水器在池中的安装示意

图8-33 机械旋转式滗水器结构形式

SBR工艺的经典运行和操作方式的明显特点是间歇进水，集反应、沉淀、排水排泥等按时间序列操作的各工序于一体。此外，采用多池并联运行的系统，使各SBR池根据运行周期及时间序列依次进水，可使进水在各池间循环切换，以解决整个污水处理系统的连续性。同时，SBR的间歇运行方式与许多行业废水产生的周期存在相对的一致性，因而可以充分发挥其技术优势，广泛应用于工业废水的处理。此外，由于其工艺流程短、占地面积小，也使其成为较多小城镇污水处理的常用工艺。

对于较大规模的污水处理而言，为解决污水产生和其他处理方式运行的连续性和SBR反应器处理方式间歇性之间的矛盾，采用多池并联运行的方式已成为经典SBR工艺设计的常用选择，这对系统控制的自动化要求将明显提高，同时将增加运行管理的复杂性，特别是为满足脱氮除磷的不同水质要求，需要对传统SBR工艺进行改良和发展，形成了多种形式的改进SBR工艺，如间歇式循环延时曝气活性污泥工艺（ICEAS）、连续进水周期循环式活性污泥工艺（CASS）、连续进水分离式周期循环延时曝气工艺（DAT-IAT）、交替式生物处理池（UNITANK）工艺等。

1. ICEAS 工艺

ICEAS（Intermittent Cylic Extended Activated Sludge）工艺称为间歇式延时循环曝气系统，是一种连续进水的改良型 SBR 工艺，结构形式如图 8-34 所示。传统的 SBR 工艺由进水、反应、沉淀、出水和闲置五个阶段组成，而 ICEAS 工艺由反应、沉淀和滗水三个阶段组成。ICEAS 工艺与传统的 SBR 法相比，其特点是在反应器的进水端增加了一个预反应区，使主反应区在沉淀、滗水阶段减少连续进水的影响，这样可实现在沉淀期和排水期连续进水的目的，使整个处理系统没有明显的反应阶段和闲置阶段。由于 ICEAS 连续进水，对沉淀阶段和滗水阶段有一定的影响，故多适用于较大规模的污水处理。

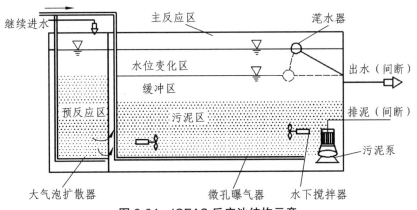

图 8-34 ICEAS 反应池结构示意

2. CASS 工艺

CASS(Cyclic Activated Sludge System)工艺，又称 CAST 工艺，是 Goronszy 教授在 ICEAS 工艺的基础上开发出来的，是 SBR 工艺的一种新形式。将 ICEAS 的预反应区隔出一个小容积池，称为生物选择池。通常 CASS 池分 3 个反应区，分别为生物选择区、缺氧区和好氧区，容积比一般为 1∶5∶30，见图 8-35。运行过程与 ICEAS 相近，即连续进水，间歇沉淀、滗水、曝气，因增加了生物选择区并有污泥回流，CASS 系统具有脱氮除磷功能。

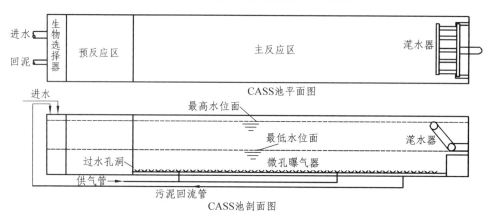

图 8-35 CASS 池结构形式

3. DAT-IAT 工艺

DAT-IAT（Demand Aeration Tank-Intermittent Aeration Tank）系统的主体构筑物由一个连续曝气池（DAT）和一个间歇曝气池（IAT）串连而成。一般情况下，DAT 连续进水、连续曝气，其出水连续流入 IAT，在 IAT 完成反应、沉淀、出水等工序。其典型工艺流程如图 8-36 所示。

DAT-IAT 系统的运行流程及主要作用可概括以下几个方面：

（1）污水连续进入 DAT 池，经曝气后连续进入 IAT 池。DAT 池也起到了调节池的作用。

（2）污水先停留在 DAT 池，进行曝气处理，活性污泥完成对水中有机污染物质的吸附。污水再流入 IAT 池，进一步得到净化。

（3）当 IAT 池停止曝气后，两级曝气后的混合液在 IAT 池开始沉淀过程，此时由于从 DAT 池流入的污水流速很小，对泥水分离过程产生的影响很小。

（4）沉淀阶段完成后，由设在 IAT 池的滗水器把上清液排出池外，到达最低水位停止滗水。池底的活性污泥大部分作为下次运行时使用，其中一部分回流到 DAT 池，一部分作为剩余污泥排出池外。

（5）系统完成排水、排泥后，进入闲置阶段，等待下个运行周期。一般根据水质水量情况设置闲置期时间的长短。

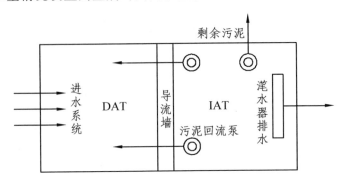

图 8-36　DAT-IAT 工艺构成示意

4. UNITANK 工艺

UNITANK 又称交替式生物处理池，其基本单元是由 3 个矩形池组成（A，B，C 池），相邻通过公共墙开洞或池底渠道连通。3 个池中均安装有曝气系统，外侧两个池（A 和 C 池）设有固定式出水堰及剩余污泥排放装置，它们交替作为曝气池和沉淀池，中间的池子（B 池）只能作为曝气反应池。另外，污水通过闸门控制可以进出任意一个池子，采用连续进水，周期交替运行。如图 8-37 所示。

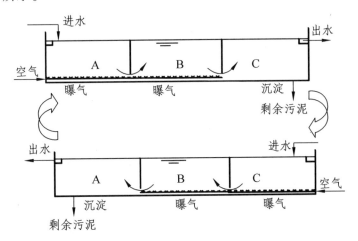

图 8-37　UNITANK 工艺处理过程示意

UNITANK 工艺每个运行周期包括两个主体运行阶段，这两个阶段的运行过程完全相同，是相互对称的，它们之间通过过渡段进行衔接。第一个主体运行阶段包括以下过程：① 污水首先进入左侧池内，因该池在上个主体运行阶段作为沉淀池运行时积累了大量经过再生、具有较高吸附及活性的污泥，污泥浓度较高，因而可以高效降解污水中的有机物；② 混合液同时自左向右通过始终作曝气池使用的中间池，继续曝气，有机物得到进一步降解，同时在推流过程中，左侧池内活性污泥进入中间池，再进入右侧池，使污泥在各池内重新分配；③ 混合液进入作为沉淀池的右侧池，处理后出水通过溢流堰排放，也可在此排放剩余污泥。第一个主体运行阶段结束后，通过一个短暂的过渡段，即进入第二个主体运行阶段。第二个主体运行阶段过程改为污水从右侧池进入系统，混合液通过中间池再进入作为沉淀池的左侧池，水流方向相反，操作过程相同。

8.7 生物膜法

8.7.1 生物膜法基本概念

生物膜法是与活性污泥法并列的一类废水好氧生物处理技术，是土壤自净过程的人工化和强化工艺。活性污泥法中的微生物是以悬浮状态的活性污泥存在于混合液中，而生物膜法中的微生物是固定生长在载体表面的，所以生物膜法又称固定膜法。

含有营养物质和接种微生物的污水在填料的表面流动，一定时间后，微生物会附着在填料表面而增殖和生长，形成一层薄的生物膜。在生物膜上由细菌及其他各种微生物组成的生态系统对有机物进行降解。

现代污水处理研究中，关于生物膜的结构及传质原理可以用图 8-38 表示。附着在载体上的成熟生物膜一般分为厌氧层和好氧层，好氧层外为附着水层，污水中的有机物被亲水性很强的微生物吸附捕捉，在有溶解氧的条件下被分解代谢。氧气不能到达的厌氧生物膜逐渐增厚老化而脱落，同时再更新。

根据不同的载体种类、曝气方法、处理设备、布水形式等，生物膜法也已开发出多种形式，最常见的有生物滤池、生物转盘、生物接触氧化池、曝气生物滤池等。

第 8 章　城市污水处理

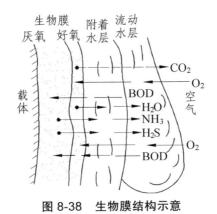

图 8-38　生物膜结构示意

8.7.2　生物滤池

1. 生物滤池的形成与原理

生物滤池是以土壤自净原理为依据，是通过在污水灌溉的实践基础上，经间歇沙滤池和接触滤池而发展起来的人工生物处理法。

1893 年在英国，研究人员将污水在粗滤料上喷洒进行净化试验并取得成功，1900 年以后，这种方法得到公认，命名为生物过滤法，构筑物则称为生物滤池，并迅速在欧洲一些国家得到广泛应用。

污水长期以滴状洒布在块状滤料的表面上，在污水流经的表面上就会形成生物膜，生物膜成熟后，栖息在生物膜上的微生物即摄取污水中的有机污染物质作为营养，从而使污水得到净化。

2. 生物滤池的构造

根据布水装置的类型，生物滤池有圆形、正方形或矩形等形式，图 8-39 所示的是典型的传统生物滤池，洒水装置采用旋转布水器，构造上主要分为滤床、排水设备和布水装置三部分，而滤床则又由滤料、承托层、排水板、池底和池壁所组成。

3. 工艺特点

早期出现的生物滤池与净水处理中的过滤池在结构上无太大的区别，由于污水经过补水装置和滤床，易发生堵塞滤料或布水器，所以进入生物滤池的污水，必须通过预处理，去除悬浮物、油脂等，即设置一级处理设施。由于滤料上的生物膜不断脱落更新，脱落的生物膜随处理水流出，因此，生物

275

滤池后应设二次沉淀池。

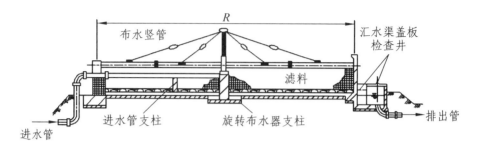

图 8-39　圆形生物滤池

传统生物滤池负荷较低，水力负荷只达 $1\sim4\ m^3/(m^2\cdot d)$，BOD 负荷也仅为 $0.1\sim0.4\ kg/(m^3\cdot d)$。其优点是净化效果好，BOD 去除率可达 90%~95%。主要的缺点是占地面积大，而且易于堵塞。为了解决这些问题，实践中也有采用将处理水回流，提高水力负荷[可达 $5\sim40\ m^3/(m^2\cdot d)$]，并加大 BOD 负荷[达到 $0.5\sim2.5\ kg/(m^3\cdot d)$]等措施。水力负荷提高，使滤料不断受到冲刷，加速生物膜连续脱落更新，这就是高负荷生物滤池的由来。

8.7.3　生物接触氧化法

1. 生物接触氧化法的特征

生物接触氧化法是一种介于活性污泥法与生物滤池之间的生物膜法工艺，就是在池内设置填料，经过充氧的污水以一定的速度流经填料，使填料上长满生物膜，污水和生物膜相接触，在生物膜生物的作用下，污水得到净化。

与传统生物滤池和生物转盘不同，生物接触氧化法的填料以及附着的生物膜是完全淹没在污水中的，所以生物接触氧化技术又称为"淹没式生物膜法"。接触氧化池内所需的溶解氧也可以选择鼓风曝气和机械式曝气充氧，曝气的作用与活性污泥法相同，即具有充氧作用，也具有搅拌和混合的作用，同时曝气还能使生物膜快速脱落更新，使生物膜保持较高的活性。

有了生物膜生长的载体，又有高效的曝气作用，生物接触氧化池单位容积的生物固体量高于活性污泥法和生物滤池法，池内的生物种类丰富，生物膜的活性高。因此，生物接触氧化法能够接受较高的有机负荷率，具有较高的处理效率，有利于缩小池容，减小占地面积。生物接触氧化法一般不需要污泥回流，不存在污泥膨胀问题，操作简单，运行管理方便，生物接触氧化法对水质、水量的冲击负荷有较强的适应能力。

2. 生物接触氧化池的构造

生物接触氧化法的核心构筑物是接触氧化池，接触氧化池一般由池体、填料、布水装置和曝气系统等几部分组成，如图8-40所示。在池内最关键的部分是填料，目前我国常用蜂窝形硬性填料和纤维型软性填料。

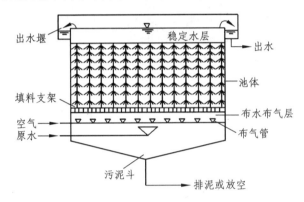

图 8-40　生物接触氧化池构造示意图

3. 接触氧化池的形式

目前国内外生物接触氧化池的形式，按曝气装置的位置可分为直流式和分流式，按水流的循环方式可分为填料内循环和外循环式，按受压方式还可以分为重力式和压力式。

分流式接触氧化池就是污水在单独的隔间内进行充氧，在这里进行激烈的曝气和氧的转移过程，在安装填料的另一隔间内，充氧后的污水缓缓流过填料并同其上的生物膜充分接触，这种循环方式为外循环方式。根据曝气装置的位置，分流式接触曝气池又可分为中心曝气型与单侧曝气型两种。

单侧曝气型接触氧化池，填料设在池的一侧，另一侧为曝气区，污水首先进入曝气区，经曝气充氧后从填料上流下经过填料，污水反复在填料区和曝气区循环往复，处理水则沿设于曝气区外侧的间隙上升进入沉淀池。

中心曝气接触氧化池，池中心为曝气区，国内一般采用均布曝气混流式，如图8-41所示。其特点是直接在填料底部设密集的穿孔管曝气，在填料体内、外形成循环。这种接触氧化池中的生物膜受到迅速上升气流的强力搅拌，使生物膜不断更新保持较高的活性，同时又能克服填料堵塞现象。上升气流对填料不断撞击，使得气泡破裂，直径减小，接触面积增加，又提高了氧的转移效率，降低了动力消耗。

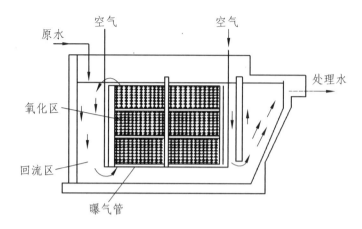

图 8-41 外循环直流式接触氧化池

8.7.4 曝气生物滤池（BAF）

1. 曝气生物滤池基本原理

曝气生物滤池（Biological Aerated Filters）也叫淹没式曝气生物滤池（Submerged Biological Aerated Filters），是在普通生物滤池、高负荷生物滤池、生物滤塔、生物接触氧化法等生物膜法的基础上发展而来的，被称为第三代生物滤池。曝气生物滤池经过了几十年的研究，于 20 世纪 80 年代末基本成型，后不断改进，并开发出多种形式。曝气生物滤池充分借鉴了污水处理接触氧化法和给水处理快滤池的技术特点，将曝气、生物膜处理、高速过滤、悬浮物截留、反冲洗等功能集于一身。

曝气生物滤池污水处理原理和特点可表述为以下几个方面：① 不同于传统生物滤池，曝气生物滤池中装填一定量粒径较小的粒状滤料；② 浸没于污水中的滤料表面生长着多相生物膜；③ 采用与生物接触氧化法相同的曝气工艺；④ 污水流经滤料时，利用滤料的高比表面积带来的高浓度、高活性生物膜的氧化降解能力对污水进行快速净化，此为生物氧化降解作用；⑤ 污水流经滤料时，由于滤料粒径较小的特点及生物膜的生物絮凝作用，可截留污水中的悬浮物，并保证脱落的生物膜不会随水漂出，此为截流作用；⑥ 与普通滤池相同，运行一定时间后，滤料间截流悬浮固体增多，通道阻力增大，出水水质变差，需对滤池进行反冲洗，以释放截留的悬浮物以及更新生物膜，此为反冲洗过程。

2. 曝气生物滤池基本构造

曝气生物滤池根据正常运行时污水流向，分为上向流式和下向流式两种，早期多采用下向流式，目前多采用上向流方式。如图 8-42 所示，曝气生物滤池主要有填料层、承托层、布水系统、出水装置、反冲洗系统、曝气系统等。从功能上分有下层布水区、中间反应区和上部集水区，反应区还可根据工艺要求设置缺氧区和好氧区。

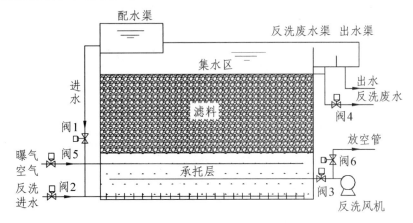

图 8-42 曝气生物滤池结构示意

滤料是生物膜的载体，又兼有截留悬浮物质的作用，因此它直接影响着生物曝气滤池的效能。目前主要分为无机类滤料和有机类滤料。无机类滤料常见有页岩陶粒、火山岩生物填料球、粉煤灰加气混凝土颗粒、活性炭和膨胀硅铝酸盐滤料等。有机类滤料常见有聚氯乙烯纤维、玻璃钢、聚苯乙烯小球、泡沫滤珠滤料等。承托层主要是为了支撑滤料，防止滤料流失和堵塞滤头，同时还可以提高配水的均匀性和反冲洗稳定性。承托层常用卵石或专用预制滤板。

布水系统由配水渠、进水管、控制阀、下部配水室和配水滤头组成。出水装置由上部出水滤头、挡板、出水堰板、出水渠和出水管构成。挡板设在填料顶部，防止悬浮填料的流失，挡板上均匀安装有出水滤头，挡板上部空间为清水区，亦可作反冲洗水的储水区，过滤后的清水自流入出水槽排放或流入清水池回用。如图 8-42 所示，上向流生物滤池进水和反冲洗进气管设在下部，曝气用空气管设在填料层的下部，有时为了满足脱氮除磷工艺需求空气管也可设在填料层中间，上下形成缺氧和好氧两个区。

曝气生物滤池内的布气系统包括正常运行时曝气所需的曝气系统和进行气-水联合反冲洗时的供气系统两部分。

3. 曝气生物滤池工艺设计计算

曝气生物滤池从设计功能上看，有主要以去除碳源有机物为目标的生物滤池，称为DC型曝气生物滤池，有兼有硝化功能的所谓N型曝气生物滤池，还有脱氮除磷功能的所谓DN-P型曝气生物滤池。不同类型的曝气生物滤池，其工艺设计计算有略为区别，但总体上应包括：滤料体积计算、生物滤池尺寸计算、水力负荷计算、需氧量计算、曝气系统计算、进水和出水系统计算、反冲洗系统设计计算等。

（1）滤料体积计算：所需滤料体积计算采用容积负荷法，这是一个经验参数设计法，容积负荷取值与滤料种类、工艺种类等因素有关，无试验资料时可参考规范（GB 50014—2006）推荐值。曝气生物滤池BOD_5容积负荷宜取3 $kgBOD_5/(m^3 \cdot d)$ ~ 6$kgBOD_5/(m^3 \cdot d)$，硝化容积负荷（以NH_3-N计）宜取0.3 $kgNH_3$-N/$(m^3 \cdot d)$ ~ 0.8$kgNH_3$-N/$(m^3 \cdot d)$，反硝化容积负荷（以NO_3^--N计）宜取0.8 $kg NO_3^-$-N/$(m^3 \cdot d)$ ~ 4.0 $kg NO_3^-$-N/$(m^3 \cdot d)$。当已知设计流量和进水设计水质指标则可计算滤料体积浓度：

$$V = \frac{QS_0}{1\,000 N_0} \tag{8-31}$$

式中：Q——污水设计流量，m^3/d；

S_0——生物滤池进水BOD_5浓度，mg/L；

N_0——曝气生物滤池BOD_5容积负荷，$kgBOD_5/(m^3 \cdot d)$。

（2）确定滤池尺寸：一般曝气生物滤池总容积包括滤料容积、集水区容积、承托层容积；集水区深度也称稳水区高度，一般可取$h_2=0.8$ ~ 1.0 m，承托层高可取$h_4=0.3$ m，滤池超高可取$h_1=0.5$ m。可由滤料层体积计算滤池总面积：

$$A = \frac{V}{h_3} \tag{8-32}$$

式中：V——滤料体积，m^3；

h_3——滤料层高度，m，一般取3.5 m左右。

滤池总高度：$H = h_1 + h_2 + h_3 + h_4$。

（3）水力停留时间及水力负荷校核：

水力停留时间：

$$t = \varepsilon \frac{V}{Q} \tag{8-33}$$

式中：ε——滤料层空隙率。

水力负荷 N_q：

$$N_q = \frac{Q}{A} \tag{8-34}$$

（4）需氧量及需气量计算：

以 DC 型曝气滤池为例，设计需氧量可采用下式计算：

$$OR = 0.82 \frac{\Delta BOD_s}{BOD} + 0.32 \frac{X_0}{BOD} \tag{8-35}$$

式中：OR——单位质量 BOD 需氧量，$kgO_2/kgBOD_5$；
ΔBOD_s——滤池去除可溶性 BOD 浓度，mg/L；
BOD——滤池进入的总 BOD 浓度，mg/L；
X_0——滤池悬浮物浓度，mg/L。

标准需氧量换算及需气量计算方法与本章 8.5.5 中方法相同，不再赘述。

（5）反冲洗系统计算：

曝气生物滤池一般采用气-水联合反冲洗方法，取定反冲洗强度再根据曝气池滤料过流面积可计算反冲洗空气流量及水流量。

$$Q_{气} = q_{气} A \tag{8-36}$$

$$Q_{水} = q_{水} A \tag{8-37}$$

式中：$q_{气}$，$q_{水}$——空气和水反冲洗强度，$m^3/(m^2 \cdot s)$，规范（GB 50014—2006）推荐 $q_{气} = 10L/(m^2 \cdot s) \sim 15 L/(m^2 \cdot s)$，反冲洗水强度不应超过 $8L/(m^2 \cdot s)$。

8.8 污水生物脱氮除磷工艺

城市污水中氮和磷的主要来源是生活污水及其他工业污水，常规城市污水好氧生物处理的主要对象是含碳有机物，对氮、磷的去除率是有限的，仅从剩余污泥排出氮和磷，氮的去除率一般为 10%~25%，磷的去除率一般为 12%~20%。由于排入水体的污水（包括二级处理出水）含有较多数量的氮、磷，尤其是一些静止型淡水水体，如湖泊和水库，会导致蓝藻和蓝绿藻等的过度繁殖，引起水体富营养化，排入近海则会发生赤潮。因此，我国《城镇污水处理厂污染污排放标准》（GB18918—2002），就根据城镇污水处理厂排入地表水域环境功能和保护目标，对氮和磷提高了排放标准。

污水脱氮、除磷技术的研究开始于20世纪70年代末，形成了许多工艺技术，有化学法、物理法和生物法。在物理化学方法中，有采用化学药剂除磷、吹脱法去氮、离子交换法去除氨氮和磷酸盐等，但化学法或物理法运行费用较高，只能作为城镇污水处理的一个补充手段。随着生物脱氮除磷技术的研究与开发，加之生物去除氮、磷工艺的优点，目前许多新建、改建和扩建的污水处理厂都采用了生物脱氮以及生物或化学除磷工艺。近30年来，由于保护水体和水资源的需要，在生物除磷和脱氮方面获得长足的进步，研究开发和推广应用了多种新的生物除磷和脱氮工艺，使其成为强化二级处理工艺的一个组成部分。

8.8.1 生物脱氮除磷基本原理

1. 生物脱氮机理

污水生物处理过程中氮的转化包括氨化、同化、硝化和反硝化作用。

在氨化菌作用下，有机氮被分解转化为氨态氮，这一过程称为氨化过程，氨化反应速度很快，在一般的好氧生物反应器中都能完成，不需要做特殊的考虑。

同化作用就是污水的一部分氮（氨氮或有机氮），在生物处理过程中，被同化成为生物细胞组成成分。这部分氮是通过二次沉淀池中剩余污泥的形式从污水中去除。

在有氧的条件下，由硝化细菌和亚硝化细菌的协同作用，将氨氮（NH_3-N）通过硝化作用转化为亚硝态氮（NO_2^--N）、再进一步转化为硝态氮（NO_3^--N），这就是硝化作用。在缺氧条件下硝酸盐可以被微生物作为最终电子受体，通过生物异化还原转化为气态氮，这个过程称为反硝化作用，即硝态氮（NO_3^--N）转化为氮气（N_2），氮气溢出水面释放到大气，从而实现从废水中脱氮的目的。污水生物脱氮过程可以用图8-43表示。

2. 生物除磷机理

生物除磷主要通过两种机制来完成，生物同化作用除磷和强化生物除磷。前者是利用悬浮生长的细胞直接吸收磷，而后者是利用活性污泥中的聚磷微生物（Poly –phosphate Accumulating Organisms，PAO）完成。该类微生物均属异养型细菌，包括：不动杆菌属、假单胞菌属、气单胞菌属、棒杆菌属、肠杆菌属、着色菌属、脱氮微球菌属等。在厌氧条件下，聚磷菌把细菌中的聚磷水解为正磷酸盐（PO_4^{3-}-P）释放到细胞外，并从中获得能量，利用污水中易降解的BOD，如挥发性脂肪酸（Volatile Fatty Acid，VFA），合成储藏物聚β-羟基丁酸酯（Poly-β-Hydroxy Butyrate，PHB）储于胞内。在好氧条件下，聚磷菌以游离氧为电子受体，氧化胞内储存的PHB，并利用该反应产生的能量，过量地从污水中摄取磷酸盐，合成高能物质ATP，作为能量储于胞内，好氧吸磷量大于厌氧释磷量，通过剩余污泥的排放可实现高效除磷目的。污水生物除磷机理可以用图8-44表示。

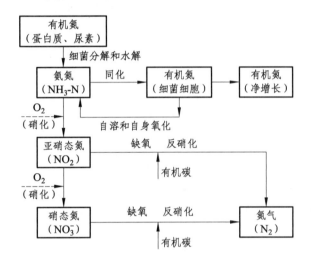

图8-43 污水生物脱氮过程示意

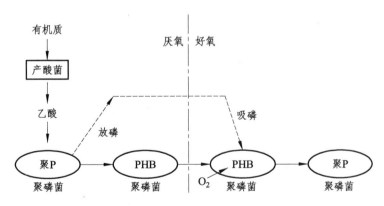

图8-44 污水生物除磷机理示意图

污水生物除磷的本质就是通过聚磷菌过量摄取污水中的磷酸盐，以不溶性聚磷酸盐的形式积聚于细胞内，通过排放富含磷的废弃污泥来去除污水中的磷。

8.8.2 厌氧-缺氧-好氧生物脱氮除磷工艺

根据生物脱氮、除磷原理，结合传统活性污泥法工艺，首先为了达到污水生物脱氮的目的，把生物脱氮的三个主要反应过程分别置于两个反应器中进行，即将BOD去除和氨化、硝化过程在好氧段完成，再将好氧池混合液部分回流至前置缺氧段，在缺氧段完成反硝化过程，这就是最初的A/O工艺，如图8-45所示。A/O生物脱氮系统具有以下特征：反硝化池在前，硝化池在后；反硝化反应以原废水中的有机物为碳源；硝化池内的含有大量硝酸盐的硝化液回流到反硝化池，进行反硝化脱氮反应；在反硝化反应过程中，产生的碱度可补偿硝化反应碱度的一半左右，对含氮浓度不高的废水可不必另行投加碱；硝化池在后，使反硝化残留的有机污染物得以进一步去除，无需建后曝气池。

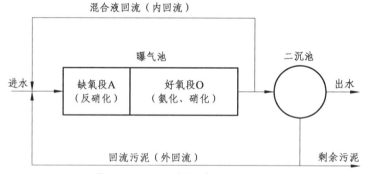

图 8-45　A/O 生物脱氮工艺流程

根据前述生物处理原理，简单说生物除磷需要好氧段过量吸磷、厌氧段释磷两个主要过程，结合A/O活性污泥法工艺流程，在缺氧段前置一个厌氧段，并将污泥回流至厌氧段，这样就形成了所谓A^2/O工艺流程，如图8-46所示。

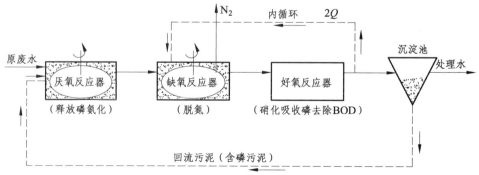

图 8-46　A^2/O 生物脱氮除磷活性污泥法工艺流程

组合后的 A^2/O 活性污泥法工艺，与传统活性污泥法相比，除了在氧化分解溶解性有机物作用相同之外，从脱氮除磷角度看，在好氧段，硝化细菌将入流污水中的氨氮及由有机氮氨化成的氨氮，通过生物硝化作用，转化成硝酸盐；在缺氧段，反硝化细菌将内回流带入的硝酸盐通过生物反硝化作用，转化成氮气逸散大气中，从而达到脱氮的目的；在厌氧段，聚磷菌释放磷，并吸收低级脂肪酸等易降解的有机物，而在好氧段，聚磷菌超量吸收磷，并通过剩余污泥的排放将磷去除。以上三类细菌（硝化细菌、反硝化细菌、聚磷菌）均具有去除 BOD_5 的作用，但 BOD_5 的去除实际上以反硝化细菌为主。

A^2/O 活性污泥法工艺中，主要去除物的浓度变化特点可概括为以下几方面。① 污水进入曝气池以后，随着聚磷菌的吸收、反硝化菌的利用及好氧段的好氧生物分解，BOD_5 浓度逐渐降低。② 在厌氧段，由于聚磷菌释放磷，TP 浓度逐渐升高，至缺氧段升至最高。在缺氧段，一般认为聚磷菌既不吸收磷，也不释放磷，TP 浓度保持稳定。在好氧段，由于聚磷菌的吸收，TP 浓度迅速降低。③ 在厌氧段和缺氧段，NH_3-N 浓度稳中有降，至好氧段，随着硝化的进行，NH_3-N 浓度逐渐降低。在缺氧段，由于内回流带入大量 NO_3^--N，NO_3^--N 浓度瞬间升高，但随着反硝化的进行，NO_3^--N 浓度迅速降低。在好氧段，随着硝化的进行，NO_3^--N 浓度逐渐升高。

8.8.3 氧化沟生物脱氮除磷工艺

在本章 8.6.4 节介绍过的氧化沟，是普通曝气活性污泥法的改良形式，主要是将传统曝气池改为环形循环式结构形式，曝气方式也多选择曝气转刷（或转碟）。早期的传统氧化沟的脱氮工艺，主要是利用沟内溶解氧分布的不均匀性，通过合理的设计，使沟中产生交替循环的好氧区和缺氧区，从而达到脱氮的目的。其最大的优点是在不外加碳源的情况下在同一沟中实现有机物和总氮的去除，因此是非常经济的。但在同一沟中好氧区与缺氧区各自的体积和溶解氧浓度很难准确地加以控制，因此对除氮的效果是有限的，而对除磷几乎不起作用。另外，在传统的单沟式氧化沟中，微生物在好氧－缺氧－好氧短暂的经常性的环境变化中使硝化菌和反硝化菌群并非总是处于最佳的生长代谢环境中，由此也影响单位体积构筑物的处理能力。

随着氧化沟工艺的发展，开发出的具有脱氮除磷功能的氧化沟，在工程中也得到了广泛应用，比较有代表性的有：多沟交替式氧化沟（如三沟式、五沟式）及其改进型、奥贝尔（Orbal）氧化沟及其改进型、卡鲁塞尔氧化沟及其改进型、一体化氧化沟等。

1. 交替式氧化沟脱氮除磷工艺

交替式氧化沟是由丹麦Kruger公司开发创建。根据运行方式和沟渠的数量分为单沟（A型）、双沟（D型）和三沟（T型）三种形式。其中双沟在原D型的基础上开发出了VR型氧化沟。这一类氧化沟主要是为了去除BOD，如果要同时脱氮除磷，对于单沟和双沟型就要在氧化沟前后分别设置厌氧池和沉淀池，即成为AE型或DE型氧化沟。而三沟式氧化沟脱氮除磷可在同一反应器中完成。

交替式工作氧化沟系统没有单独设置反硝化区，通过在运行过程中设置停曝期来进行反硝化，从而获得较高的氮去除率。

双沟交替工作氧化沟（VR型）是将曝气沟渠分为A、B两部分，其间有单向活扳门相连。利用定时改变曝气转碟的旋转方向，以改变沟渠中的水流方向，使A、B两部分交替地作为曝气区和沉淀区。D型氧化沟由容积相同的A、B两池组成，串联运行，交替地作为曝气和沉淀池，一般以8h为一个运行周期。该系统出水水质好，污泥稳定，不需设污泥回流装置。

三沟式氧化沟（T型氧化沟）是由三个相同的氧化沟组建在一起作为一个单元运行，如图8-47所示。三个氧化沟之间相互双双联通，每个池都配有可供污水和环流（混合）的转刷，每池的进口均与经格栅和沉砂池处理的出水通过配水井相连接，两侧氧化沟可起曝气和沉淀双重作用，并配有自动可调堰门，中间的池子则维持连续曝气，曝气转碟的利用率可提高到60%左右。

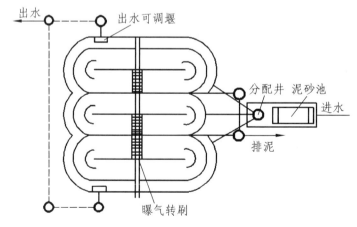

图8-47 T型氧化沟系统

三沟式氧化沟可通过改变曝气转刷的运转速度，来控制池内的缺氧、好氧状态，从而取得较好的脱氮效果。该系统的显著优点是氧化沟中一部分兼作沉淀池，故不需另设二次沉淀池和污泥回流设备，使处理流程进一步简化，减少了处理构筑物，操作管理更为简单。其不足之处是有部分曝气转刷间歇运行，利用率降低。

三沟由于进、出水交替运行，所以各沟中的活性污泥量在不断变化，存在明显的污泥迁移现象。同时，在同一沟内由于污泥迁移、污泥浓度有规律地变化必然导致溶解氧也产生规律性的变化。

2. 奥贝尔（Orbal）氧化沟脱氮除磷工艺

奥贝尔氧化沟又称同心沟型氧化沟（图8-48），是一种多渠道的氧化沟，由多个同心的沟渠组成，沟渠呈圆形和椭圆形。刚进入的污水通过一些淹没式的连通口，顺序地从最外面的一个渠道进入下一个渠道，最后从中心沟渠排出，每一个渠道都是一个具有尾流回路的完全混合的反应器，这相当于一系列完全混合反应池串连在一起，每个沟渠表现出单个反应器的性质，Orbal氧化沟兼有完全混合式与推流式的特点，能够快速去除有机物和氨氮。其曝气装置大多为水平旋转的盘式曝气机，转盘的数量取决于渠内的溶解氧量。

奥贝尔氧化沟的三条渠道系统中，从外到内，第一渠的容积为总容积的50%~55%，第二渠为30%~35%，第三渠为15%~20%。运行时，应保持第一、第二、第三渠的溶解氧分别为0 mg/L、1 mg/L、2 mg/L，这样的梯度分布，就创造了一个极好的脱氮条件，其既能高度脱氮，又能完全硝化，经过该装置处理后排出的水，氨含量接近于零。第一渠中可同时进行硝化和反硝化，其中硝化的程度取决于供氧量。

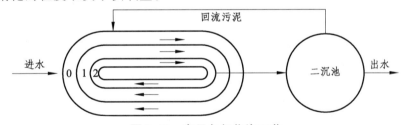

图 8-48　奥贝尔氧化沟工艺

3. 卡鲁塞尔（Carrousel）氧化沟脱氮除磷工艺

第一代卡鲁塞尔氧化沟是一种单沟式环形氧化沟，在氧化沟的顶端设有垂直表面曝气机，兼有供氧和推流搅拌作用。污水在沟道内转折巡回流动，处于完全混合形态，有机物不断氧化得以去除，并具有一定的脱氮除磷效果。该氧化沟一般设有独立的沉淀池和污泥回流系统。

第二代为 Carrousel 2000 氧化沟，是在普通 Carrousel 氧化沟前增加了一个厌氧区（或生物选择池），和一个缺氧区，也叫前置反硝化区，见图 8-49 所示。原水与二沉池回流污泥在厌氧池中搅拌混合，在厌氧池中主要有两个反应：① 厌氧池中的兼性反硝化菌异化原水和回流污泥中的硝酸盐和亚硝酸盐得以脱氮；② 厌氧池中的兼性细菌将可溶性 BOD 转化成 VFA，聚磷菌获得 VFA 将其同化成 PHB，所需能量来源于聚磷菌的水解并导致磷酸盐的释放。

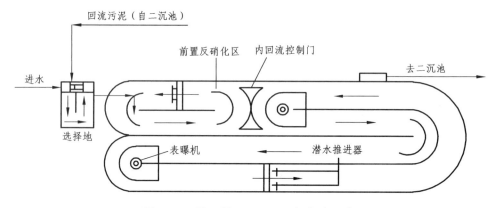

图 8-49 第二代 Carrousel 氧化沟工艺

厌氧池后紧接缺氧池，微生物在缺氧池中完成下列反应：① 缺氧池中的兼性反硝化菌异化厌氧出水和氧化沟好氧段中内回流流过来的硝酸盐和亚硝酸盐，使脱氮更为充分；② 缺氧池中的聚磷菌利用后续氧化沟好氧段中分流而来的混合液中的硝酸盐和亚硝酸盐所提供的电子吸磷，避免同时反硝化和吸磷时 BOD 量的不足，而后续的氧化沟完成了硝化、吸磷和去除有机物等过程。Carrousel 2000 氧化沟系统对 BOD、COD、N 的去除率分别可达 98%、95%、95%，出水 P 可降到 1~2 mg/L。

8.8.4 SBR 脱氮除磷工艺

1. 传统 SBR 工艺的脱氮除磷

本章 8.6.5 节介绍了序批式活性污泥法（SBR）工艺，早期的 SBR 工艺是传统活性污泥法在运行方式上的改进，即通过时间序列将在一个池子中完成进水、反应、沉淀、排水、闲置五个阶段。改进的具有脱氮除磷功能的 SBR 工艺，与传统 SBR 的基本运行方式相比，主要是增加了进水搅拌、停曝搅拌阶段，如图 8-50 所示。

第8章 城市污水处理

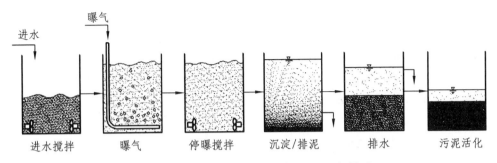

图 8-50 具有脱氮除磷功能的 SBR 运行模式

为保证磷在厌氧阶段的充分释放，进水期采用限量曝气/搅拌的方式，同时严格控制 DO≤0.2 mg/L。曝气阶段除进行有机物的分解外，需保证硝化和摄磷的运行条件，即需有足够的运行时间。在曝气阶段结束后，为保证良好的脱氮效果，增加停曝/搅拌过程，在此阶段进行反硝化作用。由于此时混合液中含有较高浓度的硝酸氮（NO_3^--N）和亚硝酸氮（NO_2^--N），因而磷的提前释放将受到抑制。此阶段历时一般为 2.0h 以上，时间延长，一方面可提高脱氮效率，另一方面可降低进水阶段混合液中 NO_3^--N 和 NO_2^--N 的浓度，利于磷的充分释放。为防止在沉淀阶段发生磷的提前释放问题，同样将排泥阶段与沉淀阶段同时进行，而将排水阶段置后。

2. 改进型 SBR 工艺的脱氮除磷

本章 8.6.5 节也介绍了其他改进型的 SBR 工艺，这些工艺解决了连续进水，以及连续进水对反应阶段、沉淀、排水排泥阶段的干扰问题，但主要的改进目的是实现更好的脱氮除磷作用。如 ICEAS 工艺在前段设置了处于厌氧或缺氧状态的预反应区，不仅增强了其对氮、磷的去除效果，并提高了运行的稳定性。

由传统 SBR 工艺改进的 CASS 工艺是一种具有脱氮除磷功能的循环间歇废水生物处理技术。与经典 SBR 工艺相比，CASS 池由生物选择区、兼氧区和主反应区三个区域组成（图 8-35）。三个区域的功能及特点概括为以下几方面。

（1）生物选择区是设置在 CASS 前端的小容积区，水力停留时间为 0.5～1 h，通常在厌氧或兼氧条件下运行。通过主反应区污泥的回流并与进水混合，不仅充分利用了活性污泥的快速吸附作用而加速对溶解性底物的去除并对难降解有机物起到良好的水解作用，同时可使污泥中的磷在厌氧条件下得到有效的释放，还有利于改善污泥的沉降性能。

（2）兼氧区不仅具有辅助厌氧或兼氧条件下运行的生物选择区对进水水质水量变化的缓冲作用，同时还具有促进磷的进一步释放和强化氮的反硝化作用。

（3）主反应区则是最终去除有机底物的主场所。曝气阶段，溶解氧向污泥絮体内的传递受到限制而硝态氮由污泥内向主体溶液的传递不受限制，从而使主反应区中同时发生有机污染物的降解以及同步硝化和反硝化作用。

CASS反应器的主要设计参数：最大设计水深可达$5 \sim 6$ m，MLSS一般为$3\,500 \sim 4\,000$ mg/L，充水比为30%左右，最大上清液滗除速率为300 mm/min，沉淀时间60 min，设计SVI为140，单循环时间（即一个运行周期）通常为4 h。处理城市污水时，CASS池中生物选择区、缺氧区和主反应区的容积比一般为$1:5:30$。

MSBR（Modifled Sequencing Bath Reactor）又称改良式序列间歇反应器。如图8-51所示，MSBR主要由厌氧池、缺氧池、好氧池和SBR池组成。MSBR结合了传统活性污泥法和SBR的优点，在恒水位下连续运行，采用单池多格，省去了多池工艺所需的连接管道、泵和阀门等设备或设施。从流程特点看，MSBR实际相当SBR工艺与A^2/O工艺串联而成，因而同时具有很好的除磷和脱氮作用。

运行过程中，污水首先进入厌氧池，与来自泥水分离池并经缺氧池B反硝化后的混合液混合，使聚磷菌在此充分释磷然后进入缺氧池A继续进行反硝化。反硝化后的混合液进入主曝气池，完成有机物去除、硝化和摄磷等功能，最后混合液进入两个对称的SBR池Ⅰ和SBR池Ⅱ，在此完成最后的处理及泥水分离，并排出澄清液。对两个对称SBR池来说，当其中一个SBR池作为最后处理工段时，另一个SBR池则在进行（$1 \sim 1.5$）Q的回流量进入泥水分离池，以实现下一个硝化、反硝化的模式运行。

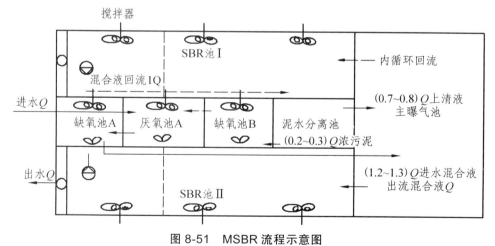

图 8-51　MSBR 流程示意图

MSBR是具有脱氮除磷功能的新型处理工艺，其工艺设计参数一般根据除磷的要求确定。因而，原则上，当以生物除磷为主要处理目标时，应取较短的污泥龄进行设计，而当以生物脱氮为主要处理目标时，则应采用较长的污泥龄。MSBR的污泥龄设计范围较宽，一般控制在7~20 d，在实际运行中，还需进、出水水质通过剩余污泥排放的控制对混合液的MLSS进行调节，以获得合理的污泥龄。

MSBR中的平均MLSS一般按2 500~3 000 mg/L设计，MSBR的水力停留时间HRT一般为12~14 h，需根据进水水质和处理要求适当选择。MSBR的单池最大处理规模可达5万m^3/d，否则需进行分组运行。MSBR的有效水深的可选择范围较大，一般为3.5~6.0 m，其中缺氧池和厌氧池深度可达8.0 m。其运行过程中的混合液回流和污泥回流比可取130%~150%，泥水分离池的浓缩污泥回流量一般为（0.3~0.5）Q。

8.9 膜生物反应器处理污水工艺

8.9.1 工艺特点

第3章3.10.3节已阐述水处理膜是具有选择性分离功能的材料，利用水处理膜的选择性分离实现原水的不同组分的分离、纯化、浓缩的过程称作膜分离。它与传统过滤的不同在于水处理膜可以在分子范围内进行分离，并且这个过程是一种物理过程，不需发生相的变化和添加助剂。水处理膜的孔径一般为微米级，依据其孔径的不同（或称为截留分子量），可将水处理膜分为微滤膜、超滤膜、纳滤膜和反渗透膜，根据材料的不同可分为无机膜和有机膜，无机膜还只有微滤级别的膜，主要是陶瓷膜和金属膜。有机膜是由高分子材料制成，如醋酸纤维素、芳香族聚酰胺、聚醚砜、聚氟聚合物等。

膜生物反应器（Membrane Bio-Reactor，简称MBR），是将分离工程中的膜分离技术与传统污水生物处理技术有机结合产生的污水处理新工艺。MBR利用高效分离膜组件取代二沉池，提高了固液分离效率，并且省去了二沉池的建设，同时膜的截留作用使曝气池能够维持较高的活性污泥浓度以及富集一些特效菌（特别是优势菌群），从而提高了生化反应速率，保证出水水质优良。MBR还通过降低污泥负荷，减少剩余污泥产生量，从而在某种程度上解决了传统活性污泥法污泥处理的难题。

MBR工艺一般适用于小型污水处理系统，或传统污水处理系统的后置深度处理等，对于小规模污水处理系统，预处理可以与常规处理方法相同，一般还需设置调节池对水量、水质进行均衡，图8-52所示为MBR污水处理一般工艺流程。

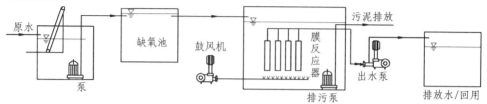

图8-52　MBR污水处理工艺流程示意图

MBR工艺的核心设备是膜组件，膜组件的形式与膜材料本身以及与反应器工艺有关，主要结构式在3.10.3节已作过介绍。通常提到的膜生物反应器，实际是三类反应器的总称：固液分离膜-生物反应器（MBR）、曝气式膜生物反应器（MABR）和萃取式膜生物反应器（EMBR）。固液分离膜-生物反应器是目前应用最广泛的一种膜生物反应器。

根据膜组件与生物反应器的相对位置，MBR又可以分为内置式（一体式）膜生物反应器、外置式（分置式）膜生物反应器、复合式膜生物反应器三种。

8.9.2　一体式MBR工艺

一体式MBR工艺又称之为浸没式膜生物反应器（Submerged Membrane Bio-Reactor，简称SMBR），如图8-53所示。该运行方式将膜放置于生物反应器内部，曝气装置设置在膜组件的正下方。原水进入生物反应器后，其有机底物在其高浓度的混合活性污泥的作用下得到氧化分解。膜组件下方设置的曝气装置不仅具有为混合液微生物提供足够溶解氧（DO）和促进充分搅拌混合的功能，同时由于气泡的搅动及其在膜表面形成的循环流而起到对膜表面的冲刷和剪切作用，可有效防止污染物在膜表面的附着和沉积。处理后的废水经抽水泵的负压抽提，通过膜的分离作用，可使混合液中的非溶解性物质截留在混合液中，净化水则通过膜而成为处理出水。此种组合运行方式的MBR可省去二次沉淀池和混合液循环系统，利于降低处理成本，整体结构较为紧凑，占地少。但由于将膜设置于高浓度的混合液内，其膜通量相对较小，容易发生膜污染问题，较难以清洗和对膜组件的更换。同时，一体式MBR的出水通常是间歇的。为有效防止一体式MBR的膜污染问题，可采取在膜下方进行高强度曝气的方式，以增强空气和水流的搅拌紊流作用，延缓污染物的沉积和污染；也可将膜组件固定于中空轴，使其随轴转动（即旋转式MBR），在膜表面形成交叉流，防止膜污染。

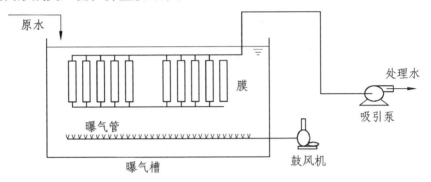

图 8-53　一体式膜生物反应器

SMBR对废水中有机底物强化去除的原理，主要表现在：① 由于膜对混合液中MLSS的截留作用，生物反应器内的MLSS大大高于传统活性污泥工艺，进而强化了对有机物的氧化降解作用。同时，由于上述膜对MLSS的截留作用，污泥龄大大延长，降低了污泥的增长速率，减少了剩余污泥的产量，并利于硝化菌的生长繁殖，可实现良好的硝化作用。② 由于膜对MLSS的有效截留作用，加强了混合液的固液分离作用，使处理出水水质更好。但由于膜对MLSS的高效截留作用，该工艺的运行负荷（L_s）通常较低，一般为0.05~0.6 kgBOD$_5$/（kgMLSS·d）。

目前，鉴于SMBR中的曝气装置设置在膜组件的正下方，可能存在生物反应区混合液在远离膜组件的区域发生死区而影响微生物功能发挥的问题，而在膜组件和生物反应区之间增设导流板，形成混合液在反应器内的循环流动，可促进良好的泥水混合和提高生物反应区容积的有效利用。

8.9.3　分置式 MBR 工艺

分置式MBR工艺，又称为交叉流膜生物反应器（Cross-flow Membrane Bio-Reactor，简称CMBR），如图8-54所示。该运行方式将膜与生物反应器分开设置，生物反应器中混合液经抽液泵加压提送至膜组件，在压力作用下，混合液中的液相滤过膜组件而成为处理出水。混合液中的不溶性成分则被截留在膜外而成为浓缩液，并通过回流系统返回生物反应器。CMBR运行方式具有稳定可靠、膜易于清洗及更换、通量较大等优点。其不足是其在较高的交叉流速和压力条件工作；膜组件分离的污泥需要回流。为减少污染物在膜表面的沉积和污染，以延长其清洗时间间隔，通常需要用循环加压泵提供较高的膜面错流速度（3~6 m/s），压入膜组件，以在膜表面形成有效的冲刷作用。因而致使循环流量增大，所需动力消耗较大，处理每立方米水的能耗为 2~12 kW·h，是 CASS 工艺的 10~20 倍。同时，由于泵的高速旋转，在混合液流经泵叶轮时，易使微生物菌体在高强的剪切作用下失去活性。对此，亦可采用旋转膜组件的方式加以克服。

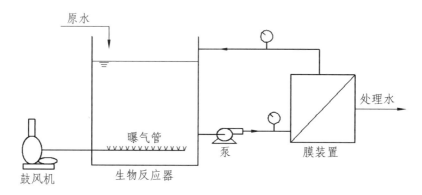

图 8-54　分置式膜生物反应器

8.10　污泥处理与处置

8.10.1　污泥处理的目标和方法

从城市污水处理工艺及过程知道，一级处理过程中由格栅截流的大颗粒杂质，一般经收集后与城市生活垃圾一起进行处置，或焚烧或卫生填埋等；由沉砂池分离的泥沙主要为无机类杂质，无二次污染隐患，故一般可就近填埋；由初次沉淀池分离的污泥有无机类泥沙和有机悬浮物，为避免对环境二次污染，一般需要妥善处理或处置。城市污水二级处理主要选择好氧性生物处理工艺，无论采用活性污泥法、生物膜法或是这些方法的改良工艺，都会排出大量含水率很高的废弃污泥，据统计城市污水处理过程中，产生大量污

第8章 城市污水处理

泥,其数量一般占处理水量的 0.3%~0.5%,含水率达 97%左右。污泥中含有很多有毒物质,如细菌、病原微生物、寄生虫卵以及重金属离子等,含有植物营养物质如氮、磷、钾、有机物等,污泥很不稳定,需要及时处置。

从污水处理厂污泥的存在状态以及污水厂运行的要求,决定了污泥处理或处置的目标就是实现减量化、稳定化和无害化,在技术成熟的条件下实现污泥的综合利用。生产实践证明,一般城市污水处理厂污泥处理及处置的费用占全厂运行费用的 20%~50%。所以污泥处理及处置是污水处理工程的重要方面,必须予以充分关注。

由于污水处理厂污泥含水率很高,无论是实现减量、稳定化及综合利用,都需要浓缩与脱水处理,目前污泥处理与处置一般方法与流程如图 8-55 所示。

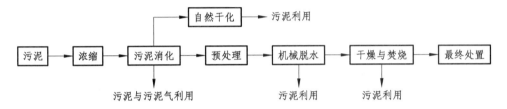

图 8-55 污泥处理一般流程

对于一些小规模污水处理厂,或是采用了像氧化沟等延时曝气生物处理工艺的污水厂来说,因污泥产量较少且有可靠的污泥处置场地和处置方法,污泥处理也可采用如图 8-56 所示的工艺。即污泥经好氧消化,混凝剂调配后直接采用机械脱水,污泥饼运出填埋或统一焚烧。

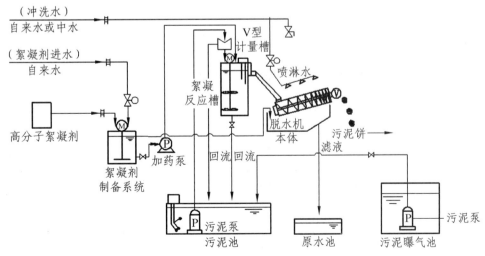

图 8-56 污泥处理流程二

8.10.2 污泥浓缩及浓缩池

从污水处理单元排出的污泥含水率很高，首先需要用浓缩办法离析出大量水分。污泥中所含水分大致分为四类：颗粒间的空隙水，约占污泥水分的70%；污泥颗粒间的毛细管水，约占20%；颗粒的吸附水及颗粒内部水，约占10%。浓缩脱水的对象是颗粒间的空隙水。浓缩的目的在于缩小污泥的体积，减少后续处理构筑物容积、处理设备数量和药剂投加量。

污泥浓缩的方法主要有重力浓缩、气浮浓缩、离心浓缩、微孔滤机浓缩及隔膜浓缩等方法，目前常用重力浓缩法。

1. 重力浓缩法原理

图 8-57 表示连续式重力浓缩池运行的基本工作状况及固体与液体平衡关系。由处理单元排出的污泥一般通过污泥泵从污泥井压送至污泥浓缩池，入流污泥的流量及其固体浓度分别以 Q_0，C_0 表示。上清液由溢流堰溢出称为出流，其流量与固体浓度分别以 Q_e，C_e 表示。浓缩污泥从池底排出称为底流，底流流量与固体浓度分别以 Q_u，C_u 表示。浓缩池中存在着 3 个区域，即上部澄清区、中间阻滞区（当污泥连续供给时，该区的固体浓度基本恒定，不起浓缩作用，但其高度将影响下部压缩区污泥的压缩程度）、下部压缩区。对于连续运行的浓缩池来说，根据物料平衡关系可以求得底部污泥固体浓度：

$$C_u = \frac{Q_0 C_0 - Q_e C_e}{Q_u} \tag{8-38}$$

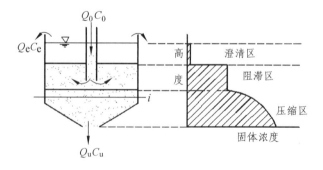

图 8-57 连续式重力浓缩池工况

重力浓缩池的主要设计参数是：

（1）浓缩池的固体通量（或称固体过流率），即单位时间内，单位表面积所通过的固体物质量，单位是 kg/（m²·h）或 kg/（m²·d）。

第 8 章 城市污水处理

（2）表面负荷，单位时间内，单位表面积的上清液流量，单位为 $m^3/(m^2 \cdot h)$ 或 $m^3/(m^2 \cdot d)$。

2. 重力浓缩池的类型与构造

重力浓缩池可分为间歇式与连续式两种。前者主要用于小型处理厂，也包括湿污泥池。连续式浓缩池用于中、大型污水处理厂。

连续式重力浓缩池形同辐流式沉淀池或竖流式沉淀池。污泥浓缩池一般采用水密性钢筋混凝土建造。图 8-58 所示为带刮泥机与搅动装置的连续式重力浓缩池，池底坡度一般用 1/100～1/20，污泥通过污泥管排出。

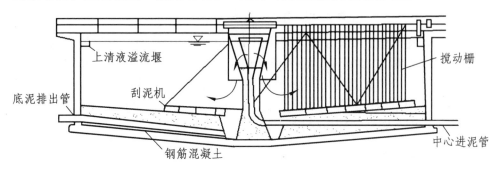

图 8-58　连续流浓缩池

8.10.3　污泥消化及消化池

经过浓缩后的污泥仍含有大量有机物，需要进行消化处理，有机物的生物消化有好氧消化和厌氧消化，厌氧消化工艺是污泥稳定最常用的方法，污泥厌氧消化产生的污泥气经过有效收集、净化后可以作为一种燃气利用。所以，污泥的消化不只是污泥稳定的一种目的，还是污泥综合利用的一个途径，污泥消化气的利用技术已在国内外城市中得到了一定应用。

1. 厌氧消化的机理

有机物在厌氧条件下消化降解的过程可分为两个阶段，即酸性消化（酸性发酵）阶段和碱性消化（碱性发酵或甲烷消化）阶段。两阶段示意图见图 8-59。

酸性消化阶段，参与的微生物为酸性腐化菌或产酸细菌。在这一阶段中，含碳有机物被水解成单糖，蛋白质被水解成肽和氨基酸，脂肪被水解成丙三醇、脂肪酸。水解的最终产物是包括丁酸、丙酸、乙酸和甲酸在内的有机酸以及醇、氨、CO_2、硫化物、氢以及能量,为下一阶段的甲烷消化作准备。酸性腐化细菌对 pH 值、有机酸及温度的适应性很强,世代短,数分钟到数小时即可繁殖一代,多属于异养型兼性细菌群。

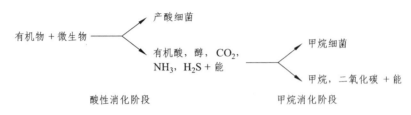

图 8-59 厌氧消化两个阶段示意图

碱性消化阶段,参与的微生物是甲烷细菌。甲烷细菌对营养的要求不高,一般的营养盐类、二氧化碳、醇和氨都可作为碳、氮源,属于专性厌氧细菌群。

碱性消化阶段就是污泥气的形成过程。酸性消化阶段的代谢产物,在甲烷细菌的作用下,进一步分解成污泥气,其主要成分是甲烷(CH_4)、二氧化碳(CO_2)及少量氨、氢和硫化氢等。

2. 消化池的构造

传统消化池由集气罩、池盖、池体与下锥体等四部分所组成,如图 8-60 所示。为了满足污泥厌氧消化条件,一般还附设搅拌与加温设备。

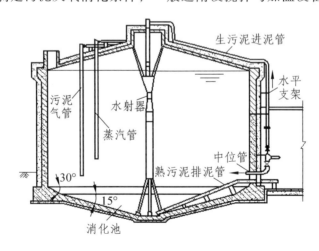

图 8-60 污泥消化池

传统消化池的直径一般是 6~35 m,柱体部分的高度约为直径的 1/2,总高度接近于直径。新鲜污泥用污泥泵,经进泥管、水射器进入消化池,同时起搅拌作用。根据运行的需要或搅拌方法的不同，也可通过中位管进泥。排泥管用于排放熟污泥或作为搅拌污泥的吸泥管。这些管子的直径一般是 150～200 mm。

近年来，为适应污泥综合利用，特别是污泥消化气的利用，许多生产厂家开发出一体化污泥处理设备，传统的污泥消化池也被成套消化罐所取代。在构造上开发出了更有利于污泥消化的卵形消化罐（图 8-61），为追求污泥气利用的规模和稳定性，污泥消化罐的尺寸已大大突破了传统污泥消化池的规模，在我国最大的卵形消化罐总高达 45 m，直径达 25 m。

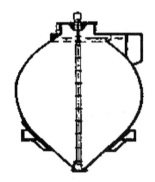

图 8-61 卵形消化池

卵形消化池起源于 20 世纪 60 年代初的德国，开始在大中型城市污水处理厂使用卵形消化池，单池体积多为 5 500～10 000 m³。从 70 年代末开始，日本、美国等国家设计建造了多座预应力混凝土结构的卵形消化池，单池体积达到了 1 600～12 800 m³；我国近年来许多大型城市污水处理厂相继建成了卵形消化池，单池体积也超过了 1 万立方米以上。

卵形消化池是大容量消化池的最佳选择形式，卵形结构形式，相对于传统柱形消化池具有明显优点：可避免池底沉淀形成死区而造成定期停产清理的问题，可长期持续运行；卵形消化池在沼气搅拌过程中降低了挥发性固体物质的的含量，减少了细菌及臭气；卵形消化池为污泥的循环和混合提供了最佳条件，有利于沼气收集；卵形消化池可大大降低热量损失，实现自身节能。

3. 污泥厌氧消化方式选择

污泥厌氧消化是由酸性消化阶段和甲烷消化阶段构成，根据各阶段消化对温度和搅拌条件的不同要求，消化方式有两种选择。

（1）一级厌氧消化 污泥一级厌氧消化亦即传统厌氧消化，如图8-62所示。污泥在单级消化池内进行搅拌和加热，完成消化。

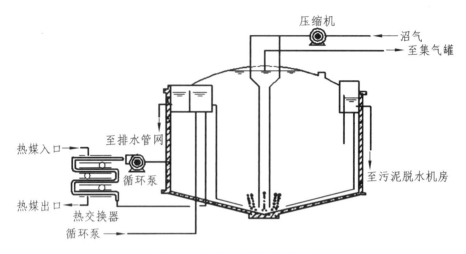

图 8-62　污泥一级厌氧消化

（2）二级厌氧消化　二级厌氧消化法是利用污泥消化过程的特点，采用两个消化池串联运行，如图8-63所示。第一座消化池设有加温、搅拌与沼气收集装置，消化温度33～35 ℃，消化时间8～9 d，产气率达80%左右。第二座消化池不设加温与搅拌装置，利用来自第一座消化池污泥的余热，继续消化，消化温度可保持在20～25 ℃，消化时间20 d左右，主要功能是起浓缩和排除上清液的作用，第一级消化池与第二级消化池的容积比常采用2∶1。

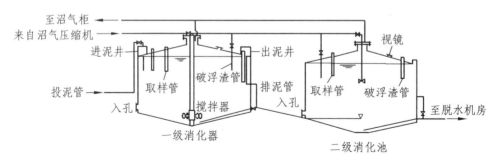

图 8-63　污泥二级厌氧消化

8.10.4　污泥脱水与干化

污泥经浓缩或消化后，一般尚有 95%～97%的含水率，体积很大，可用管道输送。为了满足卫生、综合利用或进一步处置的要求，应对污泥进行脱水和干化处理。污泥干化与脱水方法，主要有自然干化、机械脱水及焚烧等。

1. 机械脱水的方法与设备

污泥机械脱水基本原理是：通过在多孔过滤材料两面施加压力差，污泥中的水分被强制通过过滤材料，而污泥固体颗粒被截留在过滤材料上，形成滤饼，滤过的水称为滤液，再流回污水处理进水井。根据可形成压力差的方法和过滤材料种类，污泥机械过滤设备主要有真空吸滤机、压滤机和离心过滤机等。

2. 离心脱水

离心式脱水机主要是由转鼓和带空心转轴的螺旋输送器组成，污泥由空心转轴送入转筒后，在高速旋转产生的离心力作用下，立即被甩入转鼓腔内。污泥颗粒由于比重较大，离心力也大，因此被甩贴在转鼓内壁上，形成固体层（因为环状，称为固环层）；水分由于密度较小，离心力小，因此只能在固环层内侧形成液体层，称为液环层。固环层的污泥在螺旋输送器的缓慢推动下，被输送到转鼓的锥端，经转鼓周围的出口连续排出；液环层的液体则由堰口连续"溢流"排至转鼓外，形成分离液，然后汇集起来，靠重力排出脱水机外。

离心脱水机种类很多，适用城市污泥脱水的一般是卧式螺旋卸料离心脱水机，如图 8-64 所示。

离心脱水机的特点是结构紧凑，附属设备少，臭味小，能长期自动连续运转。缺点是噪声大，脱水后污泥含水率较高，污泥中若含有砂砾，则易磨损设备。离心脱水工艺流程见图 8-65。

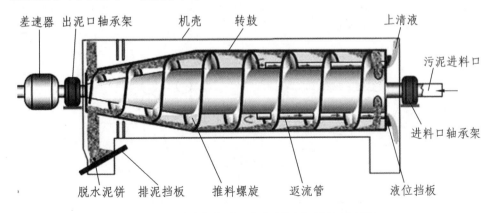

图 8-64　卧式螺旋离心污泥脱水机结构示意图

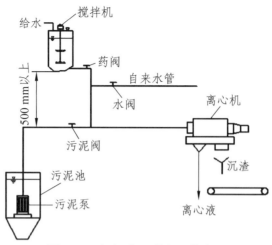

图 8-65　污泥离心脱水工艺流程

3. 带式压滤脱水

带式污泥脱水机又称带式压榨脱水机或带式压滤机,是一种连续运转的固液分离设备,污泥经过加脱水剂絮凝后进入压滤机的滤布上,依此进入重力脱水、低压脱水和高压脱水三个阶段,最后形成泥饼,泥饼随滤布运行到卸料辊时落下。用于城市污水处理厂消化污泥的脱水时,泥饼的含水率可小于 80%,而用于小规模的工业废水处理场未经浓缩的新鲜剩余污泥脱水时,泥饼的含水率也可降到 90% 以下。

带式压滤的工作原理如图 8-66 所示,是利用上下两条张紧的滤带夹带着污泥层,从一系列按规律排列的辊压筒中经过,依靠滤带本身的张力形成对污泥层的压榨力和剪切力,把污泥中的毛细水挤压出来,从而获得较高含固量的泥饼,实现污泥脱水。

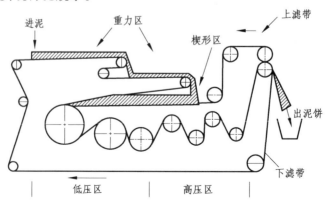

图 8-66　带式压滤脱水机工作原理

第8章 城市污水处理

4. 板框式压滤脱水

板框压滤机是通过板框的挤压，使污泥内的水通过滤布排出，达到脱水目的。它主要由凹入式滤板、框架、自动-气动闭合系统、滤板震动系统、空气压缩装置、滤布高压冲洗装置等构成，如图8-67所示。目前板框压滤机技术得到了极大提高，可实现自动化控制，操作简单，压滤泥饼含水率可降到65%~70%。但一般板框式压滤机最大的缺点是占地面积较大，卫生条件欠佳，大型污水厂较少使用，适用于污泥量少的小型污水厂。

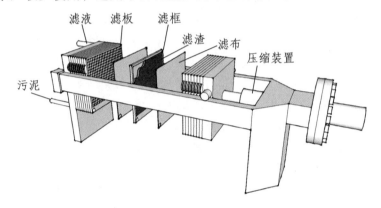

图8-67 板框式压滤脱水机结构示意图

8.10.5 污泥处置与利用

污泥的安全处置和综合利用一直是国内外研究的重要课题，我国住房和城乡建设部、环境保护部和科学技术部三部委于2009年印发了《城镇污水处理厂污泥处理处置及污染防治技术政策（试行）》，提出了目前我国城镇污水处理厂污泥处理处置的指导性意见，较为成熟的处置与利用方法有填埋、焚烧、园林绿化、农业利用和建筑材料综合利用等。

1. 填　埋

污泥填埋是目前城市污水厂污泥最终处置的常用方法，土地填埋法简单，处理成本低。但受自然降水影响大，若填埋场地防水设施有缺陷，则脱水后的干污泥很容易再次浸水饱和，不仅污染地下水，还会造成填埋场地失稳带来更大安全隐患，所以从填埋场地的选址及填埋工序都需要认真对待。

污泥土地填埋一般采用与城市生活垃圾混合填埋，除了执行《生活垃圾卫生填埋技术规范》（CJJ17）之外，还需符合《城镇污水处理厂污泥处置混合填埋用泥质》(CJ/T249)的要求。

2. 焚 烧

污泥焚烧是通过燃烧炉将污泥中的可燃成分进行燃烧,最终成为稳定的灰渣。燃烧法具有减容、减重率高,处理速度快,无害化较彻底,余热可用于发电或供热等优点。近年来,焚烧法采用了合适的污泥预处理工艺和先进的焚烧技术,满足了越来越严格的环境要求,因而焚烧工艺也在国外发达国家广泛应用。

焚烧污泥的装置有多种形式,如竖式多级焚烧炉、转筒式焚烧炉、流化焚烧炉、喷雾焚烧炉。目前使用较多的是竖式多级焚烧炉和流化焚烧炉。竖式多级焚烧炉炉内沿垂直方向分 4~12 级,每级都装水平圆板作为多层炉床,炉床上方有能转动的搅拌叶片,每分钟转动 0.5~4 周。污泥从炉上方投入,在上层床面上,经搅拌叶片搅动依次落到下一级床面上。通常上层炉温 300~550 ℃,污泥得到进一步的脱水干燥;然后到炉的中间部分,在炉内 750~1 000 ℃ 温度下焚烧;在炉的底层炉温一般为 220~330 ℃,用空气冷却。燃烧产生的气体进入气体净化器净化,以防止污染大气。这种焚烧炉多安装在大城市的污水处理厂。

3. 用作农肥

城市污水污泥中含有大量有机质、氮、磷和多种微量元素等植物营养成分,其本身就是一种宝贵的肥源。但由于污水污泥具有臭味并含有大量病原菌、寄生虫卵和杂草种子,因而直接施用会给环境带来污染。向污水污泥加入适当的添加物,进行高温堆制,病原菌、寄生虫卵可基本杀灭;同时,由于高温发酵和微生物的分解作用,还可使堆肥中的速效养分提高,NO_3^--N 提高 42%,NH_3-N 提高 28%,速效磷提高 64%,速效钾提高 40%。用作堆肥的污泥须满足《城镇污水厂污泥处置农用泥质》(CJ/J 309)的要求。

4. 建筑材料综合利用

干化的污泥可用于制作水泥添加料、制砖、制轻质骨料和路基材料等。污泥建筑材料利用应符合国家和地方的相关标准和规范要求,并严格防范在生产和使用中造成二次污染。

参考文献

[1] 严煦世, 范瑾初. 给水工程[M]. 北京: 中国建筑工业出版社, 2008.

[2] 崔玉川, 刘振江, 张绍怡. 城市污水厂处理设施设计计算[M]. 北京: 化学工业出版社, 2011.

[3] 白润英, 肖作义, 宋蕾. 水处理新技术、新工艺与设备[M]. 北京: 化学工业出版社, 2012.

[4] 任伯帜. 城市给水排水规划[M]. 北京: 高等教育出版社, 2011.

[5] 李良训. 给水排水管道工程[M]. 北京: 中国建筑工业出版社, 2005.

[6] 沈耀良, 王宝贞. 废水生物处理新技术——理论与应用[M]. 北京: 中国环境科学出版社, 2006.

[7] 李亚新, 活性污泥法理论与技术[M]. 北京: 中国建筑工业出版社, 2007.

[8] 车伍, 李俊奇. 城市雨水利用技术与管理[M]. 北京: 中国建筑工业出版社, 2006.

[9] HUBER W C, DICKINSON R E. Storm Water Management Model, Version 4: User's Manual", EPA/600/3-88/001a, Environmental Research Laboratory, U.S. Environmental Protection Agency, Athens, GA, October 1992.

[10] STEVEN TRINKAUS, MICHAEL CLAR. A Low Impact Development (LID) Model Ordinance And Guidance Document[J]. World Environmental and Water Resources Congress 2010 Challenges of Change, 2010.

[11] PETER H LEHNER, Natural Resource Defense Council. Stormwater Strategies: Community Responses to Runoff Pollution [M]. National Resource Defense Council, Inc, 1999.

[12] UNITED STATES, ARMY CORPS OF ENGINEERS. Low Impact Development Design Manual[M]. U.S. Army Corps of Engineerings, 2004.

[13] 刘竹溪, 刘光临. 泵站水锤及其防护[M]. 北京: 水利电力出版社, 1988.

[14] 张大群. 污泥处理处置适用设备[M]. 北京: 化学工业出版社, 2012.

[15] 高光智, 陈辅利, 赵志伟. 城市给水排水工程概论[M]. 北京: 科学出版社, 2010.

附录

附录1 我国生活饮用水卫生标准

表1 水质常规指标及限值

指 标	限 值
1. 微生物指标[a]	
总大肠菌群/（MPN/100 mL 或 CFU/100 mL）	不得检出
耐热大肠菌群/（MPN/100 mL 或 CFU/100 mL）	不得检出
大肠埃希氏菌/（MPN/100 mL 或 CFU/100 mL）	不得检出
菌落总数/（CFU/mL）	100
2. 毒理指标	
砷/（mg/L）	0.01
镉/（mg/L）	0.005
铬（六价）/（mg/L）	0.05
铅/（mg/L）	0.01
汞/（mg/L）	0.001
硒/（mg/L）	0.01
氰化物/（mg/L）	0.05
氟化物/（mg/L）	1.0
硝酸盐（以N计）/（mg/L）	10 地下水源限制时为20
三氯甲烷/（mg/L）	0.06
四氯化碳/（mg/L）	0.002
溴酸盐（使用臭氧时）/（mg/L）	0.01

续表

指 标	限 值
甲醛（使用臭氧时）/（mg/L）	0.9
亚氯酸盐（使用二氧化氯消毒时）/（mg/L）	0.7
氯酸盐（使用复合二氧化氯消毒时）/（mg/L）	0.7
3．感官性状和一般化学指标	
色度（铂钴色度单位）	15
浑浊度（散射浑浊度单位）/NTU	1 水源与净水技术条件限制时为 3
臭和味	无异臭、异味
肉眼可见物	无
pH	不小于 6.5 且不大于 8.5
铝/（mg/L）	0.2
铁/（mg/L）	0.3
锰/（mg/L）	0.1
铜/（mg/L）	1.0
锌/（mg/L）	1.0
氯化物/（mg/L）	250
硫酸盐/（mg/L）	250
溶解性总固体/（mg/L）	1 000
总硬度（以 $CaCO_3$ 计）/（mg/L）	450
耗氧量（COD_{Mn} 法，以 O_2 计）/（mg/L）	3 水源限制，原水耗氧量＞6 mg/L 时为 5
挥发酚类（以苯酚计）/（mg/L）	0.002
阴离子合成洗涤剂/（mg/L）	0.3
4．放射性指标[b]	指导值
总 α 放射性/（Bq/L）	0.5
总 β 放射性/（Bq/L）	1

[a] MPN 表示最可能数；CFU 表示菌落形成单位。当水样检出总大肠菌群时，应进一步检验大肠埃希氏菌或耐热大肠菌群；水样未检出总大肠菌群，不必检验大肠埃希氏菌或耐热大肠菌群。

[b] 放射性指标超过指导值，应进行核素分析和评价，判定能否饮用

表2 饮用水中消毒剂常规指标及要求

消毒剂名称	与水接触时间	出厂水中限值/(mg/L)	出厂水中余量/(mg/L)	管网末梢水中余量/(mg/L)
氯气及游离氯制剂（游离氯）	≥30 min	4	≥0.3	≥0.05
一氯胺（总氯）	≥120 min	3	≥0.5	≥0.05
臭氧（O_3）	≥12 min	0.3	—	0.02 如加氯，总氯≥0.05
二氧化氯（ClO_2）	≥30 min	0.8	≥0.1	≥0.02

表3 水质非常规指标及限值

指标	限值
1. 微生物指标	
贾第鞭毛虫/(个/10 L)	<1
隐孢子虫/(个/10 L)	<1
2. 毒理指标	
锑/(mg/L)	0.005
钡/(mg/L)	0.7
铍/(mg/L)	0.002
硼/(mg/L)	0.5
钼/(mg/L)	0.07
镍/(mg/L)	0.02
银/(mg/L)	0.05
铊/(mg/L)	0.0001
氯化氰（以 CN^- 计）/(mg/L)	0.07
一氯二溴甲烷/(mg/L)	0.1
二氯一溴甲烷/(mg/L)	0.06
二氯乙酸/(mg/L)	0.05
1,2-二氯乙烷/(mg/L)	0.03
二氯甲烷/(mg/L)	0.02
三卤甲烷（三氯甲烷、一氯二溴甲烷、二氯一溴甲烷、三溴甲烷的总和）	该类化合物中各种化合物的实测浓度与其各自限值的比值之和不超过1
1,1,1-三氯乙烷/(mg/L)	2
三氯乙酸/(mg/L)	0.1
三氯乙醛/(mg/L)	0.01

续表

指　　标	限　　值
2，4，6-三氯酚/（mg/L）	0.2
三溴甲烷/（mg/L）	0.1
七氯/（mg/L）	0.000 4
马拉硫磷/（mg/L）	0.25
五氯酚/（mg/L）	0.009
六六六（总量）/（mg/L）	0.005
六氯苯/（mg/L）	0.001
乐果/（mg/L）	0.08
对硫磷/（mg/L）	0.003
灭草松/（mg/L）	0.3
甲基对硫磷/（mg/L）	0.02
百菌清/（mg/L）	0.01
呋喃丹/（mg/L）	0.007
林丹/（mg/L）	0.002
毒死蜱/（mg/L）	0.03
草甘膦/（mg/L）	0.7
敌敌畏/（mg/L）	0.001
莠去津/（mg/L）	0.002
溴氰菊酯/（mg/L）	0.02
2，4-滴/（mg/L）	0.03
滴滴涕/（mg/L）	0.001
乙苯/（mg/L）	0.3
二甲苯（总量）/（mg/L）	0.5
1，1-二氯乙烯/（mg/L）	0.03
1，2-二氯乙烯/（mg/L）	0.05
1，2-二氯苯/（mg/L）	1
1，4-二氯苯/（mg/L）	0.3
三氯乙烯/（mg/L）	0.07
三氯苯（总量）/（mg/L）	0.02
六氯丁二烯/（mg/L）	0.000 6
丙烯酰胺/（mg/L）	0.000 5
四氯乙烯/（mg/L）	0.04

续表

指 标	限 值
甲苯/(mg/L)	0.7
领苯二甲酸二(2-乙基己基)酯/(mg/L)	0.008
环氧氯丙烷/(mg/L)	0.000 4
苯/(mg/L)	0.01
苯乙烯/(mg/L)	0.02
苯并(a)芘/(mg/L)	0.000 01
氯乙烯/(mg/L)	0.005
氯苯/(mg/L)	0.3
微囊藻毒素-LR/(mg/L)	0.001
3. 感官性状和一般化学指标	
氨氮(以N计)/(mg/L)	0.5
硫化物/(mg/L)	0.02
钠/(mg/L)	200

表4 小型集中式供水和分散式供水部分水质指标及限值

指 标	限 值
1. 微生物指标	
菌落总数/(CFU/mL)	500
2. 毒理指标	
砷/(mg/L)	0.05
氟化物/(mg/L)	1.2
硝酸盐(以N计)/(mg/L)	20
3. 感官性状和一般化学指标	
色度(铂钴色度单位)	20
浑浊度(散射浑浊度单位)/NTU	3 水源与净水技术条件限制时为5
pH	不小于6.5且不大于9.5
溶解性总固体/(mg/L)	1 500
总硬度(以$CaCO_3$计)/(mg/L)	550
耗氧量(COD_{Mn}法,以O_2计)/(mg/L)	5
铁/(mg/L)	0.5
锰/(mg/L)	0.3
氯化物/(mg/L)	300
硫酸盐/(mg/L)	300

附录 2 城镇污水处理厂污染物排放标准（部分）

我国《城镇污水处理厂污染物排放标准》（GB 18918—2002）关于水污染物排放标准之规定为：城镇污水处理厂水污染物排放基本控制项目，按表 1 和表 2 的规定执行，选择控制项目按表 3 的规定执行。基本控制项目必须执行，选择控制项目，由地方环境保护行政主管部门根据污水处理厂接纳的工业污染物的类别和水环境质量要求选择控制。

表 1 基本控制项目最高允许排放浓度（日均值） 单位：mg/L

序号	基本控制项目		一级标准 A 标准	一级标准 B 标准	二级标准	三级标准
1	化学需氧量（COD）		50	60	100	120[①]
2	生化需氧量（BOD_5）		10	20	30	60[①]
3	悬浮物（SS）		10	20	30	50
4	动植物油		1	3	5	20
5	石油类		1	3	5	15
6	阴离子表面活性剂		0.5	1	2	5
7	总氮（以 N 计）		15	20	—	—
8	氨氮（以 N 计）[②]		5（8）	8（15）	25（30）	—
9	总磷（以 P 计）	2005 年 12 月 31 日前建设的	1	1.5	3	5
		2006 年 1 月 1 日起建设的	0.5	1	3	5
10	色度（稀释倍数）		30	30	40	50
11	pH		6～9			
12	粪大肠菌群数（个/L）		10^3	10^4	10^4	—

注：① 下列情况下按去除率指标执行：当进水 COD 大于 350 mg/L 时，去除率应大于 60%；BOD 大于 160 mg/L 时，去除率应大于 50%。
② 括号外数值为水温>12 ℃时的控制指标，括号内数值为水温≤12 ℃时的控制指标。

表2 部分一类污染物最高允许排放浓度（日均值）　　单位：mg/L

序号	项目	标准值
1	总汞	0.001
2	烷基汞	不得检出
3	总镉	0.01
4	总铬	0.1
5	六价铬	0.05
6	总砷	0.1
7	总铅	0.1

表3 选择控制项目最高允许排放浓度（日均值）　　单位：mg/L

序号	选择控制项目	标准值	序号	选择控制项目	标准值
1	总镍	0.05	23	三氯乙烯	0.3
2	总铍	0.002	24	四氯乙烯	0.1
3	总银	0.1	25	苯	0.1
4	总铜	0.5	26	甲苯	0.1
5	总锌	1.0	27	邻-二甲苯	0.4
6	总锰	2.0	28	对-二甲苯	0.4
7	总硒	0.1	29	间-二甲苯	0.4
8	苯并(a)芘	0.00003	30	乙苯	0.4
9	挥发酚	0.5	31	氯苯	0.3
10	总氰化物	0.5	32	1,4-二氯苯	0.4
11	硫化物	1.0	33	1,2-二氯苯	1.0
12	甲醛	1.0	34	对硝基氯苯	0.5
13	苯胺类	0.5	35	2,4-二硝基氯苯	0.5
14	总硝基化合物	2.0	36	苯酚	0.3
15	有机磷农药（以P计）	0.5	37	间-甲酚	0.1
16	马拉硫磷	1.0	38	2,4-二氯酚	0.6
17	乐果	0.5	39	2,4,6-三氯酚	0.6
18	对硫磷	0.05	40	邻苯二甲酸二丁酯	0.1
19	甲基对硫磷	0.2	41	邻苯二甲酸二辛酯	0.1
20	五氯酚	0.5	42	丙烯腈	2.0
21	三氯甲烷	0.3	43	可吸附有机卤化物（AOX以Cl计）	1.0
22	四氯化碳	0.03			

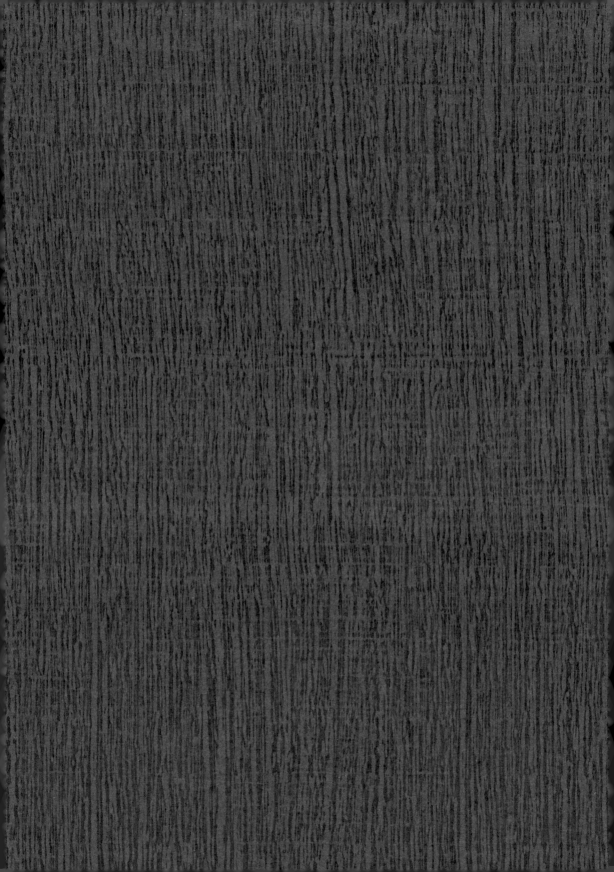

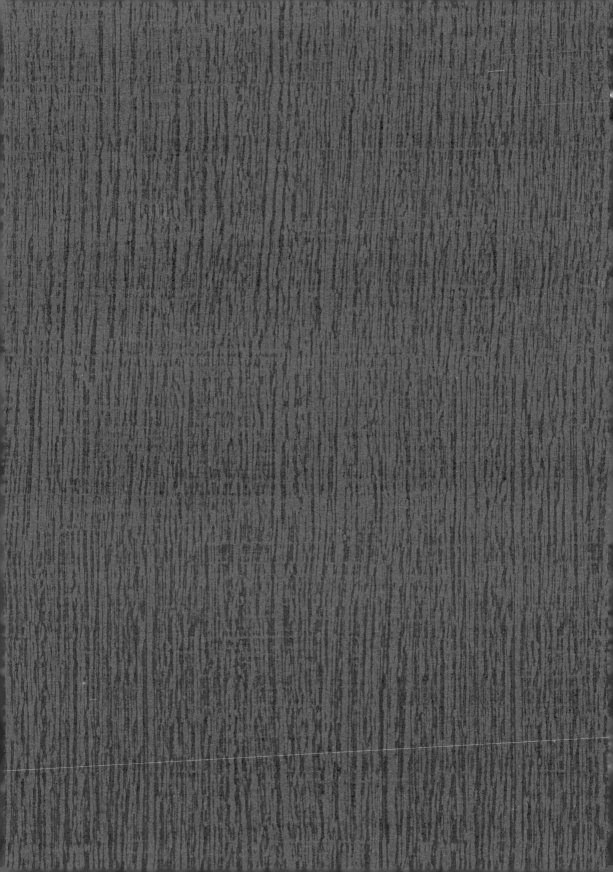